Der Planet Erde

DIE ATMOSPHÄRE

TIME LIFE BÜCHER

KLASSISCHE REISEBERICHTE
DER PLANET ERDE
VÖLKER DER WILDNIS
DIE GESCHICHTE DER LUFTFAHRT
DIE SEEFAHRER
DER ZWEITE WELTKRIEG
DIE KUNST DES KOCHENS
DER WILDE WESTEN
HANDBUCH DER GARTENKUNDE
MENSCHLICHES VERHALTEN
DIE GROSSEN STÄDTE
DIE HOHE SCHULE DER HANDARBEIT
DIE WILDNISSE DER WELT
DIE FRÜHZEIT DES MENSCHEN
DIE PHOTOGRAPHIE
DIE WELT DER KUNST
INTERNATIONALE SPEISEKARTE
ZEITALTER DER MENSCHHEIT
WUNDER DER WISSENSCHAFT
WUNDER DER NATUR
JUGENDBÜCHER
DAS GROSSE BUCH DES YACHTSPORTS
DAS GROSSE BUCH DER PHOTOGRAPHIE
LIFE IM KRIEG
LIFE IM KINO
DIE BESTEN PHOTOS AUS LIFE

Dieser Band gehört zu einer Reihe, die sich mit Naturphänomenen des Planeten Erde befaßt – von den geologischen Veränderungen seiner Kontinente bis zu den vielfältigen Erscheinungen in der Atmosphäre und in den Tiefen des Meeres.

Einband
Ein farbenprächtiger Regenbogen überstrahlt den stürmischen Himmel über den Rocky Mountains von Alberta, Kanada. Regenbogen können nur unter einem bestimmten Winkel zu den Sonnenstrahlen gesehen werden.

INHALT

DER SICH STÄNDIG WANDELNDE HIMMEL

Der Himmel bietet dem Betrachter ein fortwährendes Schauspiel. Wenn im einen Moment noch kleine Cumuluswolken über ihn ziehen, kann sich im nächsten schon eine 15 Kilometer hohe Gewitterwolke über dem Horizont auftürmen. Der britische Schriftsteller John Ruskin schilderte im 19. Jahrhundert das Drama der Lüfte als „beinahe menschlich in seinen Leidenschaften, beinahe empfindsam in seiner Zartheit, beinahe göttlich in seiner Unendlichkeit".

Im Laufe der letzten 400 Jahre hat die Wissenschaft viel getan, um die Vorgänge aufzuklären, die diesen unaufhörlichen Veränderungen zugrunde liegen. Heutzutage wird praktisch jeder wahrnehmbare Vorgang und Trend in der Lufthülle unserer Erde genauestens verfolgt. Wettersatelliten, die in bis zu 35 000 Kilometer Höhe über der Erde kreisen, beobachten den Weg der Luftmassen, die Verteilung des Wasserdampfs und das Schwanken der Temperaturen in verschiedenen Höhen. Laserstrahlen und Radar dringen von der Erde aus in die Wolken ein und tasten nach den Zonen, in denen sich gerade Niederschlag bildet. Forschungsballone tragen moderne Instrumente bis in etwa 30 Kilometer Höhe; dort sammeln sie Daten über die Winde, die Auswirkungen der Luftverschmutzung durch die Zivilisation und das Verhalten von Jetstreams (Höhenstrahlströme), die mit Geschwindigkeiten bis zu 500 Stundenkilometern durch die Atmosphäre jagen.

Aber die gewaltige Menge an Informationen aus all diesen Quellen hat auch eine Reihe neuer Fragen aufgeworfen: Wenn Staub eine wesentliche Rolle beim Entstehen von Regen auf der Erde spielt, wie wirkt sich dann ein großer Vulkanausbruch auf das Wetter aus? Welche Erklärung gibt es für den beobachteten Zusammenhang zwischen den dunklen Flecken auf der Sonne und verstärkt auftretenden Stürmen in der Antarktis? Welche Langzeitwirkungen haben die Vorgänge, bei denen Abgase bis zu den fernen Gletschern der Antarktis getragen und dort abgelagert werden? Angesichts des komplexen Kräftezusammenspiels in der Atmosphäre betrachtet selbst der Wissenschaftler, für den ein Regenbogen eine klare atmosphärisch-optische Erscheinung ist, seine zarte Schönheit mit einem Gefühl des ehrfürchtigen Staunens.

Völlig harmlos trotz ihres bedrohlichen Aussehens ist die mächtige Altocumuluswolke, die sich hier über den argentinischen Himmel schiebt. Eine solche Wolke, die man ihrer linsenartigen Form wegen auch Altocumulus lenticularis nennt, bildet sich besonders häufig auf der Leeseite von Gebirgen.

San Francisco und die Golden Gate Bridge versinken im Nebel. Besonders in der Sommerzeit, wenn warme, tiefliegende Luftmassen in kurzer Zeit über dem kalten Wasser des Pazifiks abkühlen, wälzen sich dichte Nebelbänke über die Stadt.

In wirbelnd fließenden Bändern schimmert das Nordlicht, die Aurora borealis, über den Wäldern von Alaska. Das Naturschauspiel wird von Sonnenpartikeln verursacht, die in die obere Atmosphäre eindringen und deren Gase zum Leuchten bringen.

Nach einem kurzen Sommerschauer wölbt sich ein Regenbogen über dem Kootenay-See in Kanada. Diese herrlichen Lichtbrücken entstehen, wenn Sonnenstrahlen auf die Wassertropfen einer Regenwolke fallen: Die Tropfen wirken wie Prismen und zerlegen das Licht in ein bogenförmiges Spektrum.

Kapitel 1

DIE LUFT - EIN FLÜCHTIGES ELEMENT

In einen gespenstisch roten Schleier hüllt dieses Polarlicht die Südpolstation Showa im Juli 1959. Da die verschiedenen Rottöne eine lange Belichtungszeit erforderten, sind die Sterne und das Flutlicht vor dem Gebäude unscharf wiedergegeben.

An einem Abend im Sommer vertrieb sich an Bord eines Schiffes im dänischen Ostseehafen Svendborg der britische Schriftsteller Roger Pilkington seine freien Stunden damit, mit viel Muße durch die offene Tür der Kajüte den nordischen Nachthimmel zu betrachten, der von einem Leuchten erhellt war. Seine Aufmerksamkeit nahm unvermittelt zu, schrieb er im Jahre 1962, „als das Licht zu fließen und zu flimmern begann“, und zwar auf eine Art, die unmöglich von den Lichtern des Hafens herrühren konnte. Als er aufstand, um besser zu sehen, bot sich ihm ein atemberaubender Anblick.

„Ich fand das Sternengewölbe wunderbar erhellt von einem gleichmäßigen Schein, der sich auf halber Höhe des Himmels verstärkte“, erinnerte er sich. „Diese Zone färbte sich nach und nach leuchtend rot, fast als stünde sie in Flammen; Streifen von Purpurlicht schossen daraus hervor und lösten sich in einem flimmernden Grün auf. Allmählich entstand etwas tiefer im Westen ein gigantischer Faltenvorhang, der sich zu kräuseln begann und aussah, als sei er aus prächtig gefärbter Seide, die der Wind bewegte. Wie die Lichtkegel von Scheinwerfern durchdrangen Strahlen den Himmel zur Rechten, stießen in Fächerform aus der Tiefe des Raumes hervor. Der ganze Himmel lebte, und ich betrachtete ihn mehr als eine Stunde, ehe der Vorhang unmerklich zu verblassen begann. Die Strahlen verloren ihren Glanz, erzitterten und erloschen. Die glühende Zone hoch über den bewaldeten Hügeln erstarb, flammte noch einmal in schwächerem Glanz auf und wurde endlich wie die glimmenden Reste eines heruntergebrannten Holzscheits von der Dunkelheit verschluckt.“

Pilkington hatte eines der herrlichsten Naturschauspiele erlebt – das Nordlicht oder, wie es richtiger heißt, die Aurora borealis. (Das Südlicht nennt man Aurora australis.) Seit Urzeiten hat die Aurora, die ihren Namen nach der römischen Göttin der Morgenröte erhielt, die Menschheit mit ihrem Glanz verwirrt und geblendet. Bereits vor 2000 Jahren schrieb der römische Philosoph Seneca über ihren „weithin sichtbaren Prunk, der sich einmal in flackernder Flammenfarbe, ein andermal in weißem Lichte, dann wieder strahlend oder in ruhigem Gelb ohne Ausbrüche und Strahlen entfaltet“. In den Büchern der Makkabäer ist an einer Stelle die Rede von „Reitern, die in golddurchwirkten Gewändern durch die Lüfte jagen“. Im Volksglauben der Eskimostämme, die diese seltsamen Lichterscheinungen bisweilen jede dritte Nacht beobachten können, gibt es eine Fülle von Mythen, die das Himmelsleuchten mit den Verstorbenen in Verbindung bringen: So berichtet eine Legende, daß Nordlichter der Schein jener Laternen seien, mit denen Geister die Ankömmlinge in ihr Reich geleiteten.

Die Wissenschaft hat derartige furchteinflößenden Gleichnisse längst durch exakte Erklärungen ersetzt. Doch tatsächlich muten die Darstellungen der Wissenschaftler nicht weniger wundersam an als der Gedanke, daß hier irgendwelche Himmelsgeister ihr Unwesen treiben. Sie sprechen von einem Sonnenwind, einem ständigen Strom geladener Teilchen, der durch den interplanetaren Raum fließt und die Erde mit Elektronen und Ionen beschießt. Sie beschreiben auch einen gewaltigen Magnetschild, der durch geheimnisvolle Vorgänge im Erdinnern hervorgerufen wird und der das unsichtbare Sperrfeuer ablenkt, das sonst in kurzer Zeit alles Leben auf unserem Planeten zerstören würde. Sie schildern schließlich, wie einzelne Teilchen des solaren Windes über den Polarregionen Lücken im Schutzschild finden und mit den Molekülen der Atmosphäre zusammenstoßen. Dabei lösen sie die Reaktionen aus, die das gespenstische Himmelsleuchten hervorrufen und denen in Leuchtstoffröhren ähneln.

Das Schauspiel, das Pilkington beobachtete, war allerdings eine sehr viel stärkere Erscheinungsform der flimmernden, vielschichtigen Ansammlung von Gasen, Flüssigkeiten und festen Teilchen, die die Erdatmosphäre bilden, als eine künstliche Lightshow. Aus einem brodelnden Gemisch von Wasserstoff, Ammoniak, Methan und Wasserdampf entwickelte sich die Atmosphäre zu einer ungemein komplex zusammengesetzten Planetenhülle. Ihre vielen Bestandteile wirken so zusammen, daß das Leben auf der Erde möglich ist und erhalten wird. Sie enthält die wesentlichen Bausteine aller pflanzlichen und tierischen Gewebe in gasförmigem Zustand und trägt durch ihre Verbreitung dazu bei, daß die vielfältigen Prozesse organischen Lebens ungestört ablaufen. Ihre diversen Schichten, die in ihrem Aufbau an eine Zwiebel erinnern und sich über 300 Kilometer in den Weltraum erstrecken, schützen die Erde und ihre Bewohner vor Geschossen aus dem All, die von winzigen, unsichtbaren Sonnenwindpartikeln bis hin zu Meteoriten reichen, die gelegentlich ihre Flammenspur über den Himmel ziehen. Stetes, ewiges Fließen und Steigen in der Atmosphäre, mit anderen Worten, die verschiedenen Winde sorgen dafür, daß die glühende Hitze der Äquatorbreiten genauso gemildert wird wie die Eiseskälte der Polargebiete.

Die Entwicklung dieses wunderbaren Gefüges dauerte vier Milliarden Jahre; das Wissen der Menschheit um ihre Dimensionen und ihren komplizierten Aufbau wurde dagegen in der Hauptsache während der letzten 400 Jahre zusammengetragen. Und erst die Messungen durch weltweit miteinander verkoppelte Instrumente, in Verbindung mit dem Einsatz moderner Kommunikationstechnik oder, besser gesagt, die Beobachtung vom Weltraum aus ließen das wunderbare Zusammenspiel der atmosphärischen Kräfte erkennen, das allen Vorgängen in der Planetenhülle zugrunde liegt. Ohne diese globale Perspektive konnten die Menschen alter Kulturen und selbst die frühen Gelehrten nicht sehr viel mehr tun, als über die scheinbare Launenhaftigkeit von Wind und Wolken oder über die fernen, verborgenen Ursachen von Regenperioden und Dürrejahren Vermutungen anzustellen.

Allein um festzustellen, was Luft ist, um ihre vielen Bestandteile zu benennen und um zu erfassen, wie sie um den Globus verteilt sind, waren komplizierte Instrumente erforderlich und die Beförderungsmittel, die sie in die Luft trugen. Und das volle Verstehen des subtilen Systems von Vorgängen, die Wind und Klima entstehen lassen, erwies sich als eine der schwierigsten Aufgaben, mit denen sich die moderne Wissenschaft heute konfrontiert sieht.

Das erste Wissen über die Atmosphäre und ihre Gesetze beruhte auf der langen, leidvollen Erfahrung der Bauern und Seeleute, die auf Gedeih und Verderb ihrem unberechenbaren Verhalten ausgeliefert waren. Im 8. Jahrhundert v. Chr. riet der griechische Dichter Hesiod dem Bauern seiner Zeit: „Habt acht, zu welcher Zeit im Jahr ihr den Ruf des Kranichs erstmals aus der Wolkenhöhe vernehmt; er kündet die Zeit des Regens und gibt das Zeichen zum Pflügen, und wer keine Ochsen besitzt, dem wird jetzt das Herz schwer." Er ließ außerdem die Seeleute wissen, daß sie beruhigt in See stechen könnten, wenn die obersten Blätter des Feigenbaums die Größe von Krähenfüßen erreicht hätten. Noch heute richten sich die griechischen Küstenbewohner nach ähnlichen Erfahrungswerten.

Eine alles erstickende Wolke aus Staub wallt über einem ausgedörrten Feld an der Grenze zwischen den US-Staaten Texas und Oklahoma auf. Die Ebenen des amerikanischen Westens werden alle 20 bis 22 Jahre von Dürren heimgesucht. Klimaforscher bringen das periodisch auftretende Phänomen mit den Sonnenfleckenzyklen in Verbindung.

Die Naturphilosophen der griechischen Antike machten erstmals systematische Aufzeichnungen und nutzten die Regeln, die sie dabei entdeckten, um die Zukunft vorherzusagen. So gewann Thales von Milet beträchtliches Ansehen, als er 585 v. Chr. eine Sonnenfinsternis richtig vorhersagte. Er begriff auch bereits die Grundzüge jenes Prozesses, den wir heute als hydrologischen Kreislauf bezeichnen: Wasser verdampft in die Luft und bildet Wolken, die wiederum auf die Erde abregnen. Thales unterliefen allerdings auch so manche Irrtümer, die sich vor allem dann häuften, wenn er sich der theoretischen Logik zuwandte. Er behauptete, um nur ein Beispiel zu nennen, daß die Erde eine Scheibe sei, die auf einem Universum aus Wasser schwimme.

Thales war vielleicht der erste Mensch, der sein Wissen über die Atmosphäre praktisch verwertete. Als seine Freunde spotteten, daß ihm all seine Gelehrsamkeit keinen Reichtum bringe, soll Thales beschlossen haben, seine Ehre zu verteidigen. Er war aufgrund seiner Wetterbeobachtungen zu der Ansicht gekommen, daß die nächste Olivenernte in der Umgebung von Milet, das an der östlichen Ägais in der heutigen Türkei liegt, besonders gut ausfallen werde. Thales kaufte sämtliche Ölpressen der Umgebung auf, und als die Rekordernte eintraf, wurde er über Nacht reich. Dieser Beweis genügte ihm. Da ihn weltliche Güter nicht beeindruckten, gab er den Handel auf und wandte sich wieder der Philosophie zu.

Die nächsten wichtigen Erkenntnisse über die Atmosphäre gewannen drei Gelehrte mit merkwürdig ähnlich klingenden Namen, die alle aus der Nähe von Milet stammten und zweifellos unter dem geistigen Einfluß des großen Thales standen. Einer davon, Anaximander, ein Schüler des Thales, äußerte den Gedanken, daß der Wind nicht etwa ein geheimnisvolles, von den Göttern gelenktes Phänomen sei, sondern vielmehr ein natürliches „Fließen der Luft". Auch Anaximenes war ein Schüler des Thales. Er stellte die These auf, daß Luft der Urstoff des Universums sei und durch Zusammenpressen auch die Gestalt von Wasser oder Erde annehmen könne. Anaxagoras lebte ein knappes Jahrhundert später, hatte aber die Schriften des Thales studiert. Er erkannte ganz richtig, daß erwärmte Luft aufsteigt, und erklärte das Entstehen von Wolken damit, daß die aufsteigende Luft wieder abkühlt. Seine Theorie, daß die Temperatur mit zunehmender Höhe sinkt, erschien flüchtigen Beobachtern zwar selbstverständlich, wurde in wissenschaftlichen Kreisen aber erst Ende des 19. Jahrhunderts voll anerkannt.

Nach diesen vielversprechenden Anfängen führten ausgerechnet einige der größten Denker aller Zeiten die Auseinandersetzung um die Atmosphäre in eine tiefe Sackgasse, in der sie zwei Jahrtausende steckenbleiben sollte. Diese Fehlentwicklung hatte ihre Wurzeln in der Liebe zur Theorie der Logik, die das Denken der griechischen Klassiker beherrschte – zum Wohle der Philosophie, aber zum Schaden der Naturwissenschaften. Die Geringschätzung der Griechen für Tatsachenbeweise und ihre Vorliebe für die Symmetrie aller Dinge führte zu phantastischen Vorstellungen über die Atmosphäre; doch obwohl die wissenschaftlichen Grundlagen fehlten, kamen sie der Wahrheit gelegentlich verblüffend nahe.

Empedokles, Dichter und Philosoph des griechischen Siziliens mit einem großen Ruf als Seher, Mystiker und Heilkundiger mit magischen Kräften, behauptete im 5. Jahrhundert v. Chr., daß Luft eines der vier Elemente sei – Erde, Feuer und Wasser seien die anderen drei –, aus denen alle Einzeldinge entstünden. Hin und wieder, so erklärte er, könnten sich diese Elemente vermischen und neue Stoffe bilden, aber im allgemeinen bekämpften sie einander: Heißes, trockenes Feuer begleite den Sommer; wenn das kalte Naß dagegen die Oberhand gewinne, werde es Winter.

Gegen Ende seines Lebens faßte Empedokles den Plan, spurlos zu verschwinden, um bei seinen Zeitgenossen den Eindruck zu erwecken, er sei von den Göttern in den Himmel aufgenommen worden. Es heißt, daß er dies mit einem Sprung in den Krater des Ätna zu erreichen versuchte. Leider spielte der Vulkan nicht ganz mit und spie seine Bronzesandalen wieder aus.

Im 4. Jahrhundert v. Chr. entwickelte dann der berühmte griechische Philosoph Aristoteles die Ideen – und Irrtümer – des Empedokles weiter. Nach seiner Theorie hatte jedes der vier Elemente einen festen Platz in der Ordnung der Natur; Bewegung entstand, wenn ein Element versuchte, an seinen richtigen Ort zurückzukehren. Die Erdkugel war im Mittelpunkt aller Dinge; sie wurde umgeben von der Wasserregion, dann folgte die Luftregion, und zuoberst befand sich die Feuerregion. Deshalb sanken Gegenstände aus Erdmaterie, beispielsweise ein Stein, wieder zu Boden, wenn man sie in die Höhe warf. Auch Regen fiel nach unten, während Feuer nach oben stieg. Die vier Elemente, so bestimmte Aristoteles, waren auf die Erde und ihre unmittelbare Umgebung begrenzt, das Himmelsgebäude dagegen bestand aus „Äther".

Einige der Aristoteles-Thesen haben sich als erstaunlich zutreffend erwiesen. So beschäftigte er sich in einer Schrift über den Regen ausführlich mit dem Gedanken, daß Luft beim Aufsteigen abkühlt: „Die wirkende, beherrschende und erste Ursache ist der Kreis, den die Sonne mit ihrer Umlaufbahn beschreibt. Die Erde befindet sich im Ruhezustand, während das Naß, das sie umgibt, durch die Sonnenstrahlen und sonstige Wärme aus der Höhe verdunstet und aufsteigt; weicht jedoch die Wärme, die sie aufsteigen ließ, von ihr, so kühlt der Dampf ab und verdichtet sich aufgrund des Wärme- und Höhenverlustes, bis er wieder von Luft zu Wasser wird und als solches auf die Erde herabfällt."

Aber in den meisten seiner anderen Ausführungen über die Vorgänge in der Atmosphäre irrte sich Aristoteles gewaltig – verteidigte aber all seine Thesen mit großem Nachdruck. So ging er nicht gerade zimperlich mit Anaxagoras um, der – zu Recht – die Ansicht vertreten hatte, daß Hagelunwetter vor allem in der Sommerzeit auftreten, wenn die Wolken durch die starke Hitze höher aufsteigen und auf kalte Luftregionen stoßen. „Genau das Gegenteil von dem, was Anaxagoras behauptet, spielt sich ab", erklärte Aristoteles, der darauf beharrte, daß es hagelte, „wenn Wolken in wärmere Luft absinken". Er fand, daß „die schlichten Ansichten des Volkes gelehrtem Geschwätz dieser Art vorzuziehen sind".

Die geistige Macht des Aristoteles war so groß, daß er nicht nur seine eigene Zeit, sondern auch die Denkweise der Nachwelt nahezu 2000 Jahre lang entscheidend beeinflußte. Im Laufe dieser langen und in mancherlei Hinsicht dumpfen Jahrhunderte wurde das Wissen der Menschheit um die Luft, die sie atmete, und das verwirrende Himmelsgebäude, das sich über sie wölbte, höchstens um die eine oder andere Legende bereichert. Die Wende brachte ausgerechnet jener Aspekt, den die Griechen so sehr verachtet hatten: Man begann die Wirkungsweise der Dinge

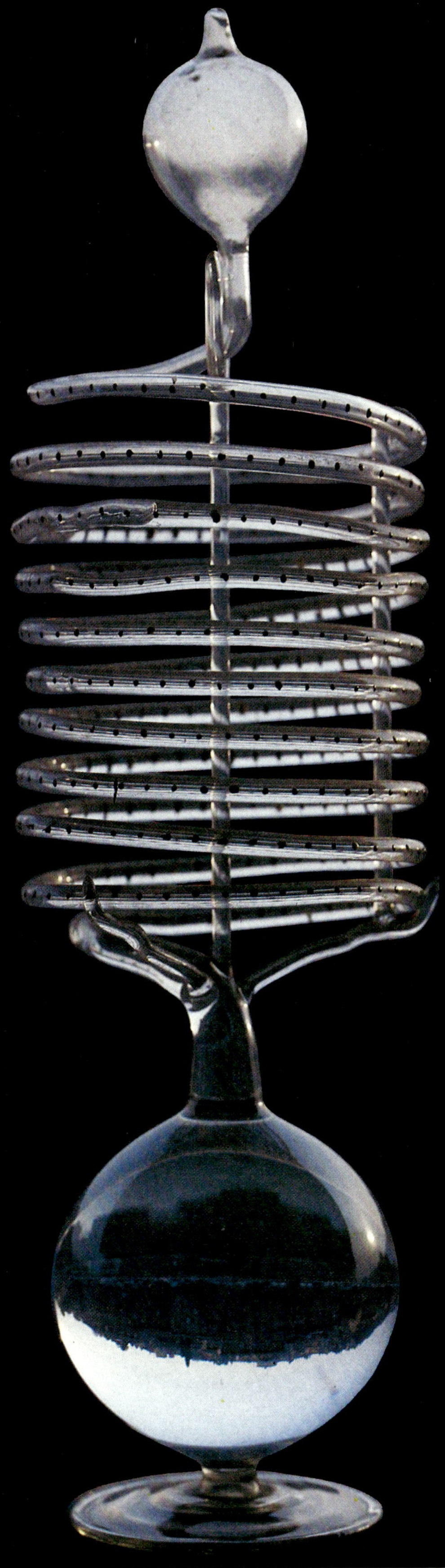

Es ist kein Zufall, daß man bis weit in die Neuzeit hinein nur wenig über die Atmosphäre wußte. Ohne zuverlässige Instrumente, mit denen man die unzähligen Veränderungen von Temperatur, Luftfeuchtigkeit und Luftdruck messen konnte, ließen sich die Theorien über die Ursachen der Schwankungen nicht beweisen. Erst im 17. und 18. Jahrhundert wurden allmählich die nötigen Meßgeräte entwickelt. Eine ganze Reihe von hochempfindlichen Apparaten, darunter die Thermometer, Barometer und Hygrometer (Feuchtigkeitsmesser), die hier und auf den folgenden Seiten abgebildet sind, ebneten den Weg nicht nur für systematische meteorologische Beobachtungen, sondern auch für eine Vielzahl von Experimenten, mit denen die besonderen Eigenschaften der Luft ermittelt wurden.

Viele dieser frühen Instrumente kamen aus Florenz, wo Großherzog Ferdinand II. und sein Bruder Leopold die Familientradition der Medici fortführten und die Naturwissenschaften förderten. Beide brachten an ihrem Hof die besten Forscher der damaligen Epoche und die tüchtigsten Kunsthandwerker der Gegend zusammen – eine Verbindung, die sich als äußerst fruchtbar erwies: Die zierlich gewundene Struktur des Spiralthermometers *(links)*, das aus dem Jahre 1657 stammt, verdankt seine Entstehung ebenso der Glasbläserkunst wie dem wissenschaftlichen Erbe Galileis.

Natürlich hatten die ersten Instrumente ihre Schwächen. So gelang es den frühen Erfindern nicht, einheitliche Eichmaße zu entwickeln und anzuwenden. Die ersten Thermometer beispielsweise hatten unterschiedliche Temperaturskalen, was den Vergleich wissenschaftlicher Ergebnisse sehr erschwerte. Nach und nach wurden jedoch einheitliche Maßsysteme geschaffen, sehr zum Nutzen der Wissenschaftler in aller Welt. Was jedoch die sinnreiche Konstruktion betrifft, so sind diese ersten Instrumente bis heute kaum übertroffen.

Ein florentinisches Spiralthermometer aus dem 17. Jahrhundert – auf dem Photo spiegelt sich in seinem gläsernen Sockel eine Medici-Villa – ist 33 Zentimeter hoch und vereinigt drei Meter Glasrohr. Die Punkte sind Gradeinteilungen.

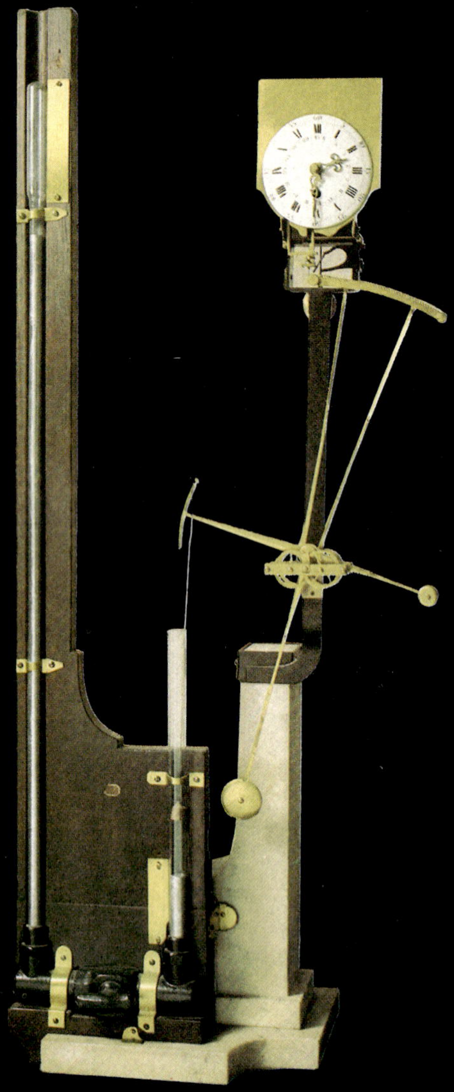

Dieses italienische Barometer aus dem 18. Jahrhundert arbeitet mittels eines kleinen Schwimmers, der steigt oder fällt, sobald die Quecksilbersäule *(Mitte)* auf Veränderungen des Luftdrucks reagiert.

Diese moderne Nachbildung eines mit klassischen Motiven verzierten florentinischen Hygrometers aus dem 17. Jahrhundert hat einen Hohlraum, der mit Eis gefüllt wird. Die Feuchtigkeit der Luft kondensiert auf dem Glaskegel und tropft in das Meßglas darunter, an dem man den Feuchtigkeitsgrad abliest.

Das Barometer des Engländers Daniel Quare – ein Instrument aus dem 18. Jahrhundert – besteht aus einem gläsernen Vakuumrohr, das mit dem offenen Ende in eine Quecksilberwanne am Boden des Ständers getaucht ist. Das Quecksilber im Rohr steigt oder fällt mit jeder Veränderung des Luftdrucks.

Bei diesem englischen Hygrometer aus dem 18. Jahrhundert nehmen Papierscheiben Feuchtigkeit aus der Luft auf. Ihr Gewicht wirkt auf einen Zeiger, der sich über einer Feuchtigkeitsskala bewegt.

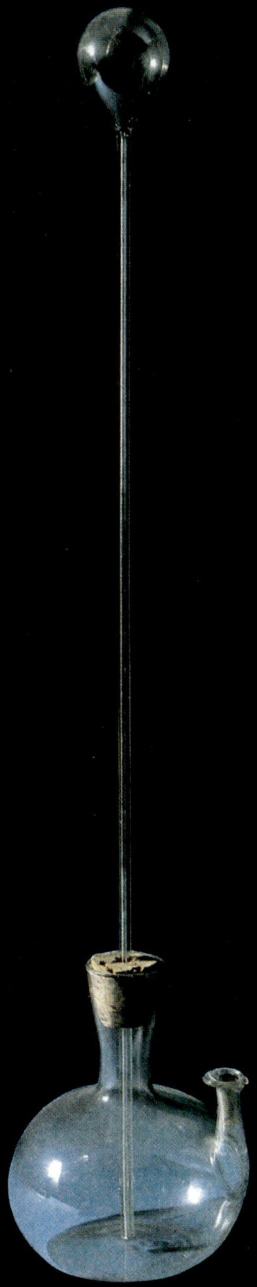

Die Nachbildung eines Thermoskops, das man Galilei zuschreibt, kann die Richtung – aber nicht den genauen Grad – der Temperaturänderung anzeigen. Das Wasser im Glasrohr wird nach unten gepreßt, wenn sich die Luft im Rundkolben darüber erwärmt und ausdehnt; wird die Luft kühler und zieht sich zusammen, steigt das Wasser im Rohr.

Großherzog Ferdinand II. experimentierte mit Trägheitsthermometern wie den oben abgebildeten Röhrchen. Jedes war mit Alkohol und mit Perlen verschiedenen Gewichts gefüllt, die bei einem Anstieg der Temperatur nach unten sanken.

Die Nadel dieses alten Hygrometers wird durch einen Absorptionsstreifen aus Papier betätigt; der Streifen ist zwischen Schrauben am Sockel befestigt und bewegt sich bei veränderter Feuchtigkeit.

praktisch zu untersuchen und entwickelte Schritt für Schritt das, was man heute die wissenschaftliche Beweisführung nennt.

Der Mann, der diese Richtung anführte, war der große Astronom und Physiker der italienischen Renaissance Galileo Galilei. Er besaß einen unersättlichen Wissensdurst, arbeitete Tag und Nacht und war nicht nur mit überragenden Geistesgaben, sondern zudem mit einem unerschütterlichen Vertrauen in die eigenen Fähigkeiten ausgestattet. Es gab viele berühmte Männer in seiner Zeit, aber Galileis Ruhm überstrahlte sie alle. Sein Vater, ein florentinischer Musiker, der in bescheidenen Verhältnissen lebte, hatte gehofft, daß Galilei den Arztberuf ergreifen würde, da ein Medicus damals nicht schlecht verdiente. Doch während seines Medizinstudiums an der Universität von Pisa besuchte der junge Mann zufällig eine Geometrievorlesung und war fasziniert. Er redete so lange auf seinen Vater ein, bis er Mathematik und Naturwissenschaft studieren durfte. Von jener Entscheidung profitiert die Welt heute noch.

Ein gutes Beispiel für Galileis intuitive Genialität ist die Entdeckung, die er eines Tages in einer Kirche machte. Er saß da und beobachtete einen Lüster, den der wechselnde Luftzug einmal stärker und dann wieder schwächer bewegte. Galilei maß die Schwingungsdauer mit Hilfe seines Pulsschlags und erkannte, daß der Lüster jeden Bogen, ob er nun kurz oder lang war, in der gleichen Zeit vollführte. Später überprüfte er seine Beobachtung experimentell: Er befestigte Kugeln an langen Fäden, versetzte sie in unterschiedliche Schwingungen und erhielt in der Tat den erwünschten Beweis. Das war die Geburtsstunde des Pendels, mit dessen Hilfe man später die ersten genauen Uhren herstellte.

Ähnliche Entdeckungen markieren Galileis gesamten Lebensweg. Als er erfuhr, daß ein Holländer das Teleskop erfunden hatte, baute er in kürzester Zeit ebenfalls eines. Er betrachtete damit den Himmel und sah, daß sich die Milchstraße aus einer Unzahl von Sternen zusammensetzt, fand Gebirge auf dem Mond und schätzte ihre Höhe nach den Schatten ab, die sie warfen, stellte fest, daß Jupiter vier eigene Monde hat, und erkannte Flecken auf der Sonnenoberfläche, mit deren Hilfe er den Nachweis erbrachte, daß sich die Sonne alle 27 Tage einmal um ihre Achse dreht.

Bei seinen zahlreichen Untersuchungen, ganz besonders aber bei seinen Studien vom freien Fall, stieß Galilei immer wieder auf die Frage, wie die Luft beschaffen sei. Es stimmt zwar nicht, daß er verschieden schwere Kanonenkugeln vom Schiefen Turm seiner Heimatstadt Pisa warf, um das Verhalten von Körpern im freien Fall zu erforschen – das tat ein anderer –, aber Galilei befaßte sich durchaus mit der Beschleunigung. Die Untersuchung war Teil eines unerbittlichen, ja beinahe zwanghaften Angriffs auf die aristotelische Physik.

Aristoteles hatte behauptet, daß sich die Geschwindigkeit eines Körpers proportional zu seinem Gewicht verändere. (Ein Stein, der fünf Pfund wog, fiel demnach fünfmal so schnell wie ein Stein, der nur ein Pfund wog.) Galilei stürzte diese These: Er wies mathematisch und später experimentell nach, daß im Prinzip alle Körper ungeachtet ihres Gewichts die gleiche Fallgeschwindigkeit haben. Aus der Überlegung heraus, daß eine Feder dennoch sanft zur Erde sinkt, während ein Stein stürzt, gelangte Galilei zu dem Schluß, daß die Luft selbst Widerstand bietet.

Vielleicht war es dieser Gedanke, der Galilei dazu brachte, die Luft auch auf andere Eigenschaften hin zu untersuchen. Bedeutete ihr Widerstand gegenüber bewegten Körpern, daß Luft aus einer meßbaren Substanz bestand? Galilei entwickelte ein Experiment, das diese Frage klären sollte. Er verschloß den engen Hals eines großen Glaskolbens mit einem Ventilstöpsel, „durch den ich", wie er schrieb, „mittels eines Klistiers eine große Menge Luft in den Kolben preßte". Sorgfältig wog er den Behälter, in dem sich nun „das Zwei- bis Dreifache des natürlichen Volumens" befand, ließ darauf die komprimierte Luft wieder entweichen und wog den Kolben erneut. Mit Hilfe derartiger Experimente bestimmte er, daß die Luft tatsächlich ein meßbares Gewicht hatte. Seiner Berechnung nach war sie 460mal leichter als Wasser. (Moderne Analysen haben ergeben, daß Luft in Meereshöhe etwa 816mal leichter ist als Wasser.)

Auch in einer anderen Frage hinsichtlich der Luft hatte Aristoteles eisern auf seiner These beharrt: Einen luftleeren Raum, ein Vakuum also, hatte er erklärt, könne es nicht geben, da der Natur jegliches Vakuum ein Greuel sei. Es konnte nicht ausbleiben, daß Glailei ebenso eisern die entgegengesetzte Theorie vertrat. Als Beweis führte er ein Experiment an, bei dem zwei flache, feingeschliffene Glasplatten, die man zusammenbrachte, so fest aufeinander hafteten, daß man sie nur lösen konnte, wenn man sie seitlich verschob. Seiner Ansicht nach entstand bei dem Versuch, die beiden Platten auseinanderzuziehen, ein Vakuum zwischen ihnen, und das hielt sie zusammen. Die Anhänger der aristotelischen Lehre interpretierten das gleiche Experiment jedoch in ihrem Sinne: Sie erklärten, die Natur presse die beiden Platten zusammen, damit kein Vakuum entstehe.

Galilei konterte mit einer Versuchsanordnung, bei der ein luftdicht schließender Holzpfropfen ein Stück aus einem wassergefüllten, dickwandigen Glaskolben herausgezogen wurde. Und zwischen Pfropfen und Wasser zeigte sich in der Tat ein Zwischenraum, der nichts anderes als ein Vakuum sein konnte. Wieder war ein Nagel in den Sarg der aristotelischen Lehre getrieben worden.

Die unbestreitbare Existenz des Vakuums – obwohl von den meisten Gelehrten Europas angezweifelt – führte bald zu einer neuen Erkenntnis über die Beschaffenheit der Luft. Leider war es Galilei selbst nicht mehr vergönnt, sie zu formulieren. Er wußte von Brunnenbauern, daß die damalige einfache Saug- oder Hubpumpe unter keinen Umständen Wasser höher als zehn Meter förderte. (Daß sie überhaupt arbeitete, war wohl darauf zurückzuführen, daß die Natur selbst das Wasser nach oben sog, weil ihr ein Vakuum ein Greuel war!) Galilei soll einmal spöttisch bemerkt haben, daß „der Natur ein Vakuum oberhalb zehn Metern allem Anschein nach kein Greuel ist", aber auch er bot keine ausreichende Erklärung. Die aristotelische These, daß die Natur das Wasser aufsteigen ließ, um ein Vakuum zu vermeiden, hatte er selbstverständlich verworfen; er wußte ja, daß es ein Vakuum gab. Allerdings wiesen Galileis Theorien im Zusammenhang mit dem Vakuum einen entscheidenden Irrtum auf: Er glaubte, das Vakuum übe die Kraft aus, die das Wasser in die Höhe sog. Und weiter dachte er, daß diese Zugkraft vielleicht irgendwie auf zehn Meter begrenzt sei oder daß das Gewicht des Wassers die Wassersäule in einer bestimmten Höhe einfach abreißen lasse.

Allem Anschein nach legte er das Problem Ende 1641 einem neuen Assistenten vor, dem 33jährigen Evangelista Torricelli, der sich bereits einen großen Namen als Mathematiker und Physiker gemacht hatte. Torricelli hatte 14 Jahre lang mit zwei von Galileis besten Schülern zusammengearbeitet und war auf ihre Empfehlung hin eingestellt worden, um den Meister bei einer neuen wissenschaftlichen Abhandlung zu unterstützen. Doch knapp drei Monate nach Torricellis Ankunft auf Galileis florentinischem Landsitz starb Galilei im Alter von 77 Jahren, und die vielversprechende Zusammenarbeit fand ein plötzliches Ende. Torricelli traf Anstalten, die Toskana wieder zu verlassen, da ernannte ihn Großherzog Ferdinand II. zu Galileis Nachfolger als Mathematiker und Philosoph bei Hofe.

Torricelli verfolgte das Problem mit der zehn Meter hohen Wassersäule weiter. Als er sich überlegte, wie man die sperrige Versuchsanordnung aus langen Rohren vereinfachen könne, die man zum Studium des Phänomens benötigte und die in Rom von einer Gruppe Naturgelehrten an mehrstöckigen Gebäuden verwendet worden war, griff er auf Galileis Theorie zurück, daß die Höhe einer Flüssigkeitssäule umgekehrt proportional zum Gewicht der Flüssigkeit sein müsse. Er experimentierte mit Meerwasser, Honig und Quecksilber, schweren Flüssigkeiten, die weit niedrigere Säulen bildeten und es ihm ermöglichten, wesentlich kürzere Rohre zu benutzen. Schließlich erteilte er im Jahre 1644 seinem Laborassistenten Vincenzo Viviani den Auftrag, ein an einem Ende geschlossenes Glasrohr von einem Meter Länge herzustellen, das stark genug sein sollte, um Quecksilber aufzunehmen, ein flüssiges Metall, das vierzehnmal mehr wiegt als Wasser. Nach Torricellis Anweisung füllte Viviani das Rohr randvoll mit Quecksilber. Er verschloß das offene Ende mit dem Daumen, drehte das Rohr um, tauchte es in eine Schale mit Quecksilber und nahm dann den Finger von der Öffnung. Die Quecksilbersäule sank und blieb auf einer Höhe von 760 Millimetern stehen; darüber befand sich ein Vakuum. Damit war das Barometer erfunden.

Torricellis wahre Genialität zeigte sich aber nicht in diesem Experiment, das lediglich eine Variante früherer Versuche darstellte, sondern in den Erkenntnissen, die er daraus gewann. Er schloß, daß nicht etwa das Vakuum im Rohr eine Zugkraft auf die Flüssigkeitssäule ausübte, sondern daß der Luftdruck, der auf dem Quecksilberspiegel der Schale lastete, das Metall im Glasrohr bewegte. Torricelli ging noch einen Schritt weiter. Er wollte mit seinem Versuchsaufbau „die Veränderungen der Luft aufzeigen, die bald schwer und grob, bald wieder leicht und fein ist". Zum Beweis, daß die Säule durch den äußeren Luftdruck und nicht durch Galileis „Vakuumkraft" erzeugt wurde, stellte Viviani ein zweites Glasrohr her, das an einem Ende in einen großen Rundkolben überging; in diesem Kolben konnte sich ein größeres – und, wenn Galilei recht behielt, ein stärkeres – Vakuum ausbilden. Nachdem dieses Rohr gefüllt und wie zuvor umgestülpt in die Quecksilberschale getaucht worden war, sank die Flüssigkeitssäule auf die gleiche Höhe wie im ersten Rohr – „ein nahezu sicheres Zeichen, daß keine Kraft im Innern wirkte", schrieb Torricelli. Er gelangte zu einem Schluß von bestechender Einfachheit und nachhaltiger Bedeutung: „Wir leben in einem Meer aus elementarer Luft und wissen aufgrund unbestreitbarer Experimente, daß diese Luft Gewicht besitzt."

In einer Schlüsselfrage jedoch kam Torricelli absolut nicht voran: „Es will mir nicht gelingen, mit Hilfe dieses Instruments zu erkunden, wann die Luft grob und schwer und wann sie fein und leicht ist", berichtete er einem Kollegen, „da der Flüssigkeitsspiegel sehr empfindlich auf Wärme und Kälte reagiert." Historiker haben die Vermutung geäußert, daß Torricellis Vakuum durch Wasserdampf verunreinigt war, der Temperaturschwankungen anzeigte und auf diese Weise Veränderungen des Luftdrucks verschleierte.

Torricelli beschrieb seine Erfindung in einem Brief an einen verschwiegenen Freund, unterließ es aber wohlweislich, sie zu veröffentlichen – ganz sicher aus Furcht vor der Inquisition, deren Vertreter elf Jahre zuvor Galilei gezwungen hatten, seine revolutionären Thesen zum Sonnensystem zu widerrufen. Im Jahre 1644 hielt die katholische Kirche noch eisern am aristotelischen Weltbild fest, und der bloße Gedanke an ein Vakuum galt als Blasphemie. Außerhalb Italiens waren diese Zwänge allerdings weniger stark. Einige Franzosen, die eine der seltenen Vorführungen von Torricellis Vakuumapparat miterlebt hatten, verbreiteten die Kunde davon im Ausland, und dort kam es bald zu ähnlichen Experimenten.

Zu den Gelehrten, die Interesse an dem neuen Instrument bekundeten, gehörte auch der Franzose Blaise Pascal, ein ausgesprochenes Wunderkind, das bereits im Alter von 16 Jahren bedeutende geometrische Lehrsätze aufgestellt und als 21jähriger eine zwar teure, aber funktionsfähige Rechenmaschine erfunden hatte, die erste Vorläuferin der modernen Registrierkasse.

Im Jahre 1648 hatte sich der 25jährige Pascal umfassend mit Torricellis Theorie vertraut gemacht und schickte sich an, einen ihrer Hauptaspekte nachzuweisen. Wenn die Luft in der Tat ein „Meer" war und ein bestimmtes Gewicht hatte, dann würde die Luft von weiter oben auf den unteren Schichten lasten und dort den Druck verstärken. Falls Torricellis These stimmte, mußte sich also der Luftdruck ähnlich wie der Druck oder das Gewicht des Wassers mit zunehmender Tiefe verhalten. Mit anderen Worten, der Luftdruck verringerte sich mit der Höhe. Pascal hatte eine Idee, wie sich diese Behauptung nachweisen ließ: Man mußte ein Barometer auf einen Berggipfel schaffen.

Er selbst konnte die Klettertour aus einer Vielzahl von Gründen nicht unternehmen: Er war schwächlich und chronisch krank und hatte Angst vor der Höhe. Außerdem gab es keine nennenswerten Berge in der Nähe von Paris. Zufällig lebte jedoch sein Schwager, ein Regierungsbeamter namens Florin Perier, in der Auvergne, einer gebirgigen Region im Süden Frankreichs. Perier erklärte sich bereit, das Experiment durchzuführen. Pascal sandte ihm alle notwendigen Geräte zu, und am 19. September 1648 führte Perier den Versuch durch, dessen Ergebnisse er in einem langen schriftlichen Protokoll festhielt.

Er hatte, wie er schrieb, eine Reihe kirchlicher und weltlicher Würdenträger aus seiner Heimatstadt Clermont eingeladen, ihn zu begleiten und Zeugen des Experiments zu werden. Zunächst begab man sich in den Garten des Minimitenklosters, einem tiefgelegenen Teil der Stadt, wo Perier ein Torricelli-Barometer aufstellte. Er maß wiederholt mit großer Sorgfalt die Höhe der Quecksilbersäule: Sie betrug genau 711 Millimeter. Einer der Mönche, „ein Mann, wie man ihn sich frommer nicht denken kann", blieb im Garten zurück, um das Barometer zu beobachten und festzustellen, ob sich die Höhe im Laufe des Tages veränderte; Perier und seine Begleiter dagegen erklommen den Gipfel des etwa 1500 Meter hohen Puy de Dôme und errichteten dort ein zweites Barometer. Das Ergebnis – 626 Millimeter. „Unsere Begeisterung und unser Staunen kannten keine Grenzen", berichtete Perier, „und wir wunderten uns so sehr, daß wir das Experiment zu unserer eigenen Gewißheit unbedingt wiederholen wollten." Er stellte das Barometer noch an fünf anderen Punkten des Gipfels auf und las den Quecksilberspiegel der Säule ab. Sie blieb stets gleich. Während des Abstiegs der Gruppe, der in gehobener Stimmung erfolgte, nahm Perier noch eine Messung vor und entdeckte, daß die Höhe der Quecksilbersäule zugenommen hatte. Als sie wieder im Kloster anlangten, berichtete der Mönch, der das Instrument im Garten beobachtet hatte, daß sich die Säule nicht verändert habe. Noch einmal las der gründliche Perier das Instrument ab, das er den Berg hinauf- und wieder heruntergetragen hatte. Im Klostergarten zeigte die Säule ebenfalls 711 Millimeter an „und bewies somit endgültig die Zuverlässigkeit unserer Versuchsergebnisse".

Ein phantasievoller Stich aus dem Jahre 1698 stellt eine Vielzahl kultureller und wissenschaftlicher Aktivitäten während der Tagung der französischen Académie des Sciences dar. Wenngleich solche Treffen im allgemeinen weit nüchterner und abseits der Öffentlichkeit stattfanden, unterstützten die Académie und ihre europäischen Schwestergesellschaften die Erforschung der Luft auf beachtliche Weise.

Diese Ergebnisse bestätigten Pascals Versuche voll und ganz, daß Luft ein elastischer Stoff ist, dessen Gewicht oder Druck mit der Höhe abnimmt. Der Beweis verschaffte ihm, wie er sagte, „große Befriedigung".

Torricelli und Pascal hatten zwar einen großen Beitrag zur Erforschung der Luft geleistet, betrachteten sie aber nach wie vor als einheitlichen, homogenen Stoff. Aufgrund dieses Irrtums blieben eine Reihe von hartnäckigen Rätseln weiter ungelöst. Was geschah beispielsweise mit Wasser, wenn es verdunstete? Die Griechen hatten angenommen, daß es sich in Luft verwandelte, aber das ließ die Frage offen, wie es wieder zu Wasser wurde und Wolken bildete. Der Gedanke, daß Luft mehr als eine homogene Substanz sein könnte, wurde erstmals von einem französischen Zeitgenossen Galileis geäußert, der sich eigentlich kaum mit der Atmosphäre befaßt hatte.

René Descartes hatte viel mit Aristoteles gemeinsam. Für viele ist der berühmte Franzose sogar der Vater der neuzeitlichen Philosophie, so wie Aristoteles ihnen als der Begründer der klassischen Denkweise gilt. Wie der Grieche die Logik liebte, so Descartes die Mathematik „wegen ihrer einleuchtenden Beweisführung". Descartes betrachtete die aristotelische Philosophie, nach deren strengen Grundsätzen er erzogen worden war, mit tiefem Mißtrauen; und doch beging er ähnliche Irrtümer wie der griechische Naturphilosoph, als er verbissen versuchte, viele sehr verschiedene Einzelphänomene durch einige wenige Universalgesetze zu erklären. Was Descartes über die Luft zu sagen hatte, steht – ähnlich wie bei Aristoteles – in einer Fußnote, die sich angesichts seines Werkes und seines Ruhmes eher beiläufig ausnimmt. Dennoch fasziniert der Inhalt, weil sich hier erstmals der richtige Weg zu korrekter Beschreibung andeutete.

In einem Anhang zu seinem berühmten Werk *Discours de la Méthode* äußerte Descartes den Gedanken, daß sich alle Stoffe der Erde aus einer einzigen Grundsubstanz zusammensetzten; winzige Teilchen dieser Substanz schwebten in wechselnder Größe und Form in einer unsichtbaren „feinen Materie". Die Grundteilchen von Luft „lagen lose aufeinander, ohne sich zu verquicken", während in Feststoffen die Partikel „ineinandergriffen und sich verflochten wie das Astwerk von Sträuchern, die eine Hecke bilden". Wasser setzte sich seiner Ansicht nach aus glatten, glitschigen Teilchen zusammen, „kleinen Aalen gleich, die dicht aneinander vorbeigeleiten, sich aber nicht dergestalt verknoten oder verhaken, daß sie nicht mehr ohne weiteres zu lösen wären".

Außerdem konnte Wasser nach Descartes in festem, flüssigem und gasförmigem Zustand erscheinen, je nachdem, wie eng sich die Teilchen verbanden. Zur Verdunstung kam es, wenn die feine Materie „durch die Sonne oder eine sonstige Ursache in starke Bewegung geriet" und ihrerseits Wasserpartikel aufwühlte. Dabei entstanden Teilchen, „die klein genug sind und sich leicht von ihren Nachbarn lösen, so daß sie hier und da in die Luft schweben", ähnlich dem Feldstaub, „der hochwirbelt, wenn ihn der Fuß des Wanderers berührt".

Nachdem Descartes also den ersten Hinweis gegeben hatte, daß Luft eher ein Gemisch aus Gasen als eine einheitliche Substanz sein könnte, beschäftigten sich die Gelehrten mehr und mehr mit dem Problem, die einzelnen Bestandteile aufzuspüren. Waren Männer wie Galilei noch vorwiegend Physiker und Astronomen gewesen, die sich mit dem Strömungsverhalten der Luft auseinandersetzten, so kamen Ende des 17. und während des gesamten 18. Jahrhunderts die wesentlichen Beiträge zur Erforschung der Luft von Chemikern, die versuchten, die seltsame, unsichtbare Substanz in ihre Bestandteile zu zerlegen und zu analysieren. Den Anfang machte der Versuchsspezialist Robert Boyle, ein stets kränklicher, asketisch lebender englischer Aristokrat.

Robert Boyle war der siebente Sohn eines wohlhabenden Grundbesitzers irischer Abstammung, aber er fühlte sich in der Welt der Reichen und Mächtigen nicht wohl. Er lebte zurückgezogen und widmete sich ganz der wissenschaftlichen Laborforschung. Im Alter von 14 Jahren hatte er Galileis Werke begeistert

Der Holzschnitt aus dem *Discours de la Méthode* von René Descartes zeigt, wie sphärische Dampfpartikel aus einem Gewässer aufsteigen. Der französische Philosoph stellte die Theorie auf, daß sich Wassertröpfchen, die von den Sonnenstrahlen bewegt werden, loslösen und aufsteigen. Sie ist eine rudimentäre Erklärung des Verdunstungsvorgangs.

Ein Gemälde aus dem 17. Jahrhundert bildet den britischen Chemiker Robert Boyle in gelassener Haltung mit einem Buch ab. Der elegante Aristokrat beschäftigte sich nur nebenbei mit der Chemie und wurde doch zu einem ihrer größten Wegbereiter.

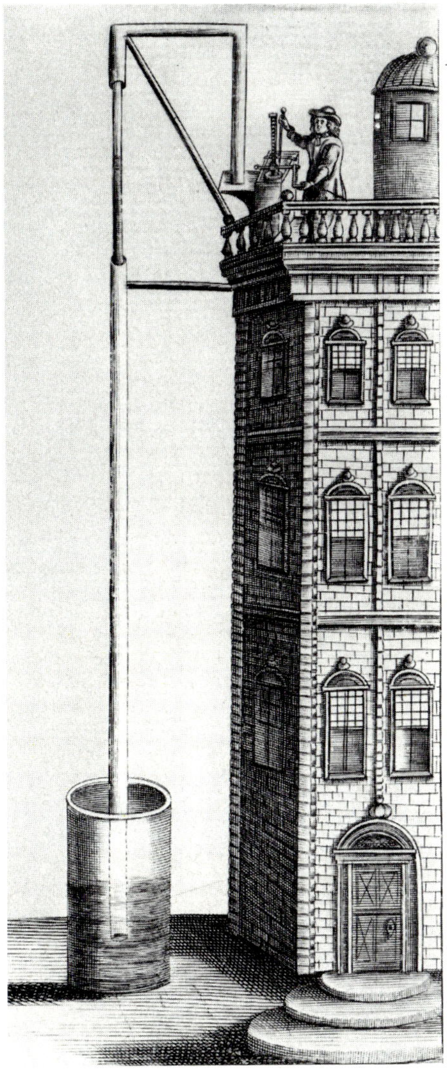

Um die Wirkung des Luftdrucks zu beobachten, hat sich Robert Boyle auf das Dach eines hohen Hauses begeben und pumpt Luft aus einem Rohr, das in einer Tonne mit Wasser steckt. Dieser Versuchsaufbau war nötig, weil der Luftdruck das Wasser im Rohr um etwa zehn Meter in dem Rohr anhob.

verschlungen, und als er um die 20 war, bezog er, der nie eine Universität besucht hatte, eine geräumige Wohnung in Oxford, wo er viele bedeutende Untersuchungen und Entdeckungen machen sollte.

Ihm war zu Ohren gekommen, daß ein deutscher Physiker – Otto von Guericke – eine Vakuumpumpe entwickelt hatte. Er beschloß, diese Erfindung zu verbessern, weil er glaubte, daß sie ihm bei der Erforschung der Luft und von Verbrennungsvorgängen weiterhelfen könne. Glücklicherweise fand er in dem ungewöhnlich begabten jungen Physiker Robert Hooke einen hervorragenden Assistenten. Hooke sollte später einmal fast so berühmt wie Boyle werden, allerdings als Erfinder und nicht als Theoretiker. Unter anderem entstand im Laufe seines langen, produktiven, aber auch mit vielen Streitereien erfüllten Lebens das erste verwendbare Anemometer zum Messen der Windgeschwindigkeit, dann das Universalgelenk, dem in der Kraftfahrzeugtechnik die Kardanwelle entspricht, die Irisblende, die noch heute Bestandteil der meisten Photoapparate ist, und schließlich die Wasserwaage, ohne die kein Maurer auskommt.

All dies lag damals jedoch noch vor Hooke. Gemeinsam mit Boyle studierte er die deutsche Vakuumpumpe in allen Einzelheiten und stellte im Jahre 1657 eine wesentlich verbesserte Konstruktion vor. Mit Hilfe dieses Geräts gelang es Boyle, ein beinahe vollständiges Vakuum herzustellen, und zu seinen ersten Experimenten gehörte der Nachweis von Galileis These, daß eine Feder im luftleeren Raum genauso schnell zu Boden sinken müsse wie ein Gegenstand von größerem Gewicht, in diesem Fall eine Münze. Er stellte fest, daß in der Tat beide so gut wie gleichzeitig den Boden berührten.

Boyle nutzte die Pumpe aber nicht nur zum Evakuieren, sondern auch zum Komprimieren von Luft. So pumpte er große Luftmengen in ein Glasgefäß, das er anschließend versiegelte, und stellte fest, daß der Druck im Innern der Kammer auch nach langer Zeit noch unverändert war. Daraus schloß er, daß „der Luft, in der wir leben, eine gewisse Elastizität oder Federkraft innewohnt", und er sprach die Vermutung aus, daß sie zusammengepreßte Partikel enthalte, die sich ausdehnen, sobald sie keinen äußeren Kräften mehr unterliegen. Um dieses Phänomen näher zu untersuchen, verbanden Boyle und Hooke ein Quecksilberbarometer mit einer Reihe von versiegelten Glasrohren und lasen jeweils Druck und Volumen der eingeschlossenen Luft ab. Insgesamt nahmen sie 44 sehr genaue Messungen vor und gelangten zu einer einfachen mathematischen Verhältnisformel, dem Boyleschen Gesetz: Bei gleichbleibender Temperatur verhält sich ein bestimmtes Gasvolumen umgekehrt proportional zu seinem Druck. Das bedeutet, daß sich bei doppelt großem Druck das Volumen auf die Hälfte verringert und umgekehrt.

Boyle und Hooke untersuchten außerdem die Vorgänge der Atmung und der Verbrennung. Sie gingen dazu über, Mäuse, Vögel und andere Tiere in geschlossene Glasgefäße zu sperren und zu beobachten. Blieb so ein kleines Geschöpf längere Zeit in seinem luftdichten Gefängnis, fing es zu keuchen an und wurde zusehends schwächer, erholte sich jedoch rasch, sobald man es aus seinem Käfig befreite. Evakuierte man dagegen die Luft mittels einer Pumpe, bekam das Versuchstier sofort Atemnot und rang mit dem Tode. Das legte den eindeutigen Schluß nahe, daß Luft zum Atmen notwendig war – und daß sie eine Substanz erhielt, die die Tiere beim Atmen aufbrauchten. Ähnliches galt für Verbrennungsvorgänge. Stellte man eine brennende Kerze in ein luftdichtes Glasgefäß, so erlosch die Flamme, wenn die Luft abgepumpt wurde; komprimierte man dagegen die Luft, dann brannte die Flamme länger als bei normalem Druck. Boyle hatte jedoch keine Ahnung, woraus die rätselhafte „Lebenssubstanz" nun eigentlich bestand, die später die Bezeichnung Sauerstoff erhielt.

Mehr als ein Jahrhundert lang blieb verborgen, welche nützlichen Ansätze Boyles Werk enthielt. Schuld daran war eine Theorie, die weithin Anerkennung fand, sich für die Naturlehre aber als Sackgasse erwies. Etwa um das Jahr 1700 setzte sich in der Chemie die These vom Phlogiston durch, einer nicht faßbaren Substanz, die angeblich beim Verbrennen oder Rosten eines Stoffes in die Luft entwich. Man nahm an, daß Phlogiston von einem Stoff auf den anderen übergehen könne und bei zu hoher Konzentration eine Flamme erstickte. (So erklärte man sich das Erlöschen einer Kerze, die einige Zeit in einem verschlossenen Behälter brannte.) Diese These enthielt einen wesentlichen Denkfehler: Man mußte das Gewicht von Phlogiston einmal positiv und einmal negativ ansetzen, denn rostende Stoffe werden schwerer, brennende Stoffe dagegen leichter. Da aber die Phlogistontheorie viele chemische Abläufe erklärte, ohne das aristotelische System zu zerstören, setzte sie sich durch und wies den weiteren Chemiepionieren den falschen Weg.

Da die Chemiker des 18. Jahrhunderts jedoch fortfuhren, Feststoffe und Flüssigkeiten zu analysieren und deren Bestandteile zu identifizieren, wurde schließlich auch die Luft Untersuchungsobjekt. Der erste Bestandteil, den man entdeckte, war zwar nur ein geringer, spielte aber doch eine wichtige Rolle und trug zum Auffinden weiterer Komponenten bei.

Sein Entdecker war ein schottischer Medizinstudent namens Joseph Black, der im Jahre 1753 die medizinischen Eigenschaften von Chemikalien untersuchte, die man aus Kalkstein (oder Kalziumkarbonat, wie man in der Chemie heute sagt) und Magnesia alba (Magnesiumkarbonat) gewann. Black fand heraus, daß Kalkstein beim Übergießen mit Säure eine seltsame Art „Luft“ abgab, die ein Stück brennendes Papier löschte, „als habe man es in Wasser getaucht“, und bei kleineren Versuchstieren zum Erstickungstod führte. Da Kalk- und Magnesiumverbindungen diese geheimnisvolle Luft absorbierten oder „banden“, nannte er die Substanz „gebundene Luft“. Heute heißt das Gas Kohlendioxid. Als Black den faszinierenden Stoff näher untersuchte, entdeckte er, daß „gebundene Luft“ nicht nur in Feststoffen wie Magnesia alba vorkam, sondern „in der gesamten Atmosphäre verteilt war“. Besonders gut nachweisen ließ sie sich in ausgeatmeter Luft und in den Bläschen, die bei der Gärung von Bier entstanden.

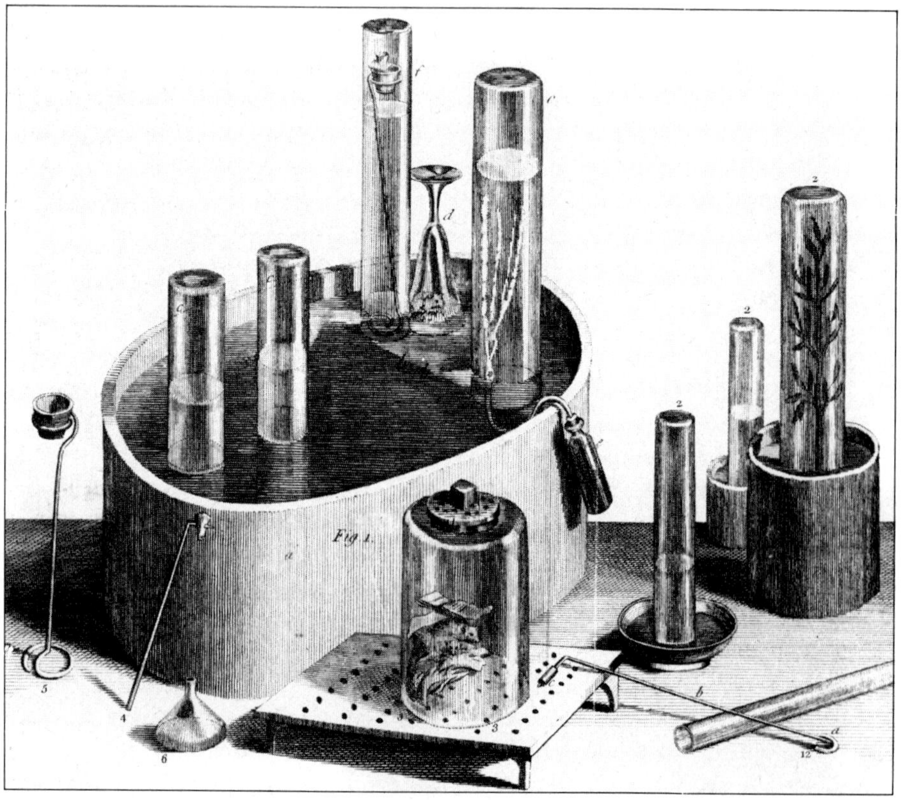

Ende des 18. Jahrhunderts brachte Joseph Priestley Mäuse, Pflanzen und andere Versuchsobjekte in gasgefüllten Zylindern unter, die er dann umgekehrt in Gefäße mit Wasser tauchte. Auf diese Weise versuchte er die Wirkung verschiedener „Luftsorten“ oder Gase zu bestimmen. Unter anderem beobachtete er, daß eine Maus in „dephlogistizierter Luft“ (reinem Sauerstoff) besonders lebhaft wurde und eine Pflanze *(rechts)* einen Behälter, dem er den Sauerstoff entzogen hatte, wieder mit Sauerstoff füllen konnte.

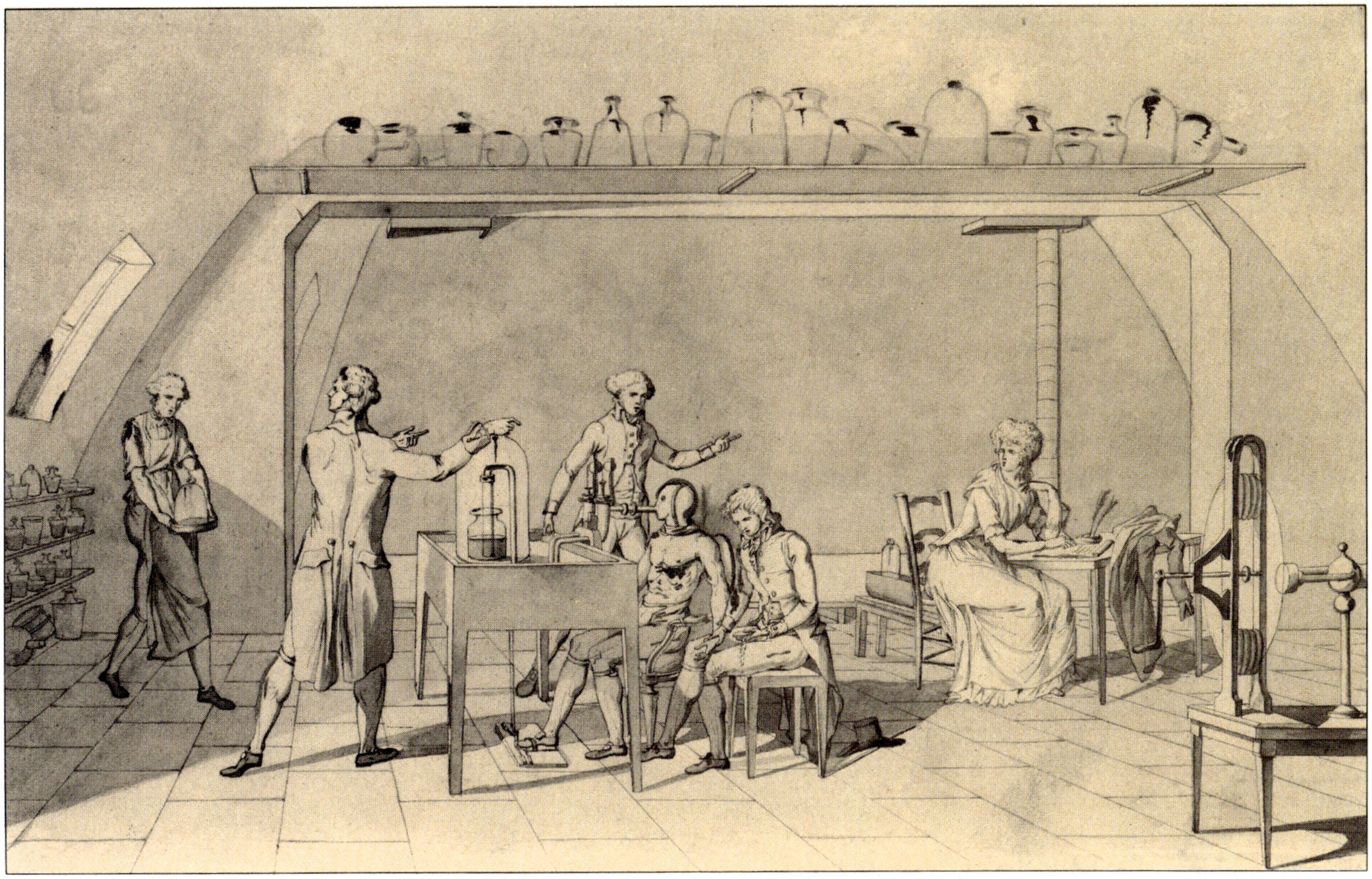

Der französische Chemiker Antoine Lavoisier überwacht 1789 ein Experiment, bei dem eine Versuchsperson reinen Sauerstoff einatmet und gleichzeitig mit dem Fuß einen Tretmechanismus betätigt. Der einfache Versuch – festgehalten von Madame Lavoisier, die sich ebenfalls auf dem Bild verewigte – bewies, daß bei körperlicher Anstrengung der Sauerstoffverbrauch des Menschen ansteigt.

Man wußte nun, daß die Atmosphäre viel komplexer war, als man früher angenommen hatte: Sie enthielt Blacks „gebundene Luft", die Flammen und Leben erstickte, und Boyles „Lebenssubstanz", die den Verbrennungsvorgang unterstützte und verlängerte. Wenn aber die „Lebenssubstanz" eines abgeschlossenen Luftvolumens verbrannt oder beim Atmen aufgebraucht und die „gebundene Luft" absorbiert worden war, blieb immer noch der größte Teil einer untersuchten Probe übrig. Woraus mochte sie bestehen?

Die Frage beschäftigte Black noch knapp zwanzig Jahre später, als er an der Universität von Edinburgh einen Lehrstuhl für Chemie erhielt. Er war viel zu überlastet, um das Problem selbst zu erforschen, aber zufällig suchte im Jahre 1770 einer seiner besten Schüler, ein Medizinstudent namens Daniel Rutherford, für seine Doktorarbeit ein Thema. Rutherford übernahm begeistert die Aufgabe, die von Black als „Restluft" bezeichnete Substanz zu isolieren. Die Absorption der „gebundenen Luft" (Kohlendioxid) bereitete keinerlei Problem. Weit schwieriger war es, die „Lebenssubstanz" (Sauerstoff) zu entziehen, denn wer oder was immer diese Substanz aufbrauchte, sei es ein Lebewesen oder eine Kerzenflamme, gab dabei gleichzeitig „gebundene Luft" ab, wie Black im Experiment gezeigt hatte.

Nach mehreren vergeblichen Versuchen fand Rutherford die richtige Methode. Er tauchte einen Glasbehälter mit der Öffnung nach unten in ein Wasserbecken und fing so ein bestimmtes Luftvolumen ein. Nachdem er die „gebundene Luft" mit Hilfe von Ätzkali absorbiert hatte, verbrannte er Phosphor in der noch verbliebenen Luft. Phosphor, so hatte er entdeckt, zehrte die „Lebenssubstanz" vollständig auf und erzeugte dabei keine „gebundene Luft", sondern Dämpfe, die sich im Wasser des Versuchsbeckens lösten. Die restliche Luft – etwa Dreiviertel des ursprünglichen Volumens – erstickte jede Flamme und jegliches Leben auf der Stelle, und so nannte Rutherford diesen dritten und, wie man annahm, letzten

Bestandteil der Luft „schädliche Luft". Zwar kamen auch andere Forscher ungefähr zur gleichen Zeit zu ähnlichen Ergebnissen, aber man schreibt die Entdeckung des Stickstoffs, wie die Substanz später genannt wurde, im allgemeinen Rutherford zu – obwohl er hartnäckig versuchte, ihre Eigenschaften mit der Phlogistontheorie in Einklang zu bringen und deshalb seine Versuchsergebnisse und Erkenntnisse nicht richtig zu deuten vermochte.

Dies traf im übrigen auch auf die anderen Wegbereiter der Chemie zu, die den Grundbestandteilen der Luft auf die Spur gekommen waren. Sie hatten bis dahin die Eigenschaften und die Bedeutung der beobachteten Stoffe nur in groben Zügen verstanden. Im späten 18. Jahrhundert setzte dann eine ungewöhnlich aktive Experimentierphase ein, während der Dutzende von Wissenschaftlern viele kleine Beiträge zur Erforschung der Luft leisteten und nur einige wenige Forscher Einsichten von weitreichender Bedeutung erlangten.

Zu den letzteren gehörte Joseph Priestley, ein Konformistenprediger aus England mit sehr radikalen Ansichten, der unter anderem öffentlich für die abtrünnigen amerikanischen Kolonien eintrat. Er besaß autodidaktische Kenntnisse in Chemie und vertiefte sich vor allem in die Eigenschaften von „gebundener Luft". Im Jahre 1772 gelang es ihm, etwas von diesem Gas in Wasser zu lösen. Er kostete das Gemisch und fand es angenehm prickelnd; er hatte etwas hergestellt, das später unter dem Namen Soda- oder Selterswasser weite Verbreitung finden sollte. Seine Studien, aber auch sein Radikalismus in politischen und religiösen Fragen beeindruckten Lord Shelburne, einen wohlhabenden Adeligen, der Priestley eine Stelle als Privatarchivar und Gesellschafter in seinem Hause anbot. Priestley nahm diese Unterstützung seiner Studien mit Freuden an; und während seiner Arbeit für Shelburne gelang ihm auch sein bedeutendster Beitrag zur Wissenschaft.

Als Priestley nämlich etwas Quecksilber an der Luft erhitzte, stellte er fest, daß es eine ziegelrote Schicht bildete. (Heute weiß man, daß es sich um Quecksilberoxid handelte.) Er füllte dieses „kalzinierte Pulver" in ein Reagenzglas und erhitzte es weiter. Dabei entwickelte es ein Gas mit höchst bemerkenswerten Eigenschaften. Priestley fiel auf, daß er sich „leicht und frei" fühlte, wenn er das Gas einatmete; ließ man Mäuse daran schnüffeln, begannen sie umherzutollen. Priestley wußte bereits, daß eine Maus in einem geschlossenen Behälter mit etwa 60 Gramm normaler Luft nach einer Viertelstunde erstickte. Nun stellte er fest, daß eine Maus, die man in einen Behälter mit der gleichen Menge des neuen Gases sperrte, eine halbe Stunde später unversehrt auftauchte und höchstens ein wenig fröstelte.

Er machte noch eine andere Entdeckung von großer Bedeutung. Die verbrauchte Luft, die Mensch und Tier ausatmeten (Blacks „gebundene Luft"), ließ Pflanzen besonders üppig wachsen. „Unter keinen anderen Umständen", so berichtete er, „habe ich eine derart kräftige Vegetation erlebt wie in dieser Luft, die für Lebewesen absolut tödlich ist. Diese Beobachtung ließ mich schließen, daß Pflanzen die Luft nicht in der gleichen Weise beeinträchtigen wie die Atemvorgänge von Mensch und Tier, sondern im Gegenteil deren Auswirkungen umkehren und die Atmosphäre zumeist rein und zuträglich machen, wenn sie infolge atmender Lebewesen oder auch verwesender Kadaver ungesund geworden ist."

Priestley befand sich ebenfalls noch im Banne der fragwürdigen Phlogistontheorie und versuchte das Verhalten seiner „reinen" und „schädlichen" Gase mühsam in deren Rahmen zu erklären – was zu so schrecklichen Begriffen wie „dephlogistizierte Luft" führte. Aber während einer Europareise, die Priestley im Jahre 1774 mit Lord Shelburne unternahm, sprach er vor einer staunenden Tischgesellschaft, zu der auch der brillante französische Chemiker Antoine Lavoisier gehörte, ausführlich von seinen neuentdeckten Gasen. Die zufällige Begegnung der beiden Männer sollte zum Untergang der Phlogistontheorie führen.

Lavoisier, der seit langem an der Existenz des Phlogiston zweifelte, war ein Mensch von ungeheurer Schaffenskraft. Während seines naturwissenschaftlichen

Die rätselhafte Sprache der Spektren

Als der deutsche Optiker Joseph Fraunhofer zu Beginn des 19. Jahrhunderts an einer Verbesserung der Teleskoplinse arbeitete, gelang ihm nebenbei die Erfindung eines Geräts, das eines Tages die Atmosphäreforschung revolutionieren sollte. Der Apparat, der unter dem Namen Spektroskop bekannt wurde, bestand aus einem Prisma und einer Linsenanordnung, mit deren Hilfe man einzelne Wellenlängen aus dem Spektrum des Sonnenlichts herauslösen konnte.

Bereits mit dem ersten, verhältnismäßig primitiven Modell entdeckte Fraunhofer, daß das Sonnenspektrum von feinen dunklen Linien durchzogen ist. Sie erhielten später den Namen Fraunhofersche Linien. Er fand außerdem deutliche dunkle Linien im Sternenlicht sowie seltsame, helle Spektralmuster beim Betrachten von Kerzenlicht.

Die sonderbaren Linien blieben der Wissenschaft ein Rätsel, bis im Jahre 1859 der Chemiker Robert Bunsen und der Physiker Gustav Kirchhoff ein verbessertes Spektroskop bauten und damit zu experimentieren begannen. Sie verbrannten verschiedene Chemikalien (mit dem heute berühmten Bunsenbrenner) und analysierten das Licht, das dabei entstand. Sie entdeckten, daß jedes Element beim Verbrennen ein ganz charakteristisches Spektrum hat. Kirchhoff stellte fest, daß einige Muster der dunklen Fraunhoferschen Linien genau zu den hellen Spektralmustern paßten, und folgerte daraus – und das war korrekt –, daß ein unverbranntes Element die gleichen Lichtwellenlängen absorbiert, die es beim Verbrennen ausstrahlt. Man kann also die chemische Zusammensetzung einer Substanz sowohl durch die Lichtemission bei ihrer Verbrennung als auch durch ihr Absorptionsverhalten gegenüber fremden Lichtquellen ermitteln. Mit diesem neuen Instrument konnten die Forscher sogar Spurengase wie Argon und Helium in der Atmosphäre nachweisen, von deren Vorhandensein man bis dahin nichts gewußt hatte.

Mit Hilfe dieses im Jahre 1860 gebauten Spektroskops gelang es Robert Bunsen und Gustav Kirchhoff, neue chemische Elemente zu entdecken. Die von Bunsen und Kirchhoff eingeführten Techniken ermöglichten es späteren Wissenschaftlern, die Bestandteile der Atmosphäre zu ermitteln.

Diese Skizze veranschaulicht die Arbeitsweise eines Spektroskops: Rechts dringt das Licht einer brennenden Substanz ein, fällt durch eine Linse und wird mittels eines Prismas in seine Spektralfarben zerlegt. Eine zweite Linse projiziert das Spektrum auf eine Brennebene, wo es durch den linken Tubus betrachtet werden kann. Der dritte, kürzere Tubus legt zur quantitativen Auswertung eine Meßskala über das Spektrum. Unten abgebildet sind die Spektren von Cäsium, dem ersten auf diese Weise identifizierten Element, und von Sonnenlicht.

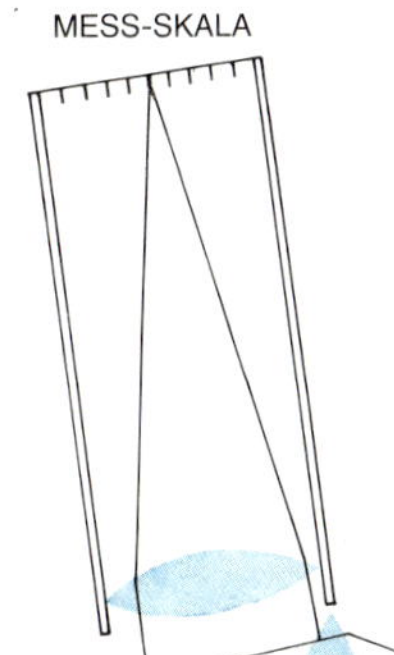
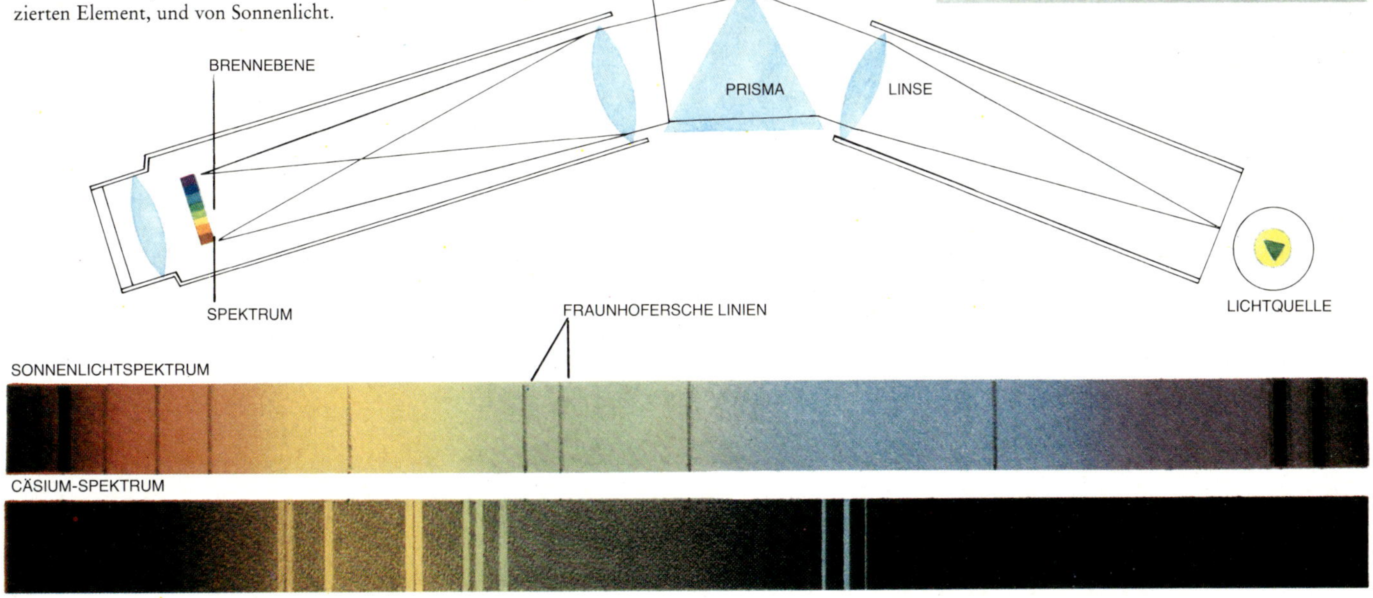

Studiums bestand er ganz nebenbei das juristische Examen; er befaßte sich ebenso intensiv mit der Politik wie mit den verschiedensten praktischen Aufgaben, so etwa der Notwendigkeit einer verbesserten Straßenbeleuchtung in Paris und der Modernisierung der Landwirtschaft. Und eben jenes Studium der Straßenbeleuchtung hatte schließlich sein besonderes Interesse an Verbrennungsvorgängen und dem Verhalten erhitzter Metalle geweckt.

Etwa um das Jahr 1770 hatte Lavoisier, ähnlich wie Priestley, ein merkwürdiges Phänomen untersucht: Beim Erhitzen der meisten Metalle bildete sich an deren Oberfläche eine feine, pulverige Schicht, die etwas an Kalk erinnerte und deshalb Calx (lateinisch: Kalk) genannt wurde. Als er verschiedene Metalle in luftdicht verschlossenen Behältern erhitzte, um Calx zu gewinnen, bemerkte er, daß sich während der Reaktion das Gesamtgewicht von Metall und Behälter nicht verändert hatte. Erst nach dem Öffnen wogen sie etwas mehr, und Lavoisier folgerte, daß für die Calx-Bildung etwas Luft verbraucht worden war.

Nun also kam Priestley und verkündete, daß er beim Erhitzen von Calx Luft mit ganz besonderen Eigenschaften erzeugt habe. Lavoisier wiederholte das Experiment unverzüglich, und er gewann daraus weit mehr Erkenntnisse als Priestley. Ein „gesünderer und reinerer Anteil" der Luft, so erklärte er später, verbinde sich mit Metallen zu Calx und werde wieder freigesetzt, wenn man Quecksilber-Calx erhitze. Allem Anschein nach bestände Luft aus einem Teil „reiner Luft", der bei der Verbrennung und beim Atmen eine Rolle spiele, und aus drei bis vier Teilen „schädlicher" Luft, die keinen der beiden Vorgänge unterstütze. Die „reine Luft" nannte Lavoisier Sauerstoff – ironischerweise aus dem falschen Grund. Er nahm irrtümlich an, das geheimnisvolle Gas sei in allen Säuren enthalten, und gab ihm die griechische Bezeichnung Oxygenium (Säure-Erzeuger).

Binnen kurzem hatte Lavoisier auch erkannt, daß sich „gebundene Luft" aus Kohlenstoff und Sauerstoff zusammensetzte – eine Analyse, die schließlich zu der Umbenennung in Kohlendioxid führte. Kohlendioxid war, wie er wußte, überall in der Atmosphäre vorhanden, allerdings in so geringen Mengen, daß man es mit den damals verfügbaren Geräten nicht messen konnte. Die Hauptbestandteile der Luft waren nach Lavoisiers Berechnungen Sauerstoff (zwischen einem Viertel und einem Drittel pro Volumen) und schädliche Luft, die einige Jahre später von einem anderen Forscher in Stickstoff umbenannt wurde.

1783 faßte Lavoisier die Erkenntnisse, die er aus seinen Versuchen gewonnen hatte, in einer Abhandlung mit dem Titel „Überlegungen zum Phlogiston" zusammen. Er betonte noch einmal, daß die Bildung von Calx, heute Oxidation genannt, zu keiner Gewichtsveränderung führe, wenn Metall in einer luftdicht verschlossenen Kammer erhitzt werde. Es sei also für diese Art von Verbrennung kein geheimnisvolles Extra-„Prinzip" vonnöten. „Wenn sich in der Chemie alle Vorgänge auch ohne die Hilfe von Phlogiston ausreichend erklären lassen", stellte er fest, dann sei es „höchstwahrscheinlich, daß es dieses Prinzip nicht gibt".

Leider wurden sowohl Priestley als auch Lavoisier Opfer der politischen Umstände während der Französischen Revolution. Der Freidenker Priestley trat leidenschaftlich für die Revolution ein und kritisierte die politischen Repressalien, die die Dissidenten der Staatskirche erleiden mußten. Damit zog er sich im konservativen England den Haß mächtiger Männer zu. Eines Tages stürmte der aufgehetzte Pöbel sein Haus und zertrümmerte seine wissenschaftlichen Geräte. Priestley floh später in die Vereinigten Staaten und verbrachte dort die letzten zehn Jahre seines Lebens. Obwohl er sich einsam fühlte und in seinem Heim in Pennsylvania wenig über die Weltpolitik erfuhr, schloß Priestley dennoch Freundschaft mit Präsident Thomas Jefferson und bekannte, daß er sich zum ersten Male in seinem Leben in einem angenehmen politischen Klima befinde.

Lavoisiers Verbindung zu den vorrevolutionären Steuereintreibern schürte den Zorn französischer Fanatiker. Während der Schreckensherrschaft der Jakobiner

Lord Rayleigh *(oben)* wußte ab 1892, daß die Luft außer Stickstoff, Sauerstoff und Kohlendioxid noch weitere Bestandteile enthält. Für die Entdeckung von Argon erhielten er und sein Mitarbeiter William Ramsay *(unten)* den Nobelpreis.

Auf dieser Abbildung aus dem Jahre 1908 zeigt Sir William Ramsay stolz auf die Periodentafel der chemischen Elemente. Die Gase in der rechten Spalte – Neon, Argon, Krypton und Xenon – wurden von Ramsay und seinen Mitarbeitern isoliert.

Wie diese Darstellung veranschaulicht, machen Stickstoff und Sauerstoff mit 78 und 21 Prozent des Gesamtvolumens den Hauptanteil der Erdatmosphäre aus. Der Argongehalt liegt bei 0,9 Prozent des Volumens, und der winzige Rest bleibt für Kohlendioxid und Spurengase. Der Prozentsatz an Wasserdampf (nicht gezeigt) schwankt beträchtlich.

wurde der berühmte Chemiker verhaftet, aufgrund erfundener Beschuldigungen verurteilt und durch die Guillotine hingerichtet. Die Inschrift auf seinem Grabstein könnte die Klage eines Wissenschaftlerkollegen gewesen sein: „Sie brauchten nur einen Augenblick, um dieses Haupt zu fällen, doch es können hundert Jahre vergehen, ehe ein neues seiner Art hervorgebracht wird."

Die Analyse, die Lavoisier erst in groben Zügen durchführte und die er selbst sowie andere Wissenschaftler später verfeinerten, ergab, daß die Luft aus 21 Prozent Sauerstoff, 79 Prozent Stickstoff und Spuren von Kohlendioxid besteht. Dieses Wissen war unvollständig, reichte für die Praxis aber aus und blieb die nächsten 100 Jahre unangetastet. 1892 entdeckte jedoch John William Strutt, Lord Rayleigh, ein berühmter Professor der Naturphilosophie an der Royal Institution in London, daß aus Ammoniak gewonnener reiner Stickstoff etwas weniger wog als aus der Luft isolierter Stickstoff. Der Unterschied zwischen den beiden betrug nur 0,5 Prozent, aber das genügte, um seine Aufmerksamkeit zu fesseln. Zufällig hörte der Chemiker William Ramsay davon und begann unabhängig von Rayleigh, nach dem schwer faßbaren Spurengas zu forschen.

1894 gelang es jedem der beiden Wissenschaftler, eine winzige Menge des unbekannten Gases zu isolieren. Da sie die Substanz nicht auf chemischem Wege identifizieren konnten, beschlossen sie, die damals verhältnismäßig neue Technik der Spektroskopie einzusetzen. Man wußte seit Isaac Newton, daß Licht von einem Prisma in ein Linienspektrum aller Farben zerlegt wird. 1853 hatten Physiker dann entdeckt, daß Licht beim Durchdringen verschiedener Gase charakteristische Spektren bildet und daß man die Gase an ihren Spektren identifizieren kann.

Im Abstand von nur wenigen Tagen richteten sowohl Rayleigh als auch Ramsay Spektroskope auf ihr unbekanntes Gas, brachten die jeweilige Probe mittels eines elektrischen Funkens zum Glühen und fanden in dem abgebildeten Spektrum eine blaue Linie, die von keinem der zu ihrer Zeit bekannten Elemente gebildet wurde. Was sie entdeckt hatten, war ein neues Element, und sie nannten es Argon. Wie sich zeigte, betrug sein Anteil an der atmosphärischen Luft ein knappes Prozent. Im Jahr darauf isolierte Ramsay bei dem Versuch, Argon in einem Erdmineral nachzuweisen, noch ein Gas, das ihm Rätsel aufgab, da es ein neues Spektrum zeigte, eines mit einer leuchtendgelben Linie. Das Gas war Helium, das man bis dahin – ebenfalls per Spektroskopie – lediglich auf der Sonnenoberfläche entdeckt hatte und nun auch in der Luft nachweisen konnte. Im Laufe der Zeit isolierte Ramsay zusammen mit dem Chemiker Morris William Travers drei weitere Gase, die sich, wenn auch nur in winzigen Spuren, in der Luft befinden: Krypton, Neon und Xenon. Alle drei Spurengase wurden mit Hilfe der Spektroskopie gefunden.

So hatte denn die widerspenstige und schwer faßbare Luft letzten Endes doch ihre Geheimnisse preisgegeben. Aber der Kampf war noch nicht zu Ende. Die Forscher hatten bis dahin nämlich nur die Luft untersucht, die sie buchstäblich vor der Nase hatten. Doch im Grenzbereich zwischen Erdball und Weltraum – unzugänglich für die Technik des 19. Jahrhunderts – harrten weiterhin die großen Geheimnisse um den Aufbau und die Gesetzmäßigkeiten der Atmosphäre.

DIE PHANTASTISCHEN FARBENSPIELE DES LICHTS

Der Weg der Sonnenstrahlen durch das vielfältige Gemisch von Gasen und Partikeln der Erdatmosphäre führt immer wieder zu verblüffenden Lichterscheinungen. Manche der optischen Phänomene sind uns so vertraut, daß wir sie kaum beachten. So streuen Staub und Gasmoleküle jene Wellenlängen des Lichts, die blau erscheinen, und lassen das Blau des Tageshimmels entstehen. Andere Phänomene zeigen sich dagegen nur unter besonderen Umständen. Die majestätischen Nebensonnen beispielsweise, die rechts abgebildet sind, werden durch Brechung (Ablenkung) des Lichts an hexagonalen Eiskristallen erzeugt.

Kleinere, prismenartige Kristalle können Lichtringe oder Halos um Sonne und Mond zaubern. Größere Kristalle reflektieren und streuen das Sonnenlicht gelegentlich zu senkrechte Lichtsäulen.

Wenn sich eine dünne Wolke aus Wassertröpfchen vor die Sonne schiebt, kann durch Beugung ein farbiger Strahlenkranz, die sogenannte Glorie, entstehen: Lichtwellen werden an den Tröpfchen gebeugt – wie die Wellen des Wassers, wenn sie ein Hindernis umströmen. Die gestörten Lichtwellen überlagern sich und bilden Bänder mit unterschiedlichen Wellenlängen, die man als bestimmte Farben sieht.

Eine weitere optische Erscheinung hängt eher von der Dichte als von der Zusammensetzung der Luft ab. Im Verlauf des Tages üben Schwankungen der Luftdichte keinen nennenswerten Einfluß auf das Sonnenlicht aus; bei Sonnenaufgang und -untergang jedoch, wenn die Lichtwellen den Betrachter erst nach einem langen Weg durch die dichte, untere Atmosphäre erreichen, kann sich die Form der Sonne bizarr verändern.

Nebensonnen über einem verschneiten Feld in North Dakota leuchten mit der untergehenden Sonne *(Mitte)* um die Wette. Die Sonne hat Kinder, heißt es im Volksmund bei solcher Gelegenheit.

Ein flammender Halbkreis tönt diese faserigen Cirruswolken. Man sieht dieses Phänomen, wenn die Sonne hoch am Himmel steht und ihre Strahlen von Eiskristallen gebrochen und gestreut werden.

Ein Lichtring oder Halo umgibt den Mond über Feuerland. Halos sind ein Zeichen für das Vorhandensein von Eiskristallen in großer Höhe der Atmosphäre; sie brechen die eindringenden Lichtwellen.

Eine helle Lichtsäule durchzieht den Himmel in der Nähe von Nashville, Tennessee. Hier wirken Eiskristalle in der Luft wie Spiegel, die das Sonnenlicht nach oben und unten reflektieren.

Die eiskalte Luft über der Antarktis bewirkt mehrere optische Effekte gleichzeitig: Ein Sonnen-Halo breitet sich aus und geht in Nebensonnen über, während eine Lichtsäule den Halo durchschneidet.

Licht, das an den Wassertröpfchen einer dünnen Wolkenschicht gebeugt wird, umgibt die Sonne mit einem zart gefärbten Strahlenkranz *(links)*. Die Tele-Aufnahme unten zeigt die vielen Farbabstufungen des Musters, das dabei entsteht.

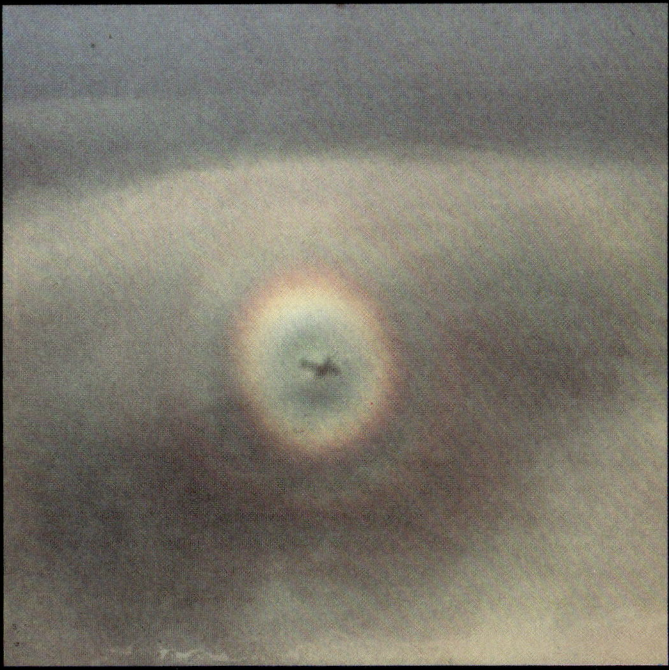

Ein farbenprächtiger Kranz, auch Glorie genannt, bildet sich an einer Nebelbank um den Schatten eines Photographen *(ganz oben)*, der auf einem Berggipfel in Japan steht. Wenn Wassertröpfchen Lichtwellen reflektieren und streuen, sieht man diesen Effekt auch des öfteren um einen Flugzeugschatten herum.

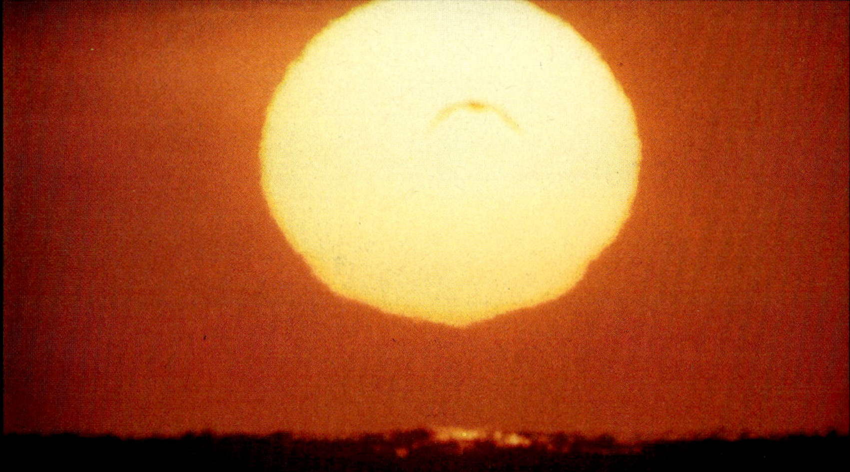

Diese atemberaubende Bilderserie entstand bei einem Sonnenaufgang über dem Atlantik. Die untere „Sonne“ ist eine Luftspiegelung; sie entsteht, wenn Sonnenstrahlen an der Berührungsfläche einer dünnen Warmluftschicht über dem Wasser und kühlerer Luft darüber gebrochen werden. Sobald die Sonne höher steigt, verschwindet die Spiegelung.

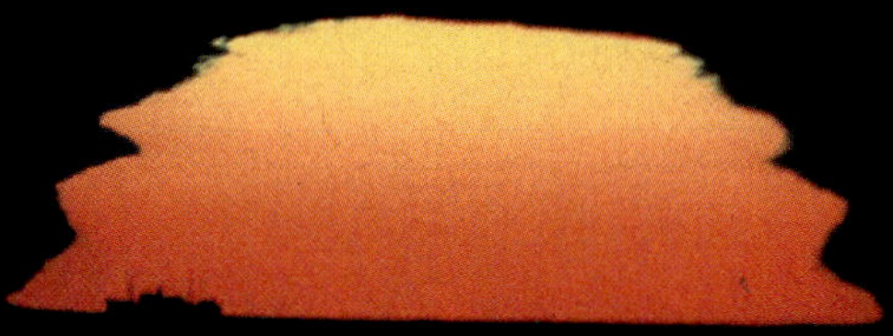

Das seltene Phänomen eines grünen Strahls ist auf diesen Bildern von einem Sonnenuntergang am Mittelmeer festgehalten. Durch Lichtbrechung entsteht ein vertikales Farbspektrum, das mit der Sonne am Horizont zu sinken scheint – und zwar mit dem roten Ende voraus. Da Blau von der Luft gestreut wird und für das Auge verlorengeht, kann das Grün – eine der letzten Farben in der Spektralfolge – gelegentlich

Kapitel 2

DIE ERFORSCHUNG DER ATMOSPHÄRE

Sonnenlicht von unterhalb des Horizonts enthüllt bläulich gefärbte Schichten – Aerosolstreifen verschiedener Dichte – in der Stratosphäre. Diese Aufnahme stammt von einem Raumfahrzeug.

Paris glühte in der Hitze des Sommers 1899, aber seine Bewohner schienen merkwürdig unberührt von der Bruthitze zu sein und die Flucht aufs Land, die sonst für den August typisch war, zu verschieben. In der ganzen Hauptstadt gab es nur ein Thema: die Wiederaufnahme des Verfahrens gegen Alfred Dreyfus, einen französischen Hauptmann jüdischer Abstammung. Es war ein Fall, der die Dritte Republik in ihren Grundfesten erschütterte. Fünf Jahre zuvor hatte man Dreyfus als deutschen Spion vor ein Kriegsgericht gestellt und zu lebenslanger Haft auf die Teufelsinsel bei Cayenne verurteilt, doch später erwies sich, daß die Dokumente und Aussagen, mit denen ihn der Generalstab der Armee belastet hatte, gefälscht waren. Um diese Affäre hatte sich eine heftige Kontroverse zwischen den Konservativen – Monarchisten, Klerus, Offiziere und Antisemiten – und den Linken, den Republikanern einschließlich der Sozialisten, entwickelt. Da der Prozeß eine Menge Zündstoff enthielt, hatte man ihn in das etwa 275 Kilometer von der Metropole entfernte Rennes verlegt. Die einzige Informationsquelle der Pariser Presse zu den skandalösen Enthüllungen des damals schon einen Monat dauernden Verfahrens war der Telegraph. Am 9. September fieberte alles nervös der Urteilsverkündung entgegen, als die Telegraphenverbindung zwischen Paris und Rennes plötzlich zusammenbrach – nicht aufgrund einer politischen Verschwörung, wie sich herausstellte, sondern weil es bei dem Versuch, die Atmosphäre zu erforschen, zu einer Panne gekommen war.

An jenem Morgen hatte ein wohlhabender französischer Meteorologe namens Léon Philippe Teisserenc de Bort wie an anderen Morgen auch von seinem privaten Observatorium in Trappes aus, das 27 Kilometer südwestlich von Paris liegt, eine Kette von Kastendrachen aufsteigen lassen. Der oberste Drachen trug mehrere Instrumente, die durch Uhrwerke betrieben laufend Temperatur, Feuchtigkeit und Druck der Luft aufzeichneten. Zehn weitere Drachen, die den Gerätedrachen in der Höhe halten sollten, waren in gleichmäßigen Abständen an einen Klaviersaitendraht gebunden, der den Gerätedrachen sicherte. Teisserenc de Bort und seine Assistenten ließen den Draht abspulen, bis der oberste Drachen in etwa 3000 Meter Höhe schwebte. Als sie dann den Draht mit Hilfe einer Winde wieder aufzuwickeln begannen, riß er pötzlich. Die Drachen trudelten langsam über einem Vorort von Paris nieder, und das Drahtgewirr richtete ein Chaos an. Es verwickelte sich in die Schraube eines Seine-Dampfers, erdrosselte um ein Haar einen Polizisten und brachte den Telegraphen von Rennes zum Verstummen.

Zwar erfuhr man kurz darauf auch so den jüngsten Stand der Ereignisse (Dreyfus wurde erneut verurteilt, kurze Zeit später jedoch begnadigt und schließlich sogar rehabilitiert und in die Ehrenlegion aufgenommen), aber das Mißgeschick erregte doch den Unwillen der Öffentlichkeit. Und im Laufe der nächsten Jahre führten bei ähnlichen Zwischenfällen Klaviersaitendrähte, die mit dem rasch wachsenden Elektrizitätsnetz von Paris in Berührung kamen, so oft zu Kurzschlüssen, daß

Teisserenc de Bort sich gezwungen sah, seine Drachenexperimente ganz aufzugeben. Der Rückschlag dämpfte jedoch seine Leidenschaft für die Meteorologie keineswegs; er war fest entschlossen, die Wolkendecke zu durchdringen, um mehr über die Atmosphäre zu erfahren. Er konnte nicht ahnen, daß er damit eine Wissenschaft ins Leben rief, deren Forschungen im 20. Jahrhundert einen gewaltigen Aufschwung nehmen sollten.

Die Forscher, die nach ihm kamen, entdeckten bald die subtile Struktur der Atmosphäre: jene Schichten, die – wie die Schalen einer Zwiebel – den Erdball umschließen und bestimmte Merkmale hinsichtlich Temperaturverteilung, Dichte und elektromagnetischer Eigenschaften sowie der Konzentration von Gasen, Strahlung und Partikeln aufweisen. In den folgenden Jahrzehnten untersuchte man gewissenhaft eine Atmosphäreschicht nach der anderen, und jede gewonnene Erkenntnis löste neue Fragenkomplexe aus, so daß sich die Forschung schließlich auf das ganze Sonnensystem ausdehnte.

Teisserenc blieb wie den meisten Wegbereitern einer neuen Wissenschaft die Gesamtperspektive verwehrt. Ihm fiel die Rolle zu, den ersten Schritt in die fremdartige neue Welt zu tun und anderen zu berichten, was er dort sah. Seine Kindheit hatte der Sohn eines reichen, berühmten Staatsministers vor allem im milden Mittelmeerklima von Cannes und Grasse verbracht, da er eine sehr zarte Gesundheit besaß; unter dem tiefblauen Himmel dieser Landschaft erwachte seine Leidenschaft für die Wissenschaft der Atmosphäre. Mit 18 baute er in Grasse ein komplettes Observatorium auf, und sieben Jahre später gehörte er zu den Pariser Mitarbeitern der neugegründeten französischen Wetterzentrale. Er wurde in kurzer Zeit Chefmeteorologe, aber das bescheidene Forschungsbudget der Regierung frustrierte ihn so sehr, daß er 1892 sein Amt niederlegte. Das war auch das Jahr, in dem der Franzose Gustave Hermite erstmals einen unbemannten Ballon mit einem Barometer bestückte und in große Höhen aufsteigen ließ.

Obwohl Teisserenc de Bort nun wieder Hobbymeteorologe war, stellte er weiterhin seine ganze Kraft und sein Privatvermögen in den Dienst der Atmosphäreforschung (so war er viele Jahre Generalsekretär der Meteorologischen Gesellschaft in Frankreich) und ließ sich ganz besonders von Hermites Ballonexperiment inspirieren. Schon mehrere Ballonfahrer waren bei dem Versuch umgekommen, in die kalten, dünnen Schichten über 7500 Meter aufzusteigen. Hermite hatte gezeigt, daß man mit einfachen, billigen Ballonen auch in den Bereichen Instrumente einsetzen konnte, die jenseits der damaligen Grenzen der bemannten Luftfahrt lagen. 1896 errichtete Teisserenc de Bort auf seinem Grund und Boden in Trappes sein eigenes Observatorium, wo er die berüchtigten Drachenexperimente durchführte und an der Verbesserung seiner Ballone und Instrumente arbeitete.

Hermite hatte Ballone aus Seide oder Rinderblasen benutzt; Teisserenc de Bort dagegen entschied sich für lackierte Papierballone, weil man sie so konstruieren konnte, daß sie in einer bestimmten Höhe platzten. Er entwickelte bald eine Methode, die Instrumentenpakete mit Hilfe von zwei Ballonen in die Höhe zu schaffen: Der Hauptballon enthielt gerade genug Wasserstoff, um die Instrumente zu tragen, und ein voll aufgepumpter „Lotsenballon" hatte die Aufgabe, die Instrumente in die Höhe zu tragen. Da der Luftdruck während des Aufsteigens sank, dehnte sich der Wasserstoff stetig aus, bis er den Lotsenballon zum Platzen brachte. Die Höhe, in der dies geschehen sollte, ließ sich durch die Gasmenge oder die Größe des Ballons variieren. Der Hauptballon sank dann durch das Gewicht der geplatzten Hülle und der Instrumente langsam auf die Erde zurück.

Um genaue Daten über Wind- und Höhenverhältnisse zu erhalten, verfolgten Teisserenc und seine Assistenten den Weg der Ballone mit je zwei Theodoliten, Vermessungsgeräte, die mittels eines Teleskops vertikale und horizontale Winkel ablesen können. Die Beobachter nahmen alle 60 Sekunden Synchronmessungen vor und konnten so per Triangulation den Kurs berechnen, bis der Ballon in den

Wolken verschwand. Aus diesen Daten ermittelten sie dann, in welcher Gegend etwa die Instrumente niedergehen würden. Auf See wurden die Ballone mit einem Sextanten verfolgt, und die Auffindung der Instrumente gestaltete sich wesentlich leichter, weil der geplatzte Lotsenballon wie ein Treibanker wirkte, während der rotgestreifte Hauptballon den Weg zu den Meßinstrumenten wies.

Teisserenc de Bort entwickelte für seinen Meßballon auch eine komplette Instrumenteneinheit, die weniger als ein Pfund wog. Sie enthielt ein Barometer, das den Druck (und damit die Höhe) maß, ein Hygrometer zur Ermittlung der Luftfeuchtigkeit und ein Thermometer. Da Tinte in großen Höhen bei Temperaturen bis −73° C natürlich einfror, besaßen die Instrumente Schreibstifte aus Metall, die über langsam rotierende, von einem Uhrwerk angetriebene und mit Ruß geschwärzte Aluminiumwalzen kratzten. Auf See wurden die Ausschläge mit Hilfe von Schwefelsäure auf Kupferwalzen geätzt, damit das Wasser die Aufzeichnungen bei der Landung nicht zerstören konnte.

Andere Probleme gab es mit den damaligen Thermometern. Da sie sehr langsam auf Temperaturveränderungen ansprachen, hinkten ihre Anzeigen während des Ballonaufstiegs meist hinter den richtigen Werten her. Außerdem erwärmten sie sich oft durch direkte Sonneneinstrahlung. Um diesen Schwierigkeiten beizukommen, baute Teisserenc de Bort aus Kupfer- und Stahlstreifen ein winziges Bimetallthermometer und montierte es außerhalb des korkumhüllten Instrumentenkastens auf einen nichtleitenden Ebonitsockel, wo es der Wind von allen Seiten belüften konnte. Bei Tageslicht schirmte eine Blendfolie das Thermometer ab, und um ganz sicherzugehen, führte man nachts ein paar zusätzliche Aufstiege durch.

Die Daten, die Teisserenc de Bort mit Hilfe seiner raffinierten Instrumente und Meßtechniken erhielt, widersprachen dem gesunden Menschenverstand. Jahrhundertelang hatte man angenommen, daß die Temperatur der Atmosphäre bis zur eisigen Leere des Weltraums gleichmäßig mit der Höhe abnehme. Einige Meßergebnisse, die man mit Hilfe unbemannter Ballone erzielt hatte, schienen dieser These zwar zu widersprechen, aber die meisten Wissenschaftler schrieben sie fehlerhaften Instrumenten zu. Teisserenc de Bort erhielt nun ebenfalls Resultate, die gegen die allgemein anerkannte Theorie sprachen, doch anstatt sie als Meßfehler abzutun, rückte er der Abweichung mit neuen Versuchsballonen zu Leibe.

Am 28. April 1902 legte er der französischen Académie des Sciences die Forschungsergebnisse eines außergewöhnlichen Dreijahresprogramms vor, zu dem unter anderem 236 Ballonmessungen aus Höhen zwischen 10 und 15 Kilometern gehört hatten. Seine Daten bewiesen zweifelsfrei, daß die Temperatur der Atmosphäre nicht unbegrenzt mit der Höhe abnimmt, sondern ab etwa elf Kilometer Höhe konstant bleibt. Er nahm an, daß die Temperatur oberhalb dieser Grenze für die gesamte übrige Atmosphäre gleich sei. Wenn es dort oben keine Temperaturunterschiede gab, dann konnte die Luft auch nicht von einem Punkt zum anderen fließen – und Teisserenc de Bort folgerte, daß sich die verschiedenen Gaskomponenten der Atmosphäre in Ermangelung von Winden und konvektiven Strömungen in deutlichen Schichten absetzen müßten, und zwar dergestalt, daß die schwersten Bestandteile am weitesten unten zu finden seien.

So wie Robert Boyle 250 Jahre zuvor erklärt hatte, daß Luft sich aus mehreren Gasen zusammensetze, so stellte Teisserenc de Bort nun die These auf, daß die Atmosphäre aus mehreren Zonen mit unterschiedlichen Merkmalen bestehe, und er machte sich daran, die einzelnen Schichten zu bezeichnen. Das Gebiet bis in elf Kilometer Höhe, wo sich aufgrund von Temperaturunterschieden die Winde und Turbulenzen entwickeln, die das Wettergeschehen unserer Erde bestimmen, nannte er nach dem griechischen Wort *tropein* („sich wenden“) Troposphäre. Die Zone darüber, in der er Schichten unterschiedlicher Gase vermutete, erhielt die Bezeichnung Stratosphäre. Dieser Name blieb, obgleich sich später herausstellte, daß er sich in Dimension und Charakter der Stratosphäre getäuscht hatte.

Andere Wissenschaftler erweiterten und vervollständigten bald seine Erkenntnis, daß die Obergrenze der Troposphäre, die den Namen Tropopause erhielt, praktisch eine Sperrschicht für das Wettergeschehen der Erde bildete. Wenn sich Luftmassen – in der Physik der Atmosphäre auch Luftpakete genannt – an der Erdoberfläche erwärmen und durch Konvektion in die Troposphäre aufsteigen, dehnen sie sich in größter Höhe aufgrund des mit der Höhe abnehmenden Luftdrucks aus und kühlen dabei ab – ähnlich der Luft, die aus einem Druckbehälter entweicht. In der Troposphäre nimmt nun die Temperatur der Luft, die die aufsteigenden Luftpakete umgibt, ebenfalls mit der Höhe ab, einfach weil sie ihre Wärme von unten erhält, nämlich vom Erdball, der die Sonnenenergie absorbiert und wieder abstrahlt. Solange das aufsteigende Luftpaket wärmer ist als die Umgebungstemperatur, hält die Konvektion an. An der Tropopause aber mit ihrer unveränderten Temperatur gleichen sich umgebende und aufsteigende Luft an. So kommen Wolken, die sich vertikal durch Konvektion entwickeln, fast immer an der Tropopause zum Stillstand. Ein gut sichtbares Beispiel dafür ist der abgeflachte Amboß einer Cumulonimbuswolke vor einem Sommergewitter.

Diese Temperaturinversion – so genannt, weil sie eine Umkehrung des normalen Temperaturverlaufs zur Höhe hin darstellt – kann sich ausbilden, weil der Planet und seine Atmosphäre Energie von der Sonne aufnehmen und wieder in den Weltraum abstrahlen. Der britische Astronom Sir William Herschel hatte bereits im Jahre 1800 nachgewiesen, daß bei diesem Vorgang mehr Faktoren eine Rolle spielen als nur das sichtbare Licht. Herschel hatte ein Thermometer durch das Spektrum eines durch ein Prisma gebrochenen Lichtstrahls bewegt. Dabei stieg die Temperatur von Violett über Gelb nach Rot hin an. Das war noch nichts Außergewöhnliches. Als er das Thermometer jedoch über die rote Zone hinausbewegte, stieg die Temperatur weiter an. Jenseits der roten Spektralfarbe mußte also eine unsichtbare Form von Energie wirken: die Infrarotstrahlung, wie wir sie heute nennen.

Daß dies vielleicht immer noch nicht alles war, wurde einige Jahrzehnte später von einem der größten Wissenschaftler des 19. Jahrhunderts, dem schottischen Mathematiker und Physiker James Clerk Maxwell, geäußert. Er zeigte auf, daß Elektrizität und Magnetismus stets gemeinsam auftreten und daß jeder elektrische Strom ein Magnetfeld erzeugt, das genauso schwingt, wie der Strom und sich nach außen fortpflanzt. Er kam zu dem richtigen Schluß, daß elektrische und magnetische Schwingungen das gleiche Phänomen sind, und vereinigte sie unter dem Begriff elektromagnetische Wellen. Maxwell ermittelte, daß sich diese Wellen ungefähr mit der gleichen Geschwindigkeit fortpflanzen wie das Licht. Diese Übereinstimmung konnte kein Zufall sein. Er gelangte zu der Überzeugung, daß Licht eine von der Sonne ausgesandte elektromagnetische Welle sei. Das allein war ein kühner Gedanke, aber Maxwell ging noch einen Schritt weiter.

Sichtbares Licht, so behauptete er, gehöre zu einer ganzen Gruppe von elektromagnetischen Wellen, die mit Lichtgeschwindigkeit von der Sonne ausgesandt würden. Sie unterschieden sich lediglich durch Wellenlänge und Frequenz. Infrarotes Licht sei eine unsichtbare Strahlung mit etwas längeren Wellen als im sichtbaren Bereich; am anderen Ende des sichtbaren Spektrums befinde sich die ultraviolette Strahlung mit ihren kürzeren Wellen. Maxwell rechnete damit, daß man im Laufe der Zeit sowohl längere als auch kürzere Wellen entdecken würde.

Im Jahre 1888 bestätigte und erweiterte der deutsche Physiker Heinrich Rudolf Hertz die Maxwellschen Vorstellungen. Er schickte verschieden starke elektrische Ladungen durch sein Labor und fand dabei Wellen, die bis zu einer Million mal länger sind als die des sichtbaren Lichts. Das bewies nicht nur Maxwells These, daß es Wellen jeglicher Wellenlänge gab, sondern ebnete zudem den Weg für eine gewaltige technische Neuerung: Kurze Zeit später gelang es nämlich dem Italiener Guglielmo Marconi, die Hertzschen Wellen für die drahtlose Nachrichtenübermittlung zu nutzen. Sie erhielten in der Folge den Namen Radiowellen.

WISSENSCHAFTLICHE HÖHENFLÜGE

Seit im Jahre 1783 der erste bemannte Ballon über Paris aufstieg, haben Flugkörper, die leichter als Luft sind, zur Erforschung der Atmosphäre beigetragen. Bei vielen der frühen Ballonfahrten, wie auch dem unten abgebildeten sensationellen Aufstieg eines Reiters samt Pferd, war die wissenschaftliche Ausbeute gering. Bald aber kamen die Ballonfahrer darauf, Barometer, Thermometer, Kompaß und andere Instrumente mitzunehmen. Der französische Physiker Joseph Louis Gay-Lussac erreichte im Jahre 1804 eine Höhe von 7000 Metern und brachte eine Luftprobe mit zurück. Sie enthielt Sauerstoff und Stickstoff im gleichen Verhältnis wie die Luft in Bodennähe.

Solche Ausflüge in große Höhen waren nicht ganz ungefährlich. 1862 verlor der englische Meteorologe James Glaisher in der dünnen Luft von knapp 9000 Metern das Bewußtsein und blieb nur deshalb am Leben, weil es seinem halberfrorenen Begleiter gerade noch gelang, die Gasventile des Ballons zu öffnen und die Gondel zurück auf die Erde zu bringen. Doch die Aussicht, das Wetter näher an seinem Entstehungsort zu beobachten, lockte Glaisher bereits einige Monate später wieder in die Luft *(S. 49)*.

Die Ballone, die sich über den Staub, Dunst und Rauch der bodennahen Schichten erhoben, waren auch ausgezeichnete Beobachtungsstationen für Sternschnuppen und andere astronomische Ereignisse. Und selbst als das Interesse an bemannten Ballonaufstiegen zu Beginn des 20. Jahrhunderts sank, blieben Ballone für die Wissenschaft nützlich, weil sie Instrumente bis in die Stratosphäre befördern konnten.

Dick eingemummt gegen die Kälte, nimmt Joseph Louis Gay-Lussac 3650 Meter über Paris eine Luftprobe, während sein Begleiter Jean-Baptiste Biot Temperaturmessungen durchführt. Dieser Pionierflug der Forschung fand im August 1804 statt.

Ein reichverzierter Ballon trägt den französischen Ballonfahrer Pierre Léstu-Brissy und sein Pferd im Oktober 1798 in die Lüfte. Das Ergebnis war für die Forschung eher unerheblich: Das Pferd litt bereits in relativ geringer Höhe an Nasenbluten.

Die französischen Aeronauten Camille Flammarion und Eugène Godard stiegen im April 1868 mit einem Ballon auf und erlebten, wie auf dieser zeitgenössischen Illustration festgehalten ist, daß sich ein leuchtender Halo um den Schatten ihres Gefährts bildete. Flammarion staunte über die Lichterscheinung, vor der sich alle Einzelheiten seines Ballons „bis zum dünnsten Seil“ ganz klar abzeichneten.

Ein Meteorschauer begleitet die nächtliche Fahrt eines bemannten Ballons über Frankreich im November 1867. Da die Ballone über Dunst und Wolken aufstiegen, boten sie normalerweise hervorragende Beobachtungsmöglichkeiten für Astronomen.

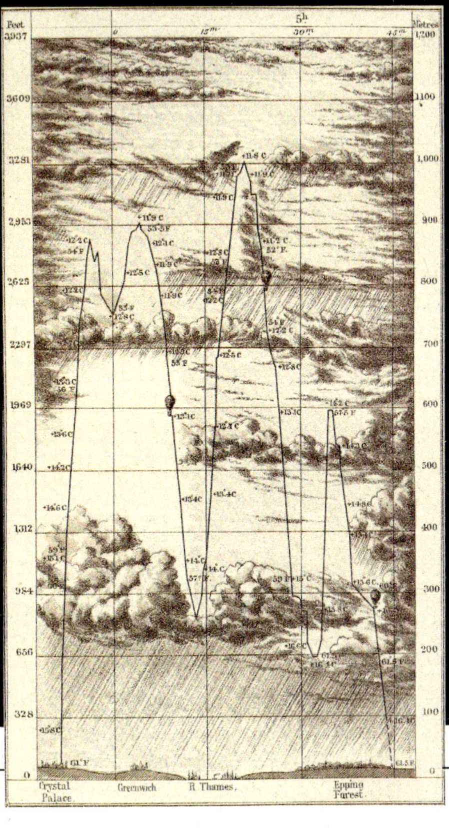

Eine sehr genau illustrierte Tabelle enthält die Werte der Höhen- und Temperaturmessungen, die der Meteorologe James Glaisher am 21. Juli 1863 während einer Ballonfahrt vom Londoner Kristallpalast zum 32 Kilometer entfernten Epping Forest unternahm.

Die Entdeckung des breiten Spektrums elektromagnetischer Wellen hatte tiefgreifende Folgen für die Atmosphäreforschung. Die Wissenschaftler hatten nun eine einheitliche Theorie, die alle elektromagnetischen Phänomene im Umfeld der Erde erklärte, von den Gammastrahlen mit Wellenlängen von 10^{-10} bis 10^{-14} Metern über die Lichtwellen im Bereich von 10^{-7} Metern bis hin zu den Radiowellen, die eine Länge von 8 Kilometern erreichen. Das gab den Forschern die Möglichkeit, die Gesamtmenge der Energie zu bestimmen, welche die Erde von der Sonne erreicht. Und sie konnten nachprüfen, in welcher Weise sie auf dem Weg zur Erde die Atmosphäre beeinflußt.

Mit Hilfe dieser Untersuchungen fand man beispielsweise in den dreißiger Jahren eine Erklärung für die Temperaturinversion oberhalb der Tropopause. Bereits früher hatte man errechnet, daß ungefähr 50 Prozent aller einströmenden Sonnenenergie die Erde erreicht, wo sie absorbiert und in Form von Wärme wieder in die unteren Atmosphäreschichten abgestrahlt wird. 1930 behauptete dann der britische Geophysiker Sydney Chapman ganz richtig, daß ein großer Teil der solaren Ultraviolettstrahlung von der Stratosphäre geschluckt wird, die dabei beträchtlich erwärmt wird. Zwischen diesen beiden wärmeabsorbierenden Schichten liegt die Tropopause. Ihre Höhe schwankt entsprechend der Energiemenge, die auf die Erde trifft und wieder abgestrahlt wird: So liegt die Tropopause über dem Äquator, wo der Planet große Wärmemengen abgibt, in etwa 16 Kilometer Höhe, über den gemäßigten Zonen dagegen in 11 und über den Polen in 8 Kilometer Höhe. Da die Temperatur der Troposphäre jedoch unabhängig von der geographischen Breite immer gleichmäßig mit der Höhe abnimmt, hat der Höhenunterschied ein paradoxes Ergebnis zur Folge: Die Tropopause ist über dem Äquator tatsächlich kälter als über den Polen, weil sie weiter von der Erdoberfläche entfernt ist.

Teisserenc de Bort hatte noch angenommen, daß sich die Stratosphäre bei praktisch konstanter Temperatur unendlich in den Raum erstreckt. Doch bald stellte sich heraus, daß sie in Wirklichkeit nur eine relativ dünne Schicht ist; darüber verändert sich die Temperatur erneut. Nach dem Ersten Weltkrieg begannen sich Frederick Alexander Lindemann, Physiker an der University of Oxford (und später Winston Churchills Berater in Forschungsfragen), sowie der Meteorologe G. M. B. Dobson intensiv mit Meteoren zu beschäftigen – jenen verglühenden Resten interplanetarer Materie, die gelegentlich ihre Leuchtspuren über den Nachthimmel ziehen. Sie hofften, daß sie die Atmosphäretemperaturen weit oberhalb der 24-Kilometer-Grenze (bis dorthin drangen Meßballone vor) ermitteln könnten, wenn sie die Gesetze der Thermodynamik auf die Meteorbahnen übertrugen.

Tritt ein Meteorit – ein Stück feste Materie, fast immer Stein oder Eisen – mit Geschwindigkeiten von 150 000 Stundenkilometern und mehr in die Atmosphäre ein, verdampft er durch die Reibungswärme. Die Dampfmoleküle prallen dann mit solcher Wucht auf die weit verstreuten Luftmoleküle, daß die Gasbestandteile der Luft zu leuchten beginnen (so wie Neon glüht, wenn es durch elektrischen Strom angeregt wird) und eine Lichtspur in den Himmel zeichnen. Aufgrund der Erkenntnis, daß Höhe, Länge und Helligkeit einer Meteoritenbahn von der Luftdichte beeinflußt werden, entwickelten Lindemann und Dobson mathematische Formeln, um zunächst die Dichte und daraus dann die Temperatur der Luft zu errechnen, durch die sich eine Meteorbahn zog. Diese Formeln wandten sie auf die gesammelten Daten von Amateurastronomen an, die ein weitverzweigtes Beobachternetz bildeten und die Helligkeit, Länge und Höhe Hunderter Meteorbahnen ganz einfach mit bloßem Auge abschätzten.

So subjektiv und umständlich diese Methode anmuten mag, sie erbrachte im Jahre 1922 ein verblüffendes Ergebnis: Die Temperatur der Luft in knapp 50 Kilometer Höhe schien um die 20° C zu betragen. Bis dahin hatten Forscher angenommen, daß die Temperatur bis zur Tropopause gleichmäßig abfiele und in

Eine Täuschung der Sinne

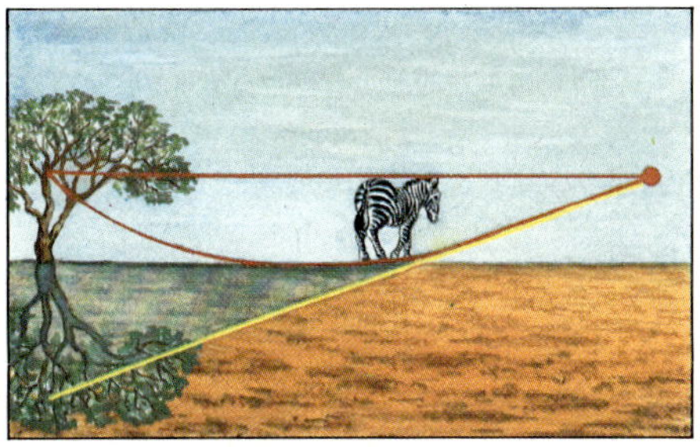

Realität und Schein sind gemeinsam auf diesem Photo festgehalten, das ein Zebra vor einer Fata Morgana auf einer Staubebene in Kenia zeigt. Die graphische Darstellung unten veranschaulicht, wie die Kamera *(roter Kreis)* sowohl die direkten als auch die gebrochenen Strahlen *(roten Linien)* der fernen Bäume einfängt. Die gelbe Linie zeigt an, aus welcher Richtung die gebrochenen Strahlen ins Objektiv fallen, wenn sie die Illusion eines Baumes schaffen.

Luftspiegelungen wie der quälend nahe und doch unerreichbare See inmitten einer glühendheißen Wüste wurden früher entweder als übernatürliche Erscheinung oder als Fiebertraum ausgelegt. In Wirklichkeit werden sie durch das Zusammenspiel von Luft und Licht erzeugt.

Eine Fata Morgana entsteht, wenn Lichtstrahlen Luftschichten verschiedener Dichte passieren. Dabei verändert sich ihre Geschwindigkeit, und ihre Bahn wird gekrümmt, so daß sie von einer anderen Stelle als ihrem Ausgangspunkt in das Auge des Betrachters fallen. Die Schwankungen in der Luftdichte werden durch unterschiedliche Temperaturen hervorgerufen, und die Lichtstrahlen werden stets zur kälteren, dichteren Luftschicht hin gebrochen.

Ist die bodennahe Luft viel heißer als die darüberliegenden Schichten – ein für die Wüste typischer Fall –, dann werden sich Lichtstrahlen, die sich beispielsweise von der Baumspitze zum Boden hin bewegen, von der heißen zur kühleren Luft in Augenhöhe hin gebrochen. Das Licht von der Mitte des Stammes wird ebenfalls nach oben abgelenkt, allerdings in einem kleineren Winkel. Dabei entsteht ein Trugbild, in dem der Baum unterhalb seines eigentlichen Standortes und, wie bei einem Spiegel, umgekehrt erscheint. Andere Strahlen wandern direkt zum Auge, so daß man den Baum auch in seiner tatsächlichen Position sieht.

Licht, das vom Himmel einfällt, kann auf ähnliche Weise verzerrt werden und erzeugt dann am Boden einen flimmernden Streifen Blau, der unweigerlich den Eindruck erweckt, als würden sich Bäume im Wasser spiegeln. Diese Art von Spiegelung kann man auch auf heißen Teerstraßen beobachten. Wenn die Luft in Bodennähe kühler ist als in den höheren Schichten, was häufig über dem kalten Wasser eines Sees der Fall ist, kann eine Spiegelung auch oberhalb des tatsächlich vorhandenen Objekts auftreten. Lichtstrahlen, die zum Himmel wandern, werden nach unten in Richtung der kälteren Luft gebrochen. So kann es geschehen, daß ein Segelboot auf dem Wasser plötzlich einen Doppelgänger erhält, der das Himmelsblau durchschneidet.

Derart deutliche Luftspiegelungen sieht man nur selten. Das Licht allerdings wird unablässig von der Atmosphäre gebrochen. So unterstreicht eine Fata Morgana auf drastische Weise die Tatsache, daß eigentlich kaum ein Gegenstand dort ist, wo er für den Beobachter zu sein scheint.

der Stratosphäre konstant bleibe; das ergebe bei 50 Kilometer Höhe eine Temperatur unter $-50°$ C. Falls Lindemann und Dobson recht hätten, müßte die Stratosphäre auf unbekannte, aber sehr bedeutungsvolle Weise erwärmt werden.

Als ein Bericht über ihre Entdeckung in den *Proceedings* der Royal Society erschien, wurde er mit beträchtlicher Skepsis aufgenommen. Ein britischer Wissenschaftler namens F. J. W. Whipple erkannte allerdings sofort, daß sie vielleicht die Erklärung für ein rätselhaftes Phänomen brachte, das man während des Ersten Weltkriegs beobachtet hatte: Der Donner von schweren Geschützen war manchmal Hunderte von Kilometern von der Front entfernt zu hören, aber dazwischen schien der Schall eine „Zone des Schweigens" zu überspringen.

Anhand von Zeitschriftenberichten und Protokollen erstellte Whipple Karten über die akustische Ausbreitung von größeren Explosionen – etwa von Salutschüssen bei Flottenparaden, Sprengungen, die man eigens zu Forschungszwecken durchführte, und verschiedensten anderen Detonationen. Die meisten dieser Karten wiesen zwei deutlich voneinander abgesetzte Schallzonen auf; in dem Sektor zwischen diesen beiden Schallzonen hörte man überhaupt nichts. Der Schall erreichte die äußere Zone ein bis zwei Minuten nach der Explosion, konnte sich aber unmöglich auf geradem Wege fortgepflanzt haben, da man ihn im mittleren Sektor nicht vernahm. Whipple gelangte zu dem richtigen Schluß, daß die Schallschwellen irgendwie in die Höhe, über die Zone des Schweigens hinweg und von dort zurück zur Erde gewandert waren, wo sie in der äußeren Schallzone auftrafen, und daß dieses Phänomen im Zusammenhang mit den von Lindemann und Dobson beobachteten Temperaturen stehen mußte.

Um jedoch den genauen Weg der Schallwellen zu bestimmen, mußte man neben dem exakten Zeitpunkt der Initialdetonation auch den Moment aufzeichnen, in dem die Wellen die einzelnen Schallzonen erreichten. Ende der zwanziger Jahre gelang es Whipple, nicht nur die British Broadcasting Corporation für die Mitarbeit zu gewinnen, sondern auch die Artillerieoffiziere des Royal Arsenal in Woolwich, wo man laufend schwere Geschütze erprobte. Bei bestimmten Salven übermittelte nun der jeweilige Schießstandoffizier zugleich mit der Detonation, die er auslöste, ein Signal per BBC-Netz. Sechs Stationen, die in einem Halbkreis zwischen 170 und 265 Kilometern um Woolwich angeordnet waren, setzten Spezialgeräte ein, die das BBC-Signal und die Schallwellen aufzeichneten, die von der Stratosphäre auf die Erdoberfläche zurückprallten. Dabei nahmen die hochempfindlichen Mikrophone sogar noch die Schallwellen von 38er- und 40er-Schiffskanonen auf, die für das menschliche Ohr in großen Entfernungen nicht mehr hörbar waren. Sogar das Abfeuern von 20er-Kanonen vom leichten Kreuzer wurde registriert. Whipple errechnete, daß die Schallwellen bis in Höhen zwischen 40 und 60 Kilometern aufstiegen – das entsprach in etwa der Höhe der von Lindemann und Dobson entdeckten warmen Luftschicht –, ehe sie wieder zur Erde hin abgelenkt wurden.

Whipple wußte, daß der Schall warme Luft schneller durchwandert als kalte und daß die Wellenfront, die sich vom Schallzentrum weg ausdehnt, beim Aufsteigen oft auf unterschiedliche Temperaturen trifft. Normalerweise wird die Luft mit zunehmender Höhe kälter und verlangsamt den oberen Rand der Wellenfront, so daß alle Schallwellen in Aufwärtsrichtung abgelenkt werden. Wenn jedoch, so auch Whipples Überlegung, eine Wellenfront an die warme Schicht in etwa 45 Kilometer Höhe gelangt, pflanzt sich die obere Wellengrenze schneller fort als die untere und drängt den Schall allmählich zurück zur Erde. Die Zone des Schweigens reicht infolgedessen von dem Punkt, an dem alle Schallwellen von der Erdoberfläche weg nach oben gelenkt werden, bis zu dem Punkt, an dem die ersten Wellen aus der Stratosphäre zurückkehren.

Man hatte also eine Erklärung für das Verhalten der Schallwellen, bevor jemand sagen konnte, was die Warmschicht in der oberen Stratosphäre war. In den dreißiger Jahren fand man dann auch für dieses Rätsel die Lösung. Die Forscher brachten die Erwärmung mit Ozon, einer Sonderform des Sauerstoffs, in Verbindung. Ozon entsteht, wenn kurzwellige ultraviolette Strahlung ein normales, zweiatomiges Sauerstoffmolekül spaltet: Die chemisch aktiven Einzelatome gehen eine Verbindung mit normalen Sauerstoffmolekülen ein und bilden dreiatomige Ozonmoleküle. Dadurch entsteht in einem Gürtel, der die Erde zwischen etwa 10 und 45 Kilometer Höhe umgibt, eine außergewöhnlich hohe Ozonkonzentration. Das Gas ist bei starker Dichte explosiv und ziemlich giftig, stellt aber kaum eine Gefahr für den Menschen dar. In der Troposphäre ist praktisch kein Ozon vorhanden, weil es zerfällt, sobald es auf feste Materie wie die Erdoberfläche trifft. Am höchsten ist die Konzentration in dem Bereich zwischen 20 und 30 Kilometern, aber selbst dort beträgt der Anteil an Ozon nur 0,00001 Prozent der Atmosphäre – das reicht bei Druck- und Temperaturverhältnissen, wie sie in Meereshöhe auftreten, kaum aus, um eine reine Ozonschicht von 2,5 Millimetern zu bilden.

Trotzdem hat das rare Ozon auf die Temperatur – und das Leben unseres Planeten – einen nachhaltigen Einfluß, da es einen wirkungsvollen Bestandteil des Sonnenspektrums, die ultraviolette Strahlung, absorbiert. Die Beziehung zwischen dem Gas und gerade dieser Emission ist ungemein kompliziert. Nachdem die ultraviolette Strahlung das Ozon gebildet hat, wird sie von dem Gas absorbiert; bei der Absorption wird das Ozonmolekül zerstört, indem das dritte Sauerstoffatom abgespalten wird. Am oberen Rand der Ozonschicht halten sich Aufbau und Zerfall in etwa die Waage. In tieferen Bereichen wird ein größerer Anteil der Strahlen vom Ozon herausgefiltert und ein geringerer Anteil des Gases zerstört: Am wärmsten ist daher die Stratosphäre am oberen Rand der Ozonschicht (etwas über 18° C), wo die ultraviolette Strahlung die meiste Energie abgibt, und nicht so sehr in der Mitte, wo die Ozonkonzentration am höchsten ist. Nur ganz wenig ultraviolette Strahlung erreicht die Erdoberfläche, und das ist ein wahrer Segen. Ohne die Filterwirkung des Ozons wäre die Erde vermutlich unbewohnbar: Die Pflanzen würden verdorren, die Erdbewohner einschließlich des Menschen müßten Verbrennungen, Hautkrebs und Blindheit hinnehmen, und die Ozeane würden sich so stark erwärmen, daß darin alles Leben abstürbe.

An der heißen Obergrenze der Ozonschicht liegt in etwa 50 Kilometer Höhe die Stratopause; sie trennt die Stratosphäre von einer weiteren Schicht der Atmosphäre, der Mesosphäre, ab. Höhenraketen dringen zwar bis in die Mesosphäre vor, aber direkte Messungen aus einem mit mehrfacher Schallgeschwindigkeit dahinfliegenden Körper gestalten sich äußerst schwierig. Eine Methode, die man dabei anwendet, erinnert fast an die ersten Meteorstudien von Lindemann und Dobson: Kleine Kugeln werden von Raketen aus in die höheren Bereiche gebracht und verstreut. Die Wissenschaftler verfolgen sie dann über Radar und registrieren die Geschwindigkeits- und Beschleunigungsdaten der Fallbahnen. Daraus können sie errechnen, welcher Luftwiderstand auf die Kugeln wirkt, und somit Luftdichte und -temperatur bestimmen. Eine andere Möglichkeit besteht darin, daß die Raketen Granaten ausklinken, die in einer bestimmten Höhe explodieren. Die Ausbreitungsgeschwindigkeit der Schallwellen dient dann als Berechnungsgrundlage der Luftfeuchtigkeit und -temperatur sowie der Windgeschwindigkeit.

Experimente dieser Art, die vor allem Ende der vierziger und Anfang der fünfziger Jahre durchgeführt wurden, ergaben, daß die dünnen Gase oberhalb der Stratosphäre so wenig Sonnenwärme absorbieren, daß die gut 30 Kilometer starke Mesosphäre mit wachsender Höhe rasch kühler wird. Das hatte man erwartet. Aber die Experimente zeigten auch, daß diese Schicht paradoxerweise während der Sommermonate am kältesten ist, offenbar aufgrund eines rätselhaften globalen Austausches von Warm- und Kaltluft.

Bei besonders großer Kälte können sich in den Höhen der Mesosphäre Wolken bilden, wie man sie in den tiefer gelegenen Atmosphäreschichten überhaupt nicht kennt. Diese silberweißen Schleier sammeln sich etwa 80 Kilometer über der Erde an der Mesopause – der kältesten Zone der gesamten Atmosphäre, wo die Sommertemperaturen gelegentlich bis auf −140° C herabsinken – und heißen Leuchtende Nachtwolken, weil sie von der Sonne angestrahlt werden, aber erst nach Einbruch der Dämmerung am Himmel zu sehen sind. Raketen haben Proben dieser Wolkengebilde eingefangen und mit zur Erde gebracht, aber ihre Zusammensetzung bleibt ungewiß. Manche Forscher nehmen an, daß die Wolken aus mikroskopisch feinem Meteoriten-, Kometen- oder Vulkanstaub bestehen; andere wiederum vertreten die Ansicht, daß die Staubpartikel lediglich als Kondensationskerne für Eiskristalle dienen. (Eine Schwachstelle dieser These ist, daß die Atmosphäre in so großer Höhe wohl kaum noch Wasserdampf enthält.)

Erst Ende der fünfziger Jahre, als Wissenschaftler sich mit der Frage beschäftigten, inwieweit Reibungseinflüsse die Umlaufbahnen von Satelliten verändern könnten, begann man die Luftdichte und -temperatur jenes Atmosphärestockwerks zu messen, das von der Mesopause in 80 Kilometer Höhe bis zu etwa 300 Kilometern reicht und die Bezeichnung Thermosphäre trägt. Die Untersuchungen ergaben, daß die Thermosphäre zwar nur sehr wenig Luft enthält – weniger als ein Hunderttausendstel der Gesamtatmosphäre –, daß dieser spärliche Anteil jedoch fast die gesamte Sonneneinstrahlung im extrem kurzwelligen UV-Bereich absorbiert. Das führt zu sehr starken Schwankungen zwischen Tag- und Nachttemperaturen. Unter bestimmten Voraussetzungen kann die Temperatur in der oberen Thermosphäre kurz nach Mittag fast 2000° C erreichen, nachts aber, wenn die dünne Luft die Wärme rasch wieder abgibt, um 500°C und mehr sinken. Solche Extremwerte haben allerdings kaum eine praktische Bedeutung. In großen Höhen wird die Temperatur – gemessen an der Durchschnittsgeschwindigkeit zufällig bewegter Gasmoleküle – zu einem abstrakten Begriff. Die Luftdichte ist so gering, daß sie so gut wie keine Wärme auf Satelliten überträgt.

Die Hauptwärme der Thermosphäre entsteht, wenn solare UV-Strahlung Moleküle in ihre atomaren Bestandteile aufspaltet. Während in den unteren Schichten der Atmosphäre molekularer Sauerstoff und Stickstoff vorherrschen, rufen die photochemischen Spaltungsprozesse in der Thermosphäre ein wirres Durcheinander von Sauerstoffatomen, Stickstoffoxiden, Stickstoffmolekülen und ein paar vereinzelten Wasserstoffatomen hervor. In der Thermosphäre, wo es weder Wind noch konvektive Vermischung gibt, lagern sich die verschiedenen Gase – genau wie

In der Nähe von Plymouth in England entfaltet sich das seltene Schauspiel einer Leuchtenden Nachtwolke über dem Horizont. Diese Gebilde, die in fünfmal größeren Höhen entstehen als alle anderen Wolken, verdanken ihren Namen der Tatsache, daß man sie nur sehen kann, wenn sie von der Sonne jenseits des Horizonts angestrahlt werden – also in der Nacht. Die hellen Flecken sind Lichter auf der Erde.

Teisserenc de Bort angenommen hatte – in Schichten ab: Schwerere Elemente wie molekularer Stickstoff und Sauerstoff sinken ab und liegen dann in Schichten unter den leichteren atomaren Gasen, wie Helium und Wasserstoff.

Neben der Einteilung der Atmosphäre nach chemischen und thermischen Gesichtspunkten gibt es auch eine nach elektromagnetischen – was man vor dem 20. Jahrhundert kaum berücksichtigt hatte. Seeleuten war zwar aufgefallen, daß Kompaßnadeln gelegentlich auf unerklärliche Weise in die Irre wiesen, und vereinzelt hörte man die Theorie, daß sich die gesamte Atmosphäre durch die Sonneneinstrahlung wie ein gigantischer Dynamo verhalten könne. Aber erst mit der Entwicklung der Funktechnik wurde das Vorhandensein elektromagnetischer Schichten in der Atmosphäre allgemein bekannt.

1901 unternahm Guglielmo Marconi, ein junger Italiener und Autodidakt, der die drahtlose Telegraphie erfunden hatte, erste Versuche in Richtung des Langstreckenfunks. Noch im selben Jahre glückte es ihm, den Buchstaben S von Cornwall in England über den Atlantik bis nach Neufundland zu morsen. Wie jedoch die Radiowellen der Erdkrümmung über eine so große Entfernung folgen konnten, blieb für viele Elektroingenieure und Physiker, die Marconis Großtat zu erklären versuchten, ein großes Rätsel.

Einige Monate darauf bot ein sehr zurückhaltender englischer Physiker namens Oliver Heaviside nach vielen Bedenken eine Erklärung an, die große Beachtung fand und sich schließlich auch als richtig erwies: „Möglicherweise existiert in größerer Höhe eine ausreichend leitfähige Luftschicht. Wenn dem so ist, finden die Wellen sozusagen mehr oder weniger Halt an ihr. Die Fortpflanzung erfolgt dann zwischen dem Ozean auf der einen und der Leitschicht auf der anderen Seite."

Heute nennt man diese Leitschicht Ionosphäre, und man weiß, daß sie sich über die obere Mesosphäre sowie die Thermosphäre erstreckt. Die solare Röntgen- und UV-Strahlung in dieser Zone entreißt den Atomen und Molekülen ihre Elektronen. Da Elektronen negativ geladen sind, werden sie vom oszillierenden elektromagnetischen Feld jeder durchziehenden Radiowelle eingefangen. Nun strahlt aber ein bewegtes, geladenes Teilchen selbst elektromagnetische Energie aus; genau genommen verwandelt sich jedes einzelne Elektron in einen winzigen Sender, dessen Signal die ursprüngliche Radiowelle ablenkt. Je mehr freie Elektronen vorhanden sind, desto stärker beeinflussen sie die Radiowelle, und bei genügend großer Anzahl werfen sie die Radiowellenfront in der gleichen Weise zur Erde zurück wie warme Luftschichten eine Schallwelle.

Es gibt eine direkte Beziehung zwischen der Zahl der Elektronen in der Luft und der Frequenz elektromagnetischen Wellen, die sie beeinflussen: je dichter die Elektronen, desto höher die Frequenz der Wellen, die reflektiert werden. Da die Ionisation in der Hauptsache auf die Sonneneinstrahlung zurückzuführen ist, steigt die Zahl der Elektronen bis zu einer Höhe von knapp 300 Kilometern, wo die Elektronendichte am stärksten ist und die Wellen mit den höchsten Frequenzen reflektiert werden. Die Elektronendichte steigt nicht gleichmäßig an, sondern eher in Stufen, und Wissenschaftler haben die Ionosphäre nach den Regionen eingeteilt, die die Wellen bestimmter Frequenzen am meisten beeinflussen.

Die Ausdehnung dieser Schichten kann man nur annähernd bestimmen, da sich einige nachts oder im Winter abschwächen beziehungsweise ganz auflösen, aber im allgemeinen unterscheiden die Wissenschaftler zwischen der E-Schicht in etwa 90 bis 160 Kilometer Höhe, der D-Schicht unterhalb von 90 Kilometern und der F-Schicht oberhalb von 160 Kilometern. Die F-Schicht wird oft noch in F_1 und F_2 unterteilt, weil die oberste Region – die F_2-Schicht, die etwa bei 250 Kilometern beginnt – normalerweise die stärkste Elektronenkonzentration aufweist. Aber selbst hier ist die Elektronendichte nie groß genug, um Wellen mit einer Frequenz von mehr als 15 Megahertz zu reflektieren.

Obwohl sie auf diesem Photo von der Kommandokapsel der *Apollo 9* nicht erkennbar sind, stellen die oberen Bereiche der Atmosphäre ein Risiko für die sichere Rückkehr der Kapsel auf die Erde dar.

Der ätherische Schutzschild der Erde

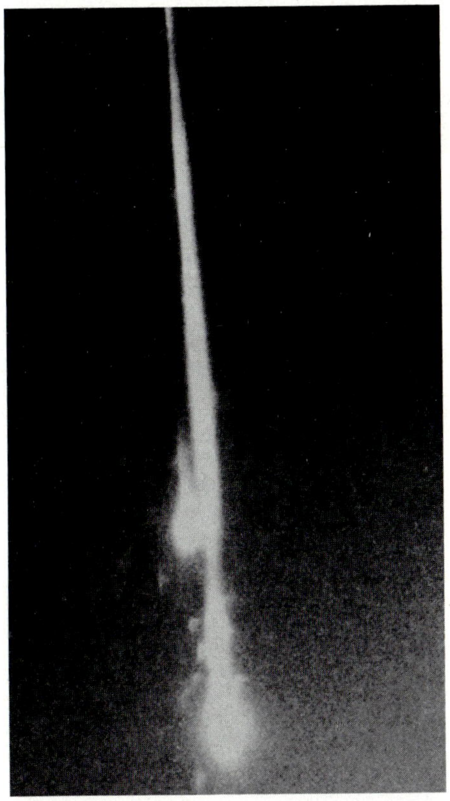

Raumfahrzeuge, die mit Geschwindigkeiten von etwa 40 000 Stundenkilometern zur Erde jagen, sind im Grunde nichts anderes als künstliche Meteorite. Und im gleichen Maße, in dem die Atmosphäre unseren Planeten vor den Trümmern aus dem All schützt, stellt sie für heimkehrende Raumflugkörper ein fast unüberwindliches Hindernis dar. Damit die Luft sie abbremst, ohne daß die Reibungswärme zu hoch wird, müssen die Raumfahrzeuge in einem flachen Winkel in die Atmosphäre eintreten. Der optimale Winkel – den man erstmals für die bemannten Raumflüge Ende der sechziger Jahre berechnete – beträgt ungefähr sechs Grad zum äußeren Rand der Thermosphäre, die sich 120 Kilometer über der Erde befindet. Bei einem kleineren Anflugwinkel würde die dünne Luft an der Unterseite des Flugkörpers immer noch genug Auftrieb erzeugen, um ihn zurück in den Weltraum zu drücken. Bei einem nur geringfügig steileren Anflugwinkel würde die Reibung, die beim Zusammenprall der Kapsel mit den Luftmolekülen entsteht, eine so starke Wärme erzeugen, daß der Hitzeschild – und der Flugkörper – innerhalb weniger Minuten in Flammen aufginge.

Nach dem Abbruch der *Apollo-13*-Mission 1970 sind die Mondlande- und Versorgungseinheiten von den heimkehrenden Astronauten abgekoppelt worden und verglühen nun bei ihrem Sturz durch die Atmosphäre durch die enorm große Reibungswärme.

Diese schematische Darstellung zeigt, wie eine Raumkapsel bei einem zu flachen Eintrittswinkel in die Atmosphäre in den Weltraum abgelenkt wird; bei einem zu steilen Winkel verglüht die Kapsel. Damit eine sichere Rückkehr gewährleistet ist, darf das Raumfahrzeug nicht mehr als zwei Grad vom optimalen Eintrittswinkel (sechs Grad) abweichen.

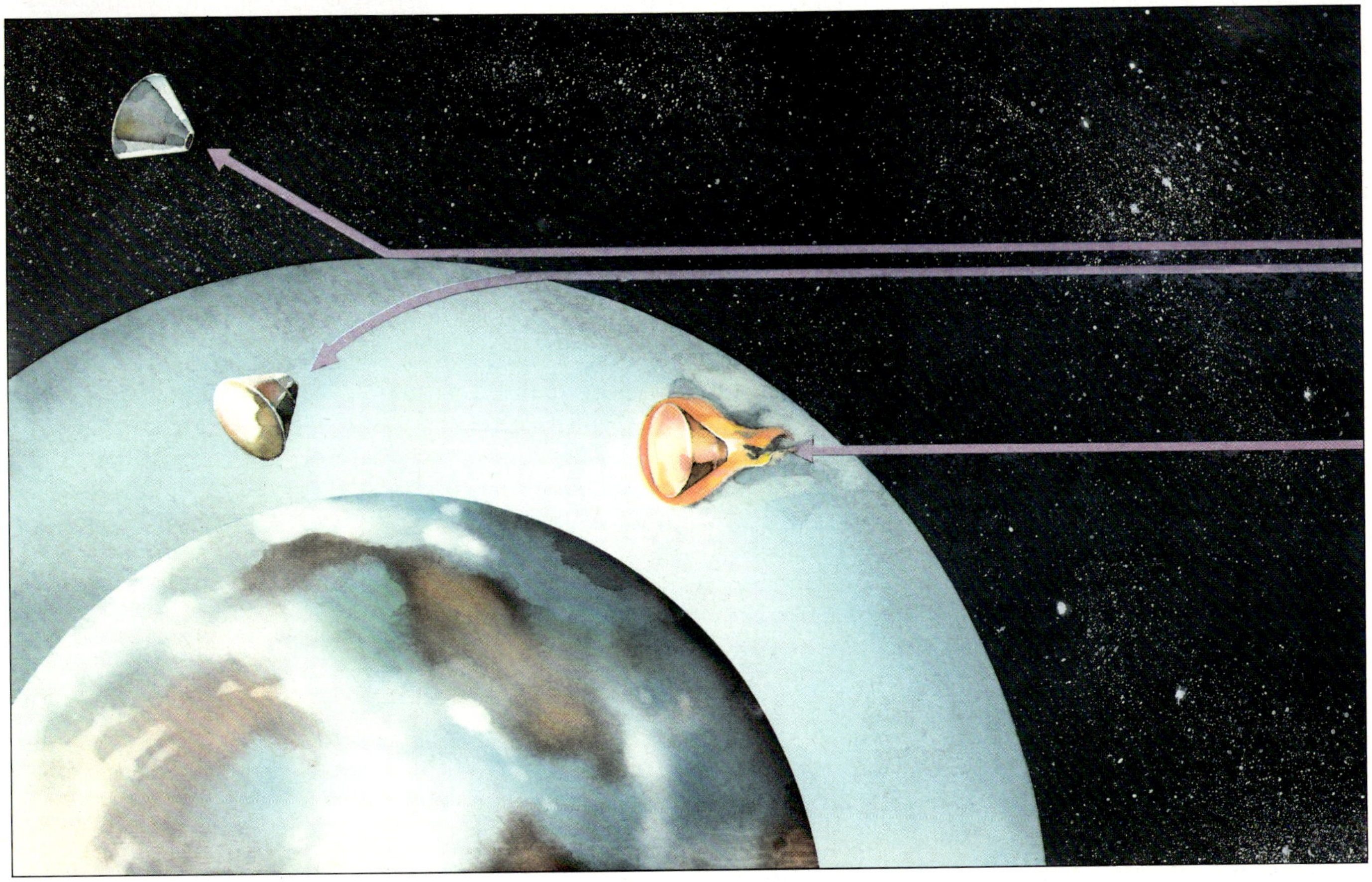

Die D-Schicht enthält relativ wenig freie Elektronen, ist jedoch wegen ihres Einflusses auf bestimmte Radiowellen von besonderer Bedeutung. Radioübertragungen im Mittelwellenbereich – von 0,55 bis 1,6 Megahertz – werden im allgemeinen erst von der E-Schicht reflektiert. Tagsüber jedoch werden sie in der D-Schicht absorbiert, wo die Luft selbst dichter ist und eine größere Anzahl freier Elektronen mit Atomen und Molekülen zusammenstoßen als in den Zonen darüber. Bei derartigen Kollisionen geht die elektromagnetische Energie des bewegten Teilchens verloren, nicht nur für das Teilchen selbst, sondern auch für die Radiowelle, die sich abschwächt oder ganz verschwindet. Nachts jedoch, wenn in der D-Schicht weit weniger Elektronen – und damit Kollisionen – vorhanden sind, durchdringen die Radiowellen sie und werden in höheren Bereichen reflektiert, so daß man selbst weit entfernte Mittelwellensender empfangen kann.

Fernseh- und UKW-Sender arbeiten mit Wellen zu hoher Frequenzen, um von der Ionosphäre reflektiert zu werden, und wandern direkt in den Weltraum. Fernsehsendungen über weite Strecken hinweg müssen deshalb durch Kabel, Mikrowellenrelais oder Satellitenstationen unterstützt werden, obwohl es gelegentlich zu zufälligen Reflexionen an der Ionosphäre kommt. Der Nutzeffekt der reflektierten Radiowellen hängt von dem Winkel ab, unter dem das Signal in die Ionosphäre eindringt. Ist der Weg der Radiowelle annähernd senkrecht, so wird sie nicht zur Erde hin abgelenkt und setzt ihre Bahn in den Raum fort. So kann es geschehen, daß man das gebrochene Signal einer mehr als 300 Kilometer entfernten Radiostation deutlich empfängt, während man ein anderes, das nur etwa 100 Kilometer überwinden muß, überhaupt nicht auffängt. Die Reflexion oder Refraktion wird außerdem durch Störungen in der Ionosphäre beeinflußt. Da die Sonneneinstrahlung der Schlüssel zur Ionisation ist, bringen solare Störungen, wie Sonnenflecken und solare Stürme, den Radioempfang völlig durcheinander. Zu solchen Zeiten flammen die Polarlichter, deren Pracht sich ja in der Ionosphäre entfaltet, besonders strahlend auf, und Funkamateure hören aus ihren Empfängern nur ein Rauschen. Bei solaren Stürmen wirkt die unterste ionisierte Schicht zeitweilig stark absorbierend, und der Langstreckenfunk kann über Stunden hinweg völlig zum Erliegen kommen.

Abgesehen von ihren Auswirkungen auf die Nachrichtentechnik macht sich die Ionosphäre noch auf eine andere Weise bemerkbar: Sie leuchtet. Dieses Luftleuchten wird durch die gleiche elektrochemische Reaktion hervorgerufen, die auch der Ionisation zugrunde liegt; anstatt einem Molekül aber nur ein Elektron zu entreißen, kann die kurzwellige Sonnenstrahlung den Energiezustand des Moleküls verändern und es dazu bringen, einen Teil seiner Energie in Form von Licht freizusetzen. Die Helligkeit in klaren, mondlosen Nächten ist vor allem auf dieses Phänomen zurückzuführen; es entwickelt mehr Leuchtkraft und Helligkeit als das Licht aller Sterne zusammen.

1956 entdeckte der Physiker Murray Zelikoff bei Laborversuchen, daß beim Einleiten von Stickstoffoxid in eine Kugel, die das gleiche Gemisch von Gasen wie die Region über der Stratosphäre enthielt, eine chemische Reaktion stattfand, die zusätzliche Strahlung freisetzte. Er vermutete daraufhin, daß Stickstoffoxid, das sich in der oberen Atmosphäre befindet, eine der Ursachen des Luftleuchtens sei und daß, wenn dies zuträfe, eine höhere Konzentration dieses Gases auch das Leuchten verstärken müsse. In einer klaren, sternhellen Nacht feuerte Zelikoff über der Wüste von New Mexiko eine Rakete ab, die Stickstoffoxid in Glasbehältern mitführte. In etwa 100 Kilometer Höhe warf die Rakete ihre etwa 10 Kilogramm schwere Gasladung ab. Sekunden später entdeckten Zelikoffs Mitarbeiter, die auf einer 100 Kilometer entfernten Kuppe Teleskope aufgestellt hatten, einen runden, gelben Fleck am Himmel. Der Schein breitete sich aus, bis er etwa viermal so groß war wie der Vollmond, veränderte seine Farbe ganz langsam von Gold über Silber zu Grau und erlosch erst wieder nach 20 Minuten. Zelikoff hatte recht gehabt.

Hier wird veranschaulicht, wie die untere Region der Ionosphäre, die sogenannte D-Schicht *(blau)*, Radioübertragungen im Mittelwellenbereich beeinträchtigt. Tagsüber verwandeln die Sonnenstrahlen diese Schicht in eine brodelnde Masse von Ionen und freien Elektronen, die die Radiowellen absorbieren.

Nachts läßt die Aktivität der D-Schicht nach. Die Radiowellen des Mittelwellenbereichs dringen bis in die E-Schicht *(schwarz)* vor. Von dort werden sie teilweise zurück auf die Erde reflektiert, wo man sie über große Entfernungen empfangen kann. Manche Mittelwellensender müssen daher ihre Übertragungen abends einstellen, damit sie andere „Stamm"-Sender auf diesen Frequenzen nicht stören.

Die Ionosphäre erstreckt sich bis fast an den oberen Rand der Thermosphäre, wo die Luftmoleküle so weit verstreut sind, daß man sie praktisch vernachlässigen kann. Darüber liegt der größte Bereich der Atmosphäre – die Exosphäre, eine öde Zone, die erbarmungslos von der Sonne bestrahlt wird. Während ein Luftmolekül auf Meereshöhe einen Weg von nur etwa 0,000075 Millimetern zurücklegt, ehe es mit einem anderen zusammenstößt, sind die leichten Gase der Exosphäre – Helium, atomarer Wasserstoff und atomarer Sauerstoff – so verdünnt, daß ein Atom etwa zehn Kilometer weit wandern muß, ehe es auf ein anderes trifft. Da sie also kaum durch Kollisionen abgebremst werden, bewegen sich die auf etwa 2000° C erhitzten Atome um ein Mehrfaches schneller als Moleküle in der unteren Atmosphäre und schießen in Richtung Weltraum wie Wasserfontänen. Letzten Endes holt die Schwerkraft die meisten der schnellen Partikel zurück zur Erde, aber ein winziger Bruchteil der Helium- und Wasserstoffatome, die mit Geschwindigkeiten von mehr als 40 000 Stundenkilometern dahinrasen, entweicht in den interplanetaren Raum. Es besteht jedoch keinerlei Gefahr, daß unsere Atmosphäre nach und nach ins All versickert: Das verlorengegangene Helium wird durch den radioaktiven Gesteinszerfall auf der Erde erneuert, und der Wasserstoff, der sich bei der photochemischen Aufspaltung von Wasserdampf bildet (in etwas mehr als 100 Kilometer Höhe, wo er sich gern in Schichten ablagert), gleicht die Verluste aus.

Wo nun genau die Exosphäre aufhört und der interplanetare Raum beginnt, ist eine Frage der Abstufung und läßt sich nicht mit Sicherheit bestimmen; die Luftmoleküle werden einfach immer seltener, bis sie irgendwo zwischen 500 und 1500 Kilometern über der Erde ganz verschwinden. Bis Ende der fünfziger Jahre hatte man allgemein die Vorstellung, daß jenseits der Exosphäre das Nichts liegt – eine riesige Leere, durch die hin und wieder für kurze Zeit Schauer von geladenen Sonnenteilchen, kosmische Strahlen aus dem interstellaren Raum und Meteorite jagen. Dieses Bild stammte von Wissenschaftlern, die keinerlei Möglichkeiten hatten, die atmosphärischen Bedingungen in Höhen von mehr als 200 Kilometern zu messen. Als dann im Jahre 1958 erstmals der amerikanische Forschungssatellit *Explorer I* die Erde umkreiste, stellte sich heraus, daß es völlig falsch war.

Explorer I war zwar kleiner als die Satelliten der *Sputnik*-Serie, die die Russen zuvor in eine Erdumlaufbahn gebracht hatten, aber er führte hochentwickelte Instrumente mit, die größtenteils unter der Leitung von James A. Van Allen zusammengestellt worden waren, einem Physiker der State University of Iowa, der sich ein Jahrzehnt lang intensiv mit Strahlungen und Magnetfeldern in der Atmosphäre beschäftigt hatte. Gemeinsam mit anderen Wissenschaftlern äußerte er erste Zweifel an der These, daß der Weltraum leer sei. Er vermutete im Gegenteil eine Strahlung, die nicht von Energiewellen, sondern von geladenen Teilchen erzeugt werde. Aus einer Umlaufbahn, die an manchen Stellen eine Höhe von 2400 Kilometern erreichte, übermittelte der 28 Pfund schwere Satellit das, was Van Allen einen „breiten, tiefen Streifen Wissens" nannte, „der 7500 Kilometer breit und 2200 Kilometer hoch um die Mitte der Erde lief".

Anfangs lieferte der Strahlungsmesser von *Explorer I*, der die Einschläge durch geladene Teilchen zählte, genau die Daten, die Van Allen und sein Mitarbeiterstab erwartet hatten. Während der Satellit die Vereinigten Staaten überflog und in eine Höhe von 400 Kilometern vordrang, verzeichnete er eine verstärkte Strahlung geladener Teilchen. Später jedoch, hoch über dem Äquator, fielen die Werte plötzlich ab, oft bis auf Null. Die enttäuschten Wissenschaftler nahmen an, daß der Strahlungsmesser defekt sei.

Ein zweiter *Explorer*-Satellit zeigte jedoch die gleiche Abweichung. Während sie über die Daten rätselten, lenkte einer der Wissenschaftler, wie Van Allen berichtete, „unsere Aufmerksamkeit auf etwas, das wir alle kannten, an das wir aber einfach nicht gedacht hatten". Auch eine extrem hohe Strahlung konnte die Instrumente stören. Einer aus dem Team rief: „Der Raum ist radioaktiv!"

Die Aurora aus neuer Sicht

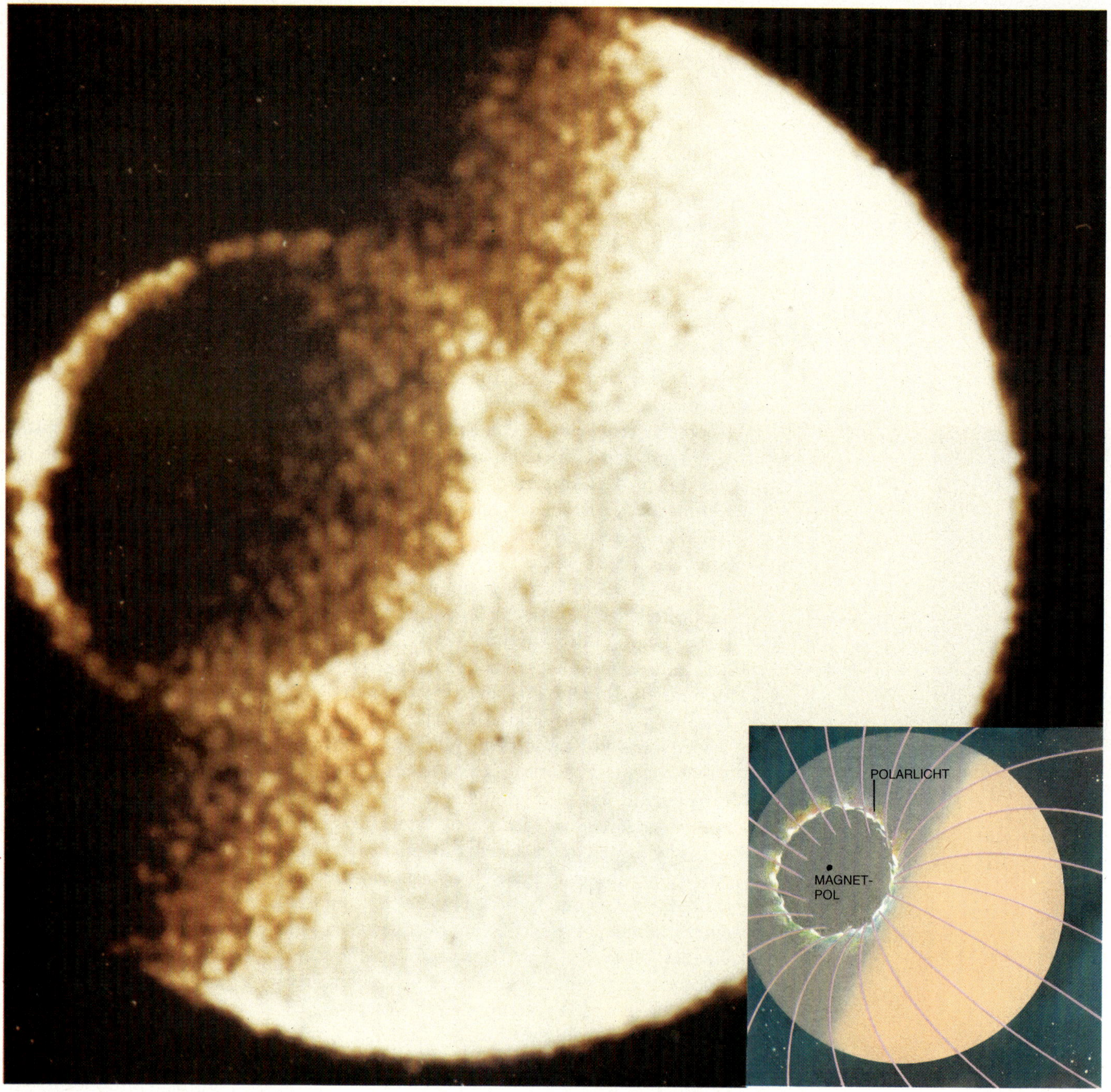

So atemberaubend schön die Polarlichter am Himmel aufflammen – bis vor kurzem konnte man nur einen Bruchteil ihrer Pracht bewundern. Der Anblick der glühenden Vorhänge und anderer typischer Formen werden entweder vom Horizont verdeckt oder durch die Perspektive des Betrachters eingeengt, der 80 Kilometer und mehr unterhalb der Aurora steht.

Nur vom Weltraum aus kann man die ganze Pracht der Aurora sehen. In der Nähe der beiden Pole bilden die Kraftlinien des Erdmagnetfelds eine Art Trichter, der die geladenen Teilchen des Sonnenwinds auf die Erdoberfläche zulenkt, bis sie auf Moleküle der Atmosphäre prallen. Dabei entsteht um den Magnetpol ein riesiger Lichtring aus glühenden Gaspartikeln.

Ein vollständiges Polarlicht – mit dem Teil des Lichtkreises, der auf der Nachtseite der Erde zu sehen ist – wurde erstmals am 15. September 1981 auf ein Satellitenphoto gebannt. Die schematische Darstellung zeigt den Verlauf der magnetischen Kraftlinien, die dem Polarlicht seine Gestalt geben.

Wie Van Allen und andere vermutet hatten, weht eine Art Wind durch den Weltraum, ein dünner, aber konstanter Strom winziger Partikel, die sich mit Geschwindigkeiten von anderthalb Millionen Stundenkilometern von der Sonne entfernen. Dieser Sonnenwind – er besteht vor allem aus den positiv geladenen Protonen und negativ geladenen Elektronen von Wasserstoff und Helium, die man unter der Bezeichnung Plasma zusammenfaßt – ist eigentlich nicht mehr als ein Hauch. In der Tiefe des interplanetaren Raumes enthält er etwa 5,5 Partikel pro Kubikzentimeter, während sich in der Luft auf Meereshöhe 27 Trillionen (das sind 18 Nullen hinter der 27) atmosphärische Teilchen in einem Kubikzentimeter befinden. Dennoch übt der Sonnenwind eine echte Kraft aus. Auf ihn ist es beispielsweise zurückzuführen, daß der Staubschweif von Kometen nicht immer der Kometenflugbahn folgt, sondern in die der Sonne entgegengesetzte Richtung weist. Die Entdeckung des Sonnenwinds hat die Vision heraufbeschworen, daß der Mensch eines Tages mit Hilfe riesiger Folien durch das All segeln könne.

Nachdem die Existenz eines Sonnenwindes eindeutig feststand, erhob sich für die Wissenschaft sofort die nächste Frage: Welche Kraft verhindert, daß die Strahlung des Sonnenwindes bis auf die Erdoberfläche vordringt? Seine Ausläufer gelangen nur selten bis in die unmittelbare Nähe der Erde, begleitet von Funk- und Magnetkompaßstörungen sowie flammenden Polarlichtausbrüchen; diese Phänomene zeugen von der Verheerung, die entstehen könnte, wenn der Sonnenwind nicht irgendwie von der Atmosphäre abprallen würde.

Den Schutzschild bildet, wie Van Allen entdeckte, das Magnetfeld der Erde – jene unsichtbaren Kraftlinien, die dicht über der Erde von einem Magnetpol zum anderen laufen und weiter im Weltraum vom Sonnenwind zu einem Oval verzerrt werden. Die Wissenschaftler schlossen, daß das Magnetfeld in zwei schmalen Gürteln über dem des Äquator am wirksamsten ist. Einer der Ringe (die man Van-Allen-Gürtel und später Van-Allen-Zonen nannte) liegt in einer Höhe zwischen etwa 1000 und 4500 Kilometern; der zweite und größere befindet sich zwischen etwa 10 000 und 60 000 Kilometern. Wenn aufgrund komplexer Vorgänge, die die Wissenschaft noch nicht völlig durchschaut, einige der hochenergetischen Sonnenwindteilchen in diese Gürtel eindringen, werden sie von den magnetischen Kraftlinien angezogen und eingefangen. Sie winden sich spiralförmig an den Kraftlinien entlang von einem Pol zum anderen oder, wie es ein Schriftsteller ausdrückte, „hetzen hin und her wie Gefangene, die dazu verurteilt sind, bis in alle Ewigkeit Wendeltreppen hinauf- und hinunterzulaufen".

Jenseits der Van-Allen-Gürtel, wo sich die magnetischen Kraftlinien zu den Magnetpolen senken, können die geladenen Sonnenwindpartikel in die Ionosphäre eindringen und Polarlichter am Himmel entfachen. Im Laufe der Zeit fanden die Wissenschaftler anhand weiterer Daten aus immer größeren Tiefen des interplanetaren Raumes heraus, daß die Plasmateilchen, die sich in den Van-Allen-Gürteln fangen, zusammen mit jenen, die Polarlichter anregen, nur einen winzigen Bruchteil aller Partikel ausmachen, die von der Sonne in Richtung Erde strömen; die übrigen prallen an den Rändern des Erdmagnetfelds, der Magnetosphäre, ab.

In der Grenzschicht zwischen Magnetosphäre und Sonnenwind, der Magnetopause, hält sich der Druck zwischen den Plasmateilchen der Magnetosphäre und den Sonnenwindpartikeln die Waage. Die Grenze ist nicht starr; sie senkt oder hebt sich, je nachdem, mit welcher Kraft der Sonnenwind weht.

Die Erde durchzieht das All, wie es Van Allen ausdrückt, „in einer spitz zulaufenden Höhle inmitten des Sonnenwinds", der die Magnetosphäre umfließt, als hülle er einen dickschaftigen Torpedo ein. In mehr als 60 000 Kilometer Höhe über der Erde befindet sich eine Art Bugwelle, wo der Aufprall des Plasmas die Magnetopause in Richtung Erde drückt. Auf der der Sonne abgewandten Seite des Planeten läuft die Magnetosphäre spitz zu, bis sich irgendwo weit jenseits der Mondbahn die beiden Sonnenwindströme wieder vereinen.

DIE SCHICHTEN DER ERDHÜLLE

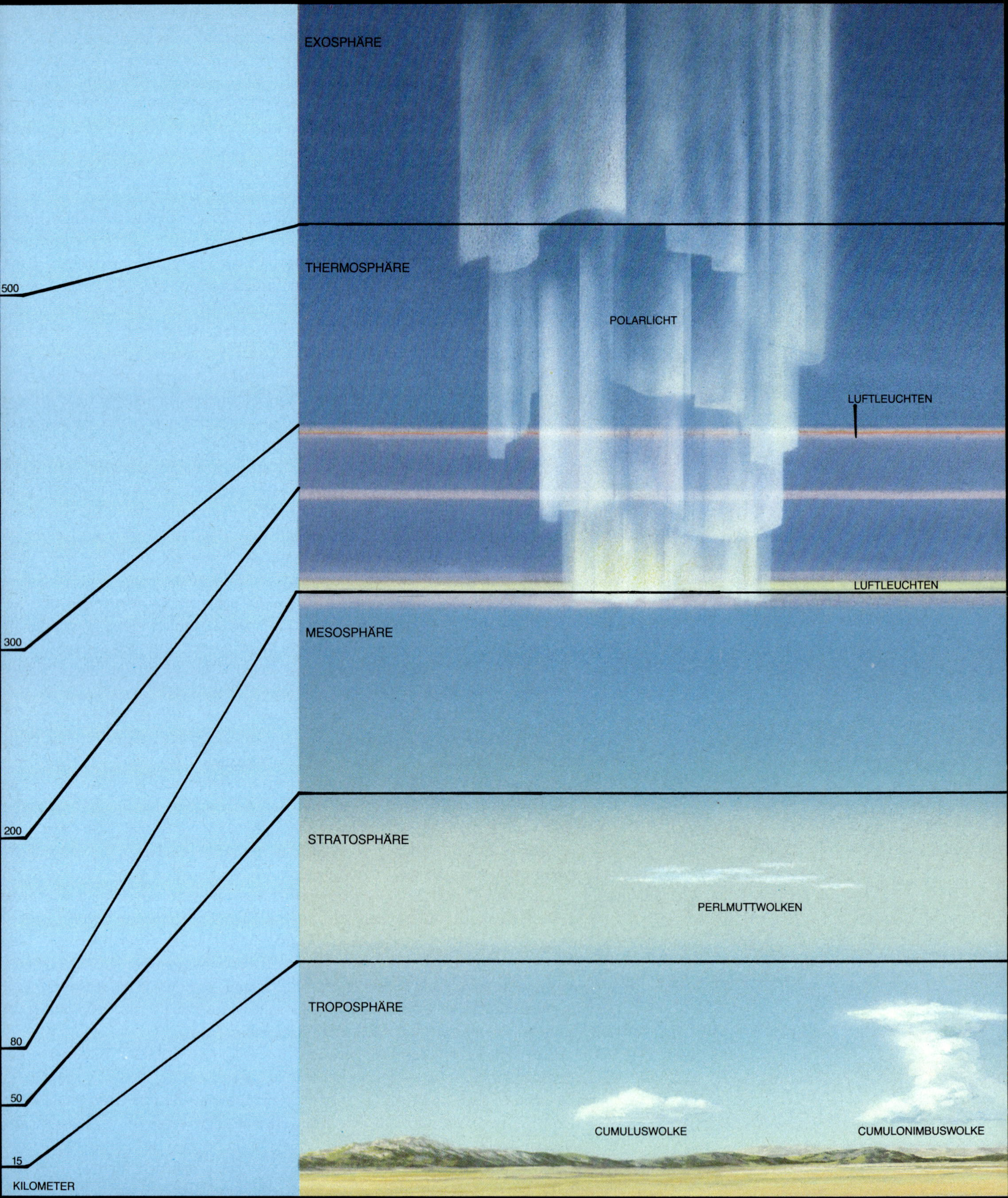

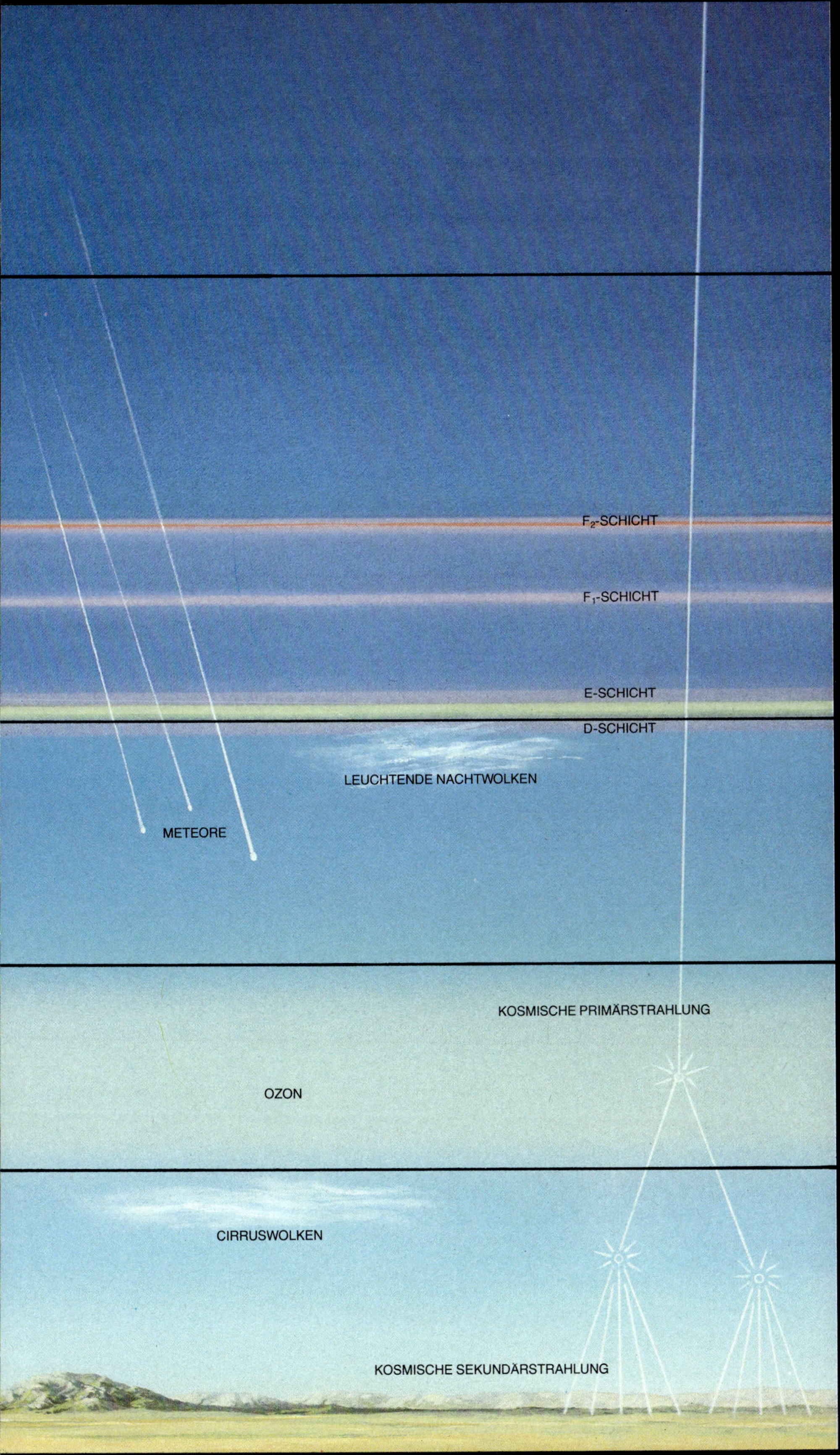

Die ausgedehnte Lufthülle der Erde besteht aus einer Reihe von Schichten, von denen jede Schauplatz ganz bestimmter Vorgänge ist. Die Troposphäre, das Reich, in dem sich Leben und Wetter abspielen, ist die dünnste der Schichten, und auch sie ist nur in ihren unteren Bereichen frei von Temperaturextremen und tödlichen Strahlungen.

In der Troposphäre nimmt die Temperatur im allgemeinen gleichmäßig mit der Höhe ab und erreicht schließlich Werte von etwa −60° C. In der darüberliegenden Stratosphäre erwärmt ultraviolette Strahlung von der Sonne das Ozon der dünnen, meist wolkenlosen Luft; die Temperatur kann knapp 50 Kilometer über dem Erdboden bis auf frühlingsmäßige 18° C klettern. Hier findet man auch die energiereichen Partikel der „kosmischen Strahlung", die mit Luftmolekülen zusammenprallen, gespalten werden und als weniger gefährliche Sekundärstrahlung auf die Erde auftreffen.

Die Lufttemperatur sinkt dann wieder in der Mesosphäre, jener Zone, wo die meisten Meteorite zu verglühen beginnen. An ihrem oberen Rand bei etwa 80 Kilometern wird die Mesosphäre so kalt, daß sich Leuchtende Nachtwolken bilden können. Diese Gebilde bestehen aus Schleiern von Eiskristallen, die bei Temperaturen bis zu –140° C entstehen. In der Thermospäre dagegen läßt die Sonnenenergie in einer Höhe von etwa 300 Kilometern die Lufttemperatur auf knapp 2000° C ansteigen.

Der Zufluß von Energie bewirkt außerdem elektrische und chemische Veränderungen, die man selbst vom Erdboden aus beobachten kann. Die Strahlung in der oberen Mesosphäre und Thermosphäre entreißt den Atomen ihre Elektronen, so daß eine Reihe von elektrisch leitenden Zonen entstehen: die Schichten D, E, F_1- und F_2, die zusammen die Ionosphäre bilden. Sie führen zu beträchtlichen Störungen der große Distanzen überbrückenden Radiosender. Die angeregten Atome der Ionosphäre erzeugen ein schwaches Luftleuchten, das selbst die schwärzesten Nächte etwas erhellt. Außerdem bringen an den Polen eingedrungene Teilchen des Sonnenwinds die Ionosphäre zum Glühen und lassen dadurch die herrlichen Polarlichter entstehen.

In der sogenannten Exosphäre oberhalb von etwa 500 Kilometern wird die Atmosphäre immer dünner und weicht schließlich den Strahlungsgürteln und Magnetfeldern des interplanetaren Raumes.

In dieser graphischen Darstellung von den Schichten der Atmosphäre und ihren charakteristischen Erscheinungen sind die untersten Bereiche der Übersichtlichkeit wegen vergrößert dargestellt. Die wirklichen Dimensionen sieht man an der Skala links.

Magnetfelder, die vor dem Sonnenwind schützen

Die Sonne schenkt uns nicht nur Licht und Wärme, sie sendet auch tödliche Strahlen aus und einen Sonnenwind aus Protonen und Elektronen, der mit anderthalb Millionen Stundenkilometern durch das All weht. Röntgenstrahlen und die meisten ultravioletten Strahlen – beide schädlich für das Leben auf der Erde – werden von der Atmosphäre absorbiert. Den Sonnenwind dagegen lenkt ein anderer Schutzmantel ab.

Da die Sonnenwindpartikel geladen sind, können sie nicht über die Magnetfeldlinien, die von den Magnetpolen der Erde weit in den Weltraum hinaus reichen, gelangen. Der Partikelstrom trifft etwa 65 000 Kilometer von der Erde entfernt auf das Magnetfeld der Erde, teilt sich und umfließt es. Die Magnetosphäre – die geschützte Zone, die so entsteht – wird durch den Sonnenwind stromlinienförmig verformt und läuft wie ein Kometenschweif etwa 400 000 Kilometer hinter der sonnenabgewandten Seite der Erde aus. Ein geringer Teil des Sonnenwinds gerät in die Magnetfeldtrichter über den Magnetfeldpolen. Diese Teilchen erzeugen dann die herrlichen Polarlichter, oder sie geraten in jene Zonen, die diese Partikel festhalten und als Van-Allen-Gürtel bezeichnet werden.

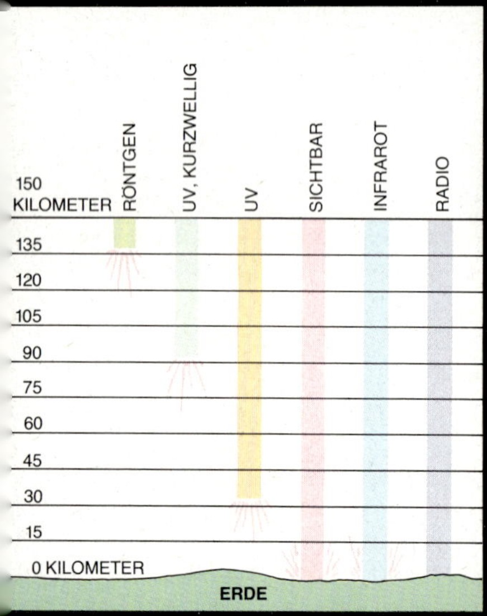

Diese Tabelle zeigt, welche Bereiche der Atmosphäre die schädlichen Röntgen- und ultravioletten Strahlen der Sonne absorbieren oder filtern und welche die sichtbaren und infraroten Strahlen sowie die Radiowellen passieren lassen. Der Absorptionsvorgang erwärmt die schützenden Zonen der Atmosphäre.

Ein magnetischer Schutzmantel, die Magnetosphäre, schirmt die Erde von dem Ionenansturm des Sonnenwinds ab. Der Aufprall auf die Magnetopause, die Grenzschicht der Magnetosphäre, erzeugt auf der sonnenzugewandten Seite eine Stoßwelle und ein Übergangsgebiet, in dem der Sonnenwind komprimiert und erhitzt wird. Der langgezogene Schweif der Magnetosphäre liegt der Sonne abgewandt.

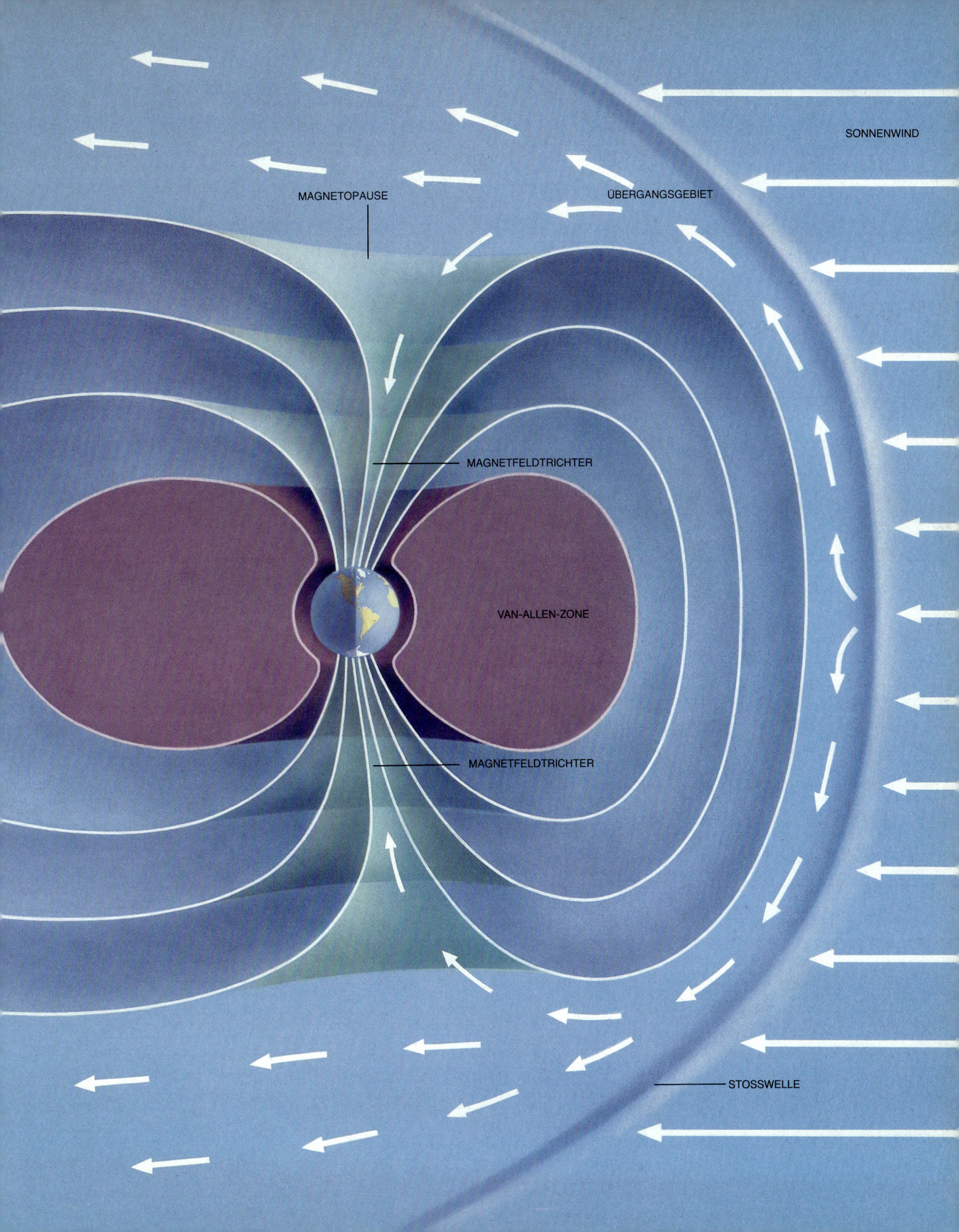
SONNENWIND
MAGNETOPAUSE
ÜBERGANGSGEBIET
MAGNETFELDTRICHTER
VAN-ALLEN-ZONE
MAGNETFELDTRICHTER
STOSSWELLE

DIE GEHEIMNISSE DES WINDES

Die Ausläufer des Hurrikans David, der 1979 nur 80 Kilometer von der Küste entfernt Kalifornien passierte, peitschen die Palmen am Strand von Miami Beach. Der Hurrikan erreichte eine Geschwindigkeit von immerhin 240 Stundenkilometern, was aber nur etwa ein Zehntausendstel der kinetischen Energie der atmosphärischen Strömungen ist.

Nach der ersten Bö pfiff der Wind unaufhörlich und eintönig vor sich hin, wie Dampf, der aus einer Million Kessel entwich. Dieser Laut war grauenvoll anzuhören, und die Hütte erzitterte heftig." So steht es in einem Reisebericht des russischen Schriftstellers I. W. Schklowskij, der im 19. Jahrhundert den Jakuten in Nordostsibirien einen Besuch abstattete. Obwohl der arktische Sturm die Moosverkleidung aus den Ritzen der Holzhütte riß, wollte Schklowskij mit eigenen Augen sehen, was sich im Freien tat. Seine Gastgeber, die mit allen Naturgewalten vertraut waren und den Sturm ehrfürchtig den „Häuptling" nannten, versuchten ihn mit aller Macht an diesem Vorhaben zu hindern. „Geh nicht hinaus!" warnten sie. „Dem Häuptling mißfällt das sicher!"

Als Schklowskij jedoch nicht nachgab, knoteten ihm seine Gefährten ein langes Seil um den Leib und umklammerten ein Ende, während er ins Freie trat. „Kaum hatte ich die Tür geöffnet", schrieb er, „da wurde ich mit Gewalt zu Boden geschleudert. Die Luft war voller Eisnadeln, die mir ins Gesicht peitschten wie geschmolzenes Metall, und im Nu hatte ich Frost in den Wangen. Ich tappte wie ein Blinder in der undurchdringlichen Finsternis umher. Wohin sollte ich mich wenden? Wo befand sich die Tür? Hätten die mich nicht mit aller Kraft am Seil festgehalten, es wäre schlimm um mich bestellt gewesen, denn ich hätte wohl nicht bis zum Eingang zurückgefunden. So gelang es mir, auf allen vieren bis zur Schwelle zu kriechen." Nachdem der halberstarrte Schklowskij zurück in die Hütte gekrochen war, betrachteten ihn seine Gastgeber mit leisem Spott. „Nun, Freund", fragten sie, „was sprach der Häuptling?"

Die brutale Lehre jenes Tages wird der Menschheit seit vielen Jahrhunderten immer wieder und überall auf der Welt eingehämmert: Unterschätzt niemals den Wind! Wie den „Häuptling" gibt es in vielen Regionen typische Windsysteme, die so gewaltig sind und einen so starken Einfluß auf das menschliche Leben haben, daß man ihnen besondere Namen verliehen und die Berichte von ihrer Macht über Generationen hinweg weitergegeben hat.

In Arabien tobt der glutheiße Simoom („Giftwind") über die ausgedörrte Wüste. Durch die Wildnis von Turkestan peitscht der Tebbad („Fieberwind"). Aus der Sahara kommt der sengende Schirokko, der für Millionen Afrikaner Not und Elend bedeutet und der seine Staub- und Sandfracht bis nach Europa trägt. In Frankreich bringt der Mistral Jahr für Jahr eine trockene, schneidende Kälte ins Rhônetal. Und der warme Santa Ana in Kalifornien, der an sich eher harmlos und mitunter sogar erfrischend ist, dörrt die Vegetation so stark aus, daß er oft die Grundlage für verheerende Waldbrände legt. Zwar erhalten all diese berüchtigten Winde ihren besonderen Charakter durch eine ungewöhnliche lokale Topographie sowie bestimmte atmosphärische Voraussetzungen, sie sind aber auch Teil eines beeindruckenden globalen Strömungssystems, das Regen bringt und insgesamt gesehen für das Leben auf der Erde ein Segen ist.

Der Wind ist ein bedeutender Lebensspender: Er verteilt den Regen, mildert Extremtemperaturen, reinigt die Atmosphäre und breitet die Samen vieler Pflanzen auf unserem Planeten aus. Die gewaltigen Monsunwinde Asiens bringen Regen für die Felder, von deren Ernten fast die Hälfte der Weltbevölkerung satt wird, und nur die Passate des Atlantik ermöglichten jahrhundertelang den blühenden Handel zwischen Europa und der Neuen Welt. Willkommen oder nicht, der Wind ist überall. „Es gibt ganze Landstriche, wo es nie oder zumindest nur höchst selten regnet", schrieb der englische Philosoph Sir Francis Bacon im Jahre 1622, „aber es gibt kein einziges Gebiet, in dem nicht der Wind weht, und das gar häufig."

Die ersten Menschen, die dem Geheimnis dieses weltumfassenden Phänomens auf die Spur kommen wollten, griffen auf mythische Erklärungen wie das Rauschen von Engelsflügeln oder Zugluft aus der Höhle des griechischen Gottes Äolus zurück. Aber auch später, als man es mit rationalem Denken allein versuchte, blieben die Erklärungen unbefriedigend. Selbst der berühmte Logiker Aristoteles beließ es bei der These, die Winde seien im wesentlichen die trockenen Seufzer einer atmenden Erde. „Es ist absurd zu behaupten", verkündete er schlicht, „daß die uns umgebende Luft dadurch zu Wind wird, daß sie sich bewegt." Aber dies und nichts anderes ist Wind: bewegte Luft.

Das Wissen um die globalen Windsysteme entwickelte sich nicht sehr systematisch, sondern nach und nach aus bruchstückhaften Erkenntnissen. Ein frühes Beispiel dafür war jene Entdeckungsreise, die im Morgengrauen des 3. August 1492 begann, als drei Segelschiffe unter dem Kommando von Christoph Kolumbus die Anker lichteten und nach Indien aufbrachen. Kolumbus nahm an, daß sein Ziel knapp 4000 Kilometer weiter westlich liegen müßte, doch anstatt von Spanien aus

Pausbäckige Engel sorgen auf dieser Karte aus dem Jahre 1544 für kräftige Meeresbrisen. Ferdinand Magellan, dessen frühe Reise nach Peru und Weltumsegelung hier eingetragen sind, schätzte den Wind sicher realistischer ein als der Zeichner der Karte.

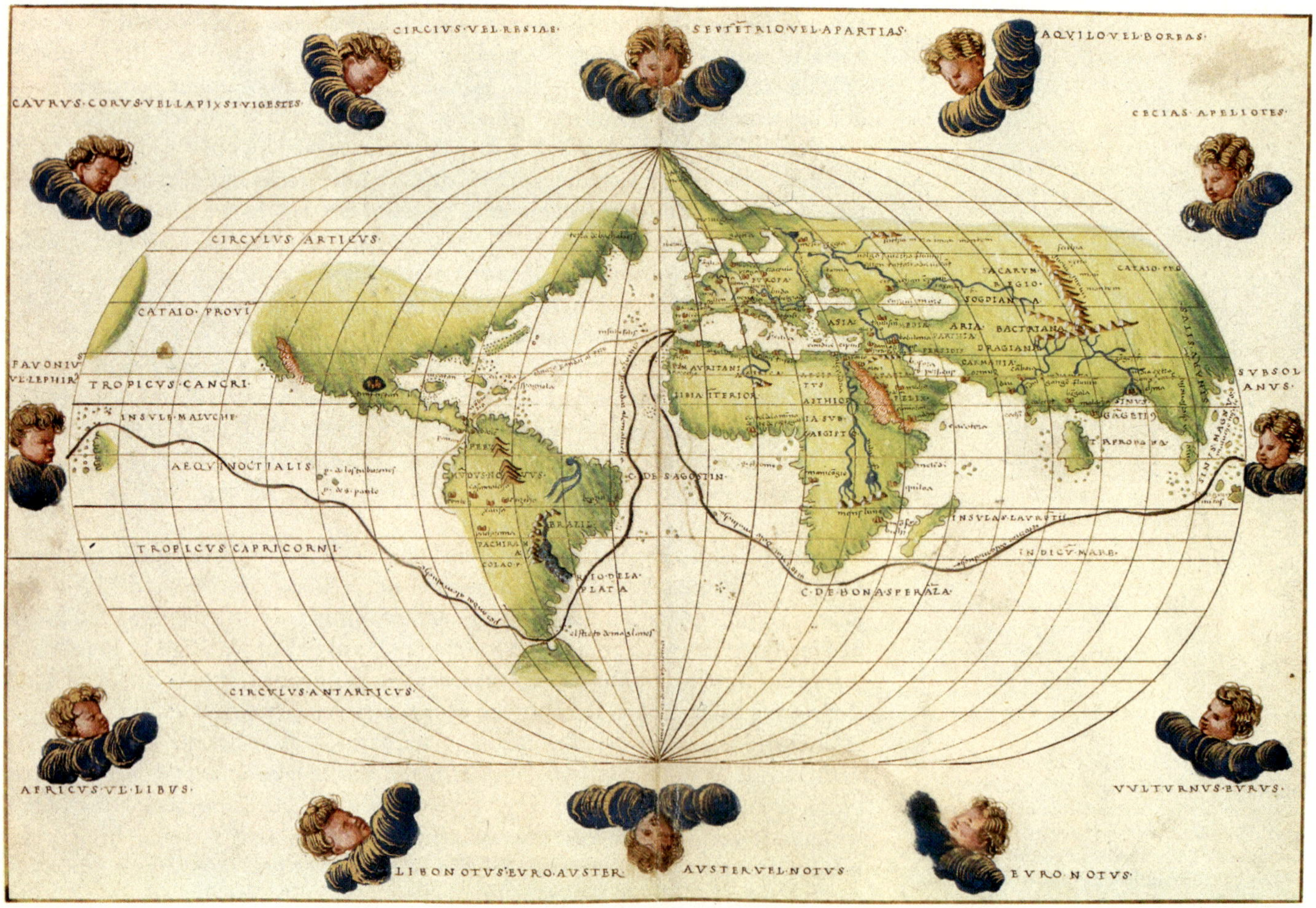

direkt nach Westen zu segeln, wählte er einen Südkurs. Der erste, 1300 Kilometer lange Abschnitt seiner Fahrt brachte ihn zu den Kanarischen Inseln vor der Küste Afrikas. Er wußte, daß stetige Nordostwinde die portugiesischen Schiffe die Küste des Kontinents entlangtragen würden, und hegte die Hoffnung, daß diese Winde seine kleine Flotte in westlicher Richtung über den weiten, unerforschten Ozean treiben würden. Seine Rechnung ging auf, und 36 Tagereisen von den Kanarischen Inseln entfernt landete er in der Neuen Welt.

Fast drei Monate lang suchte der unermüdliche Kolumbus in der Karibik nach dem Hofe des Großen Khans von China, ohne auch nur zu ahnen, daß sich dessen Reich fast 15 000 Kilometer weiter westlich befand. Schließlich gab er auf und trat die Heimfahrt an. Da er wußte, daß er nichts gegen die Ostwinde auszurichten vermochte, die ihn in das neue Land gebracht hatten, segelte er nach Norden, auf der Suche nach einer westlichen Luftströmung, die ihn zurück nach Europa bringen würde. Wieder zahlte sich seine Intuition aus.

Nachdem er zwei Wochen lang nach Nordosten gesegelt war, traf er auf Westwinde und ließ sich von ihnen den langen Weg bis nach Portugal treiben. Kolumbus erkannte damals noch nicht, daß er neben der Neuen Welt auch eines der größten Windsysteme der Erde entdeckt hatte. Die zuverlässigen Nordostwinde, die einen Teil der nördlichen Hemisphäre in Äquatornähe umkreisen, erhielten später den Namen Passate. (Er entwickelte sich aus niederländisch *pasaat* und spanisch *pasar* „vorbeigehen".) Unterhalb des Äquators bildet ein spiegelbildliches Windsystem den Gürtel der Südost-Passate.

Die Seeleute nutzten die Passatwinde von Anfang an perfekt, aber es vergingen beinahe 200 Jahre, ehe jemand eine logische Erklärung für diese Winde lieferte. Wie so oft gelang der Vorstoß bei der Erforschung eines völlig anderen Sachgebiets: Als der berühmte englische Astronom Edmond Halley den Südatlantik bereiste, um die Sterne der südlichen Hemisphäre zu katalogisieren, hatte er genügend Zeit für genaue und systematische Beobachtungen.

Das Verhalten der Passate begann ihn zu fesseln. 1686, also neun Jahre vor der Bahnberechnung jenes Kometen, der heute seinen Namen trägt, legte Halley eine Theorie über diese faszinierenden Winde nieder. In der Nähe des Äquators, so erklärte er, wo die Sonne intensiv und direkter einstrahlt als irgendwo sonst auf dem Erdball, steige erwärmte Luft „in jene Gefilde auf, wo man sie stark verdünnt antrifft", und die Passate strömten nach, um sie zu ersetzen. So weit stimmte Halleys These noch; als er jedoch zu erklären versuchte, weshalb die Passatwinde von Ost nach West strömen, unterlief ihm ein Irrtum. Er behauptete nämlich, daß die aufsteigende Luft dem Lauf der Sonne nach Westen folge und daß kühlere Luft in Form der Ostwinde nachdringe.

Der wahre Grund für die Ost-West-Richtung der Passatwinde blieb der europäischen Wissenschaft verborgen, bis ein Londoner namens George Hadley das Halleysche Modell geschickt umdeutete. Hadley war Anwalt von Beruf, beschäftigte sich aber wie so viele gebildete Männer seiner Epoche in seiner Freizeit mit den Naturwissenschaften. 1735 legte er schließlich der Royal Society in London, einer der berühmtesten Gelehrtenvereinigungen Europas, eine weiterführende Arbeit über die Passatwinde vor.

Hadley stimmte mit Halley darin überein, daß die erwärmte Luft am Äquator aufsteige und dann zu den Polen hin abfließe, wobei sie sich in der Höhe allmählich abkühle. Mit der Abkühlung, so fuhr er fort, sinke die Luft wieder zu Boden und werde durch die äquatoriale Aufwärtsströmung zurück zum Äquator gesogen. Diese zellenähnliche Zirkulation existiere in beiden Hemisphären. Er bestritt allerdings Halleys Auffassung, daß der Wind durch die Sonnenwärme nach Westen gelenkt werde, und meinte statt dessen, daß es lediglich den Anschein habe, daß der Wind von Osten komme. Da die Erde am schnellsten in östlicher Richtung rotiere, wo ihr Umfang am größten sei, nämlich am Äquator, bleibe die von den Polen

Eine düstere Staubwolke von mehreren 1000 Meter Höhe wälzt sich über die Syrische Wüste. Haboob heißt dieser Staubsturm; er entsteht, wenn der Monsunwind auf trockene Luftschichten stößt.

zurückströmende Luft hinter der Erdoberfläche zurück, und es entstehe der Eindruck, sie komme von Osten.

Recht anschaulich läßt sich Hadleys These anhand eines Karussels darstellen. Angenommen, ein Mensch steht im Drehmittelpunkt eines Karussells und wirft einem Partner, der am äußeren Rand mitfährt, einen Ball zu. Wie jeder nicht auf dem Karussell befindliche Beobachter bestätigen kann, legt der Ball eine gerade Strecke zurück. Für den Fänger jedoch beschreibt der Ball eine starke Kurve, und er muß sich strecken, um ihn noch zu erwischen. Aus dem gleichen Grunde denkt ein Mensch, der auf der rotierenden Erde steht, daß der Wind einen Bogen beschreibt. Nördlich des Äquators führt die Ablenkung zu einem Nordostwind, südlich des Äquators zu einem Südostwind – was genau dem beobachteten Strömungsverhalten der Passate entspricht.

Hadley erklärte außerdem die Westwinde außerhalb der Tropen: Wenn sich die Luft am Äquator schneller von West nach Ost bewegt als in Polnähe, dann wandert die Luft, die zu den Polen strömt, schneller nach Osten als die Erdoberfläche selbst. Deshalb hat es in den mittleren Breiten den Anschein, als weht der Wind aus westlicher Richtung. Die Erklärung war brauchbar, und mehr als ein Jahrhundert verging, bevor die Wissenschaftler erkannten, daß die Theorie einer einzigen Zirkulationszelle zwischen Äquator und Pol nicht alles erklärte.

Eine mathematische Erkenntnis, in aller Stille gewonnen, führte letzten Endes auf die richtige Spur. Im Jahre 1835 veröffentlichte der hervorragende französische Wissenschaftler namens Gaspard Gustave de Coriolis eine detaillierte Untersuchung zum Verhalten von bewegten Körpern auf einer rotierenden Oberfläche. Coriolis wies mathematisch einwandfrei nach, daß die Bahn eines jeden bewegten Gegenstands auf einem rotierenden Körper in Relation zu jedem anderen festen Gegenstand auf der Rotationsfläche gekrümmt wird. Das gilt unabhängig davon, wo und in welche Richtung der Gegenstand in Bewegung gesetzt wird.

Einer der ersten, die den Zusammenhang zwischen den abstrakten mathematischen Formeln Coriolis' und Hadleys Thesen zur Windablenkung erkannten, war der amerikanische Lehrer William Ferrel, der sich intensiv mit den Windsystemen beschäftigte. 1855 bekam Ferrel Einblick in die umfangreichen und sorgfältigen Aufzeichnungen, die Lieutenant Matthew F. Maury, der Chefhydrograph der amerikanischen Navy, über die Wind- und Meeresströmungen der Erde zusammengetragen hatte. Der Marineoffizier hatte den gesammelten Berichten von Schiffskapitänen bis dahin völlig unbekannte Wind- und Zirkulationssysteme entnommen und zudem Gebiete mit relativ beständigem Luftdruck. Am bemerkenswertesten war Maurys Entdeckung, daß es in der Nähe des Äquators und der Pole konstante Tiefdruckgürtel und zu beiden Seiten des Äquators um den 30. Breitengrad herum je eine Zone mit stabilem Hochdruck gibt. Ferrel brachte diese Daten mit dem bereits bekannten Verhalten der Ost- und Westwinde in Verbindung und gelangte zu dem richtigen Schluß, daß es in jeder Hemisphäre nicht nur eine, sondern drei Zirkulationszellen gibt.

In der tropischen Zelle steigt nach Ferrel die Luft über dem Äquator in die Höhe und fließt vom Äquator weg bis etwa zum 30. Breitengrad. Dort sinkt die abgekühlte Luft zurück zur Erdoberfläche und erzeugt den Hochdruckgürtel, der sich so deutlich in der Maury-Studie abzeichnete. Danach kehrt ein Teil dieser Luft zum Äquator zurück und schließt die Hadley-Zelle.

Allerdings fließt nicht die gesamte Luft zum Äquator zurück: Ein Teil strömt in niedriger Höhe den Polen entgegen und wird allmählich von der Erdoberfläche erwärmt. Um den 60. Breitengrad herum – auf dieser Höhe liegt im Norden in Alaska die Stadt Anchorage und im Süden die Südsandwich-Inseln – trifft diese Luft auf eine dichte Kaltluftfront, die von den Polen wegströmt. Sie steigt erneut auf und kehrt zum 30. Breitengrad zurück, wo sich die zweite Zirkulationszelle schließt.

Eine dritte Zelle wird gemäß Ferrel von der Kaltluft gebildet, die von den Polen bis etwa zum 60. Breitengrad vorstößt, sich erwärmt, aufsteigt und zurückfließt. Die Westwinde der mittleren Breiten entstehen durch Luftschichten, die zwischen dem 30. und dem 60. Breitengrad in Bodennähe in Richtung Pol fließen und aufgrund der Corioliskraft nach Osten abgelenkt werden.

Ferrel fand außerdem heraus, daß die Corioliskraft auch die Zyklonen (Tiefdruckgebiete) und Anitzyklonen (Hochdruckgebiete) beeinflußt. In der nördlichen Hemisphäre beschreibt Luft, die zu den Tiefdruckzentren fließt, einen Bogen nach rechts und verursacht damit die Wirbel gegen den Uhrzeigersinn, die typisch für Zyklonen sind. Wandert dagegen die Luft aus einer Hochdruckzone ab, erzeugt die Krümmung nach rechts einen Wirbel im Uhrzeigersinn. Auf der Südhalbkugel ist die Sachlage genau umgekehrt. Hier drehen sich Zyklonen im Uhrzeigersinn und Antizyklonen gegen den Uhrzeigersinn.

Ferrels Modell von den drei Zirkulationszellen brachte endlich auch Klarheit über die Zusammenhänge eines anderen Phänomens, das jahrhundertelang ein Rätsel und Ärgernis für die Segelschiffahrt gewesen war: die berüchtigten Kalmen. Diese schmalen, praktisch windstillen Gebiete, die von den Mannschaften zahlloser

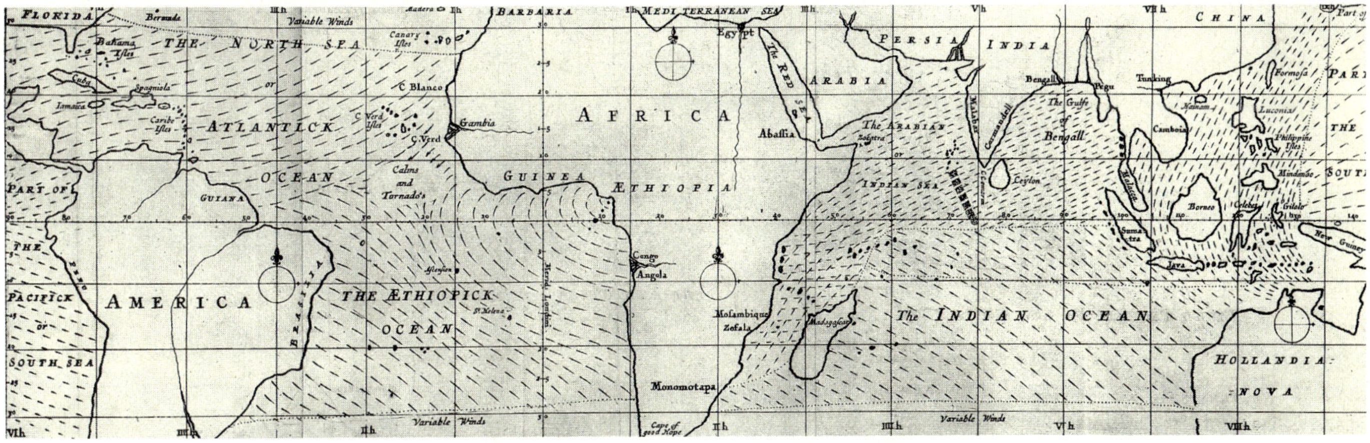

Im Jahre 1686 bot der Astronom Edmond Halley eine Erklärung für die Passatwinde an, deren Strömungsverhalten er anhand einer Karte *(oben)* deutlich machte. Er folgerte richtig, daß die Winde nahe dem Äquator wegen der aufsteigenden Tropenluft einem bestimmten System unterworfen sind.

Segelschiffe verflucht wurden, haben deshalb kaum eine Luftbewegung, weil die Hitze über dem Äquator wie ein Schlot wirkt, der die zurückkehrenden Nordost- und Südostwinde nach oben zieht, bis sie Tausende von Metern über dem Ozean zusammentreffen. Auf spiegelglattem Wasser trieben die Segelschiffe in der glühenden Hitze oft tagelang hilflos dahin.

„Einen Tag um den anderen breitet sich das Meer regungslos um uns aus", schilderte der Seemann und Schriftsteller Alan Villiers seine Reise auf einem Windjammer im Jahre 1919. „Die schlaffen Segel schlugen nutzlos und verdrossen gegen die großen Stahlmasten, während die Matrosen die schwerfälligen Rahen jedem Hauch entgegendrehten, der trügerisch über die ölig glatte See wisperte. Ein brauchbarer Wind wurde nie daraus. Manchen Tag kamen wir überhaupt nicht vom Fleck; gelegentlich trieben wir sogar zurück." Wenn die feuchte Luft in den Kalmen aufsteigt, kühlt sie sich in der Höhe rasch ab, und oft prasseln aus aufgetürmten Gewitterwolken Regengüsse nieder. „Endlos peitschte der Regen herab", schrieb der Matrose eines anderen Windjammers. „Die Luft dampfte, und wir schnappten nach Luft wie gestrandete Fische."

Erfahrene Kapitäne gaben sich alle Mühe, die Flautenzone auf kürzestem Wege zu passieren, aber selbst die geschicktesten unter ihnen konnten sich täuschen, da die Kalmen nicht an Ort und Stelle bleiben. Die Gebiete wandern mit den Jahreszeiten: etwas nach Norden während des nördlichen Sommers und zurück nach Süden, wenn die nördliche Hemisphäre der Sonne abgewandt ist. Die Kalmen driften jedoch nicht um den Äquator als Mittellinie. Da die nördliche Halbkugel größere Landmassen aufweist, die sich schneller erwärmen als Wasser, findet man die Kalmen meist etwas nach Norden verlagert.

Von den heißen Kalmen steigt die Luft 16 bis 18 Kilometer durch die Luftschicht der Troposphäre auf *(S. 62–63)*, bis sie an die Tropopause stößt, die Grenze zwischen Troposphäre und Stratosphäre. Da die Temperatur, die mit zunehmender Höhe abnimmt, an der Tropopause höhenkonstant bleibt, hält die von der Erde aufsteigende Luft an dieser Trennschicht an und fließt wie Wasser aus einem Springbrunnen nach Norden und Süden. (Es gibt kaum Luftmassen, die den Äquator von einer Hemisphäre in die andere kreuzen.) Während die zum Pol wandernde Luft abkühlt und etwa 9000 Meter zur Erde hin absinkt, wird sie komprimiert. Die Kompression heizt sie von neuem auf, so daß auch die letzte Feuchtigkeit verdampft, ehe sie die Erdoberfläche erreicht. Deshalb sind die Hochdruckgürtel, die unseren Planeten etwa auf den Breiten von Nord- und Südafrika sowie Südaustralien umgeben, nicht nur heiß, sondern auch extrem trocken. Über den Kontinenten haben diese sengenden Hochdruckzonen die gewaltigen Wüsten der Erde entstehen lassen: die Sahara und die Arabische Wüste in Afrika, die Mojave-Wüste in den Vereinigten Staaten und die Great-Victoria-Wüste in Australien. Auf dem Meer führt die heiße, absinkende Luft zu einer lebensgefährlichen Windstille.

Auf dem Nordatlantik nennt man diese trockene Hochdruckzone die Roßbreiten, angeblich deshalb, weil die Pferde, die von Europa in die Neue Welt verfrachtet wurden, in der Hitze der Kalmen oft vor Hunger oder Durst eingingen und man ihre Kadaver über Bord werfen mußte. „Totenstill und heiß wie die Hölle selbst", beschrieb ein Seemann dieses Gebiet. „Zwischen den Decksplanken quillt klebriger Teer hervor. Die Eisenteile des Schiffes sind zu heiß zum Anfassen. Reglos das Wasser, nicht die Spur einer Wolke am Himmel. Die Sonne scheint selbst den Schweiß der Männer aufzusaugen." Schließlich kehrt die Luft von den Roßbreiten zum Äquator zurück und vollendet so die große, tropische Zirkulationszelle, die man auch als Hadley-Zelle-bezeichnet.

Ein ähnliches Zirkulationssystem gibt es über den Polargebieten. Dort stehen die Winde vor allem unter dem Einfluß der bitteren Kälte, die sich das ganze Jahr über behauptet, weil die Schnee- und Eisdecke die ohnehin spärliche Sonnenwärme fast vollständig in den Weltraum reflektiert. An den beiden „Enden" der Welt sinkt also ständig kalte Luft in die Tiefe und drückt die oberflächennahe Luft an die Ränder der Polargebiete. Die Temperaturunterschiede sind im allgemeinen nicht sehr groß, so daß die Winde im Durchschnitt eher schwach wehen, auch wenn sich aufgrund topographischer Besonderheiten gelegentlich heftige Stürme entwickeln und über dem Eis wüten können.

Da kalte Luft nicht soviel Feuchtigkeit aufnimmt wie warme Luft, sind die Polarwinde außerdem eher trocken, und es kommt selten zu Niederschlägen. Dennoch überzieht eine Hunderte von Metern dicke Schnee- und Eisdecke die Pole, weil der wenige Schnee, der fällt, Jahrzehnte und Jahrhunderte liegenbleibt und praktisch nicht schmilzt. Wenn die kalte Polarluft in wärmere Breiten abwandert, wird die Corioliskraft wirksam und lenkt sie ab, so daß die dort vorherrschenden Ostwinde entstehen. Diese Vorgänge entsprechen denen in der Hadley-Zelle. Die Polarluft trifft etwa auf der Höhe des 60. Breitengrads auf die warme Luft der gemäßigten Zone. Wo diese gewaltigen Luftmassen zusammenstoßen, bildet sich ein bewegtes Feld mit riesigen Wirbeln und Strudeln: den großen Zyklonen und Antizyklonen der mittleren Breiten.

In den gemäßigten Breiten sind die Jahresdurchschnittstemperaturen verhältnismäßig mild, aber das starke Temperatur- und Druckgefälle zwischen den subtropischen und polaren Luftmassen führt oft zu heftigen Stürmen. Große Landmassen beeinflussen die Luftzirkulation in der nördlichen Hemisphäre und mindern die Windgeschwindigkeiten in Bodennähe etwas, aber die riesigen Wasserflächen der südlichen Hemisphäre bieten kaum Hindernisse. Im Südpazifik, wo sich das Meer über 8000 Kilometer weit erstreckt, können die Stärke der Westwinde geradezu erschreckende Ausmaße annehmen.

Sie erreichen bis zu 160 Stundenkilometer und bauen fast 20 Meter hohe Wellen auf, deren Schaumkronen die Matrosen, die bei der Umschiffung von Kap Hoorn früher um ihr Leben kämpften, „Graubärte" oder „Kaventsmänner" nannten. Aus den schlimmen Erfahrungen der Seeleute, die den Südweststürmen der mittleren Breiten knapp entkamen, entstanden Namen wie die „Tobenden Vierziger", die „Heulenden Fünfziger" oder die „Kreischenden Sechziger". Auf Adélieland, einem gottverlassenen Landstreifen des Südpolargebiets, beträgt die durchschnittliche Windgeschwindigkeit 80 Stundenkilometer.

Insgesamt gesehen herrschen in den gemäßigten Zonen die Westwinde vor, aber sie sind so launisch, daß sie durch das einfache Zellenmodell, das für die Äquatorial- und Polargebiete völlig ausreicht, nicht hinreichend erklärt sind. Zwar gibt es auch hier eine zellenähnliche Zirkulation, aber zu Beginn des 20. Jahrhunderts wurde den Meteorologen immer klarer, daß die Luft in der gemäßigten Zone hauptsächlich lateral und nicht vertikal zirkuliert. Sie strömt vor allem rund um die riesigen Tiefdruck-Zyklonen und Hochdruck-Antizyklonen, die ständig über den gemäßigten Breiten hin- und herziehen.

Luft fließt von Gebieten mit hohem Druck, wo sie sehr dicht ist, zu den Tiefdruckgebieten mit geringerer Luftdichte ab und folgt damit dem natürlichen Druckgefälle zwischen ihnen. Es wirkt wie eine Kraft, die die Luft bewegt, und wird – als gerade Linie gedacht – auch horizontaler Druckgradient genannt. Bewegt sich nun die Luft entlang dieses Gradienten „abwärts", wird sie von der Corioliskraft abgelenkt – nach rechts auf der Nordhalbkugel, nach links auf der Südhalbkugel. Schließlich kommt es zu einem Gleichgewicht zwischen dem Druckgradienten, der die Luft vom Hoch zum Tief hin befördert, und der Corioliskraft, die sie zur Seite hin ablenkt: Die Luft beschreibt auf ihrem Weg entlang dem Druckgradienten einen Bogen, bis sie schließlich im rechten Winkel zum Sektor zwischen den Drucksystemen strömt.

Das Gleichgewicht der beiden Kräfte – man nennt es das geostrophische Gleichgewicht – erklärt nicht nur die Zirkulation von Zyklonen und Antizyklonen, die Ferrel beschrieb, sondern auch die Kräfte, die die Winde in die Wirbel hinein oder um sie herum führen. Auf der Nordhalbkugel biegt die oberflächennahe Luft, die aufgrund des Druckgradienten von einem Hochdrucksystem wegströmt, unter dem Einfluß der Corioliskraft nach rechts und beschreibt bei dem Versuch, das geostrophische Gleichgewicht herzustellen, im Uhrzeigersinn eine Spirale nach außen. Luft, die aufgrund des Druckgradienten in ein Tiefdruckzentrum gesogen wird, erfährt durch die Corioliskraft ebenfalls eine Umlenkung nach rechts: Beim Kräfteausgleich entsteht um das Tief eine Strömung gegen den Uhrzeigersinn.

Obwohl sich das Windgeschehen der mittleren Breiten vor allem in den lateralen Strömungen um Zyklonen und Antizyklonen abspielt, kommt als weiterer wichtiger Faktor der Druckgradient hinzu, der durch die Temperaturunterschiede zwischen tropischer und polarer Luft entsteht. Sein Gefälle bildet sich aus, weil in einer polaren Kaltluftsäule die Luftmoleküle zum Boden hin zusammengepreßt werden und an der Erdoberfläche ein Hochdrucksystem aufbauen. Weiter oben in der Säule sind weniger Luftmoleküle vorhanden, und der Luftdruck nimmt mit der Höhe stetig ab. Dagegen werden die Luftmoleküle in einer Säule warmer, tropischer Luft weniger stark komprimiert, so daß der Druck mit zunehmender Höhe nicht so rasch sinkt. Deshalb sind die Luftdruckunterschiede zwischen tropischen und polaren Luftsäulen in größeren Höhen stärker ausgeprägt, und der Druckgradient hat ein steileres Gefälle als in Bodennähe. Der Druckgradient für eine ganze Hemisphäre in einer Höhe von etwa 10 000 Metern senkt sich nach unten dem kalten Pol entgegen. Die Corioliskraft lenkt die Luftströmung, die dabei entsteht, in Richtung Osten um und verursacht auf diese Weise die vorherrschenden Westwinde der mittleren Breiten.

Dieses Zirkulationssystem ist allerdings alles andere als einheitlich, wenn man seine Intensität betrachtet. Im Sommer ist das Temperaturgefälle zwischen dem Äquator und den Polen weniger ausgeprägt und somit auch das Luftdruckgefälle. Im Winter jedoch führen die erheblichen Temperaturunterschiede zwischen den einzelnen Luftmassen zu steilen Druckgradienten und in der Folge zu heftigen Stürmen. Außerdem beeinflussen lokale Gegebenheiten die Windsysteme. Berge, Täler, Wüsten, Wälder und die großen Wasserflächen – sie alle bestimmen mit, woher vor allem in den mittleren Breiten der Wind weht.

In den gemäßigten Breiten wird die Richtung der Winde am häufigsten durch gigantische Luftwirbel geändert, durch die Zyklonen und Antizyklonen, die in die allgemeine Westströmung eingebettet sind. Eine Forschergruppe, die nach dem Ersten Weltkrieg in der norwegischen Stadt Bergen arbeitete, erkannte, daß diese großen Hoch- und Tiefdruckgebiete einander rund um die gemäßigte Zone jagen, besonders an der Front zwischen den gemäßigten und polaren Luftmassen. Die Wissenschaftler von Bergen stellten erstmals fest, wie das Zusammenstoßen von warmen und kalten Luftmassen mit ihren ausgleichenden Windsystemen laufend von West nach Ost wandernde Störungen hervorruft. Carl-Gustaf Rossby, ein Mitglied des norwegischen Teams, entwickelte später eine Theorie, die diese komplexe Kette von Vorgängen erklärte.

Anfang der fünfziger Jahre gelang es Wissenschaftlern der University of Chicago, mit einem einfachen Experiment Rossbys Theorie zu veranschaulichen. Sie stellten eine runde Wanne auf eine Drehscheibe und verbanden sie mit Apparaten, die sie in der Mitte abkühlten und am äußeren Rand erwärmten. Dann gossen sie Wasser hinein, so daß es etwa drei Zentimeter hoch darin stand. In das Wasser wurden feines Aluminiumpulver, das das Strömungsverhalten der Wasseroberfläche sichtbar machen sollte, und etwas Farbstoff gestreut, der die Bewegungen unter der Oberfläche zeigen sollte. Eine Kamera rotierte über der Drehscheibe mit, um die Bewegungen der Teilchen aufzunehmen. Die Drehscheibe simulierte die Erdrotation, das Wasser die zirkulierende Atmosphäre. Der kalte Mittelpunkt der Wanne stellte einen der Pole dar und der äußere, erhitzte Rand die Tropen.

Wenn die Wanne stillstand, strömten die Metallteilchen durch Konvektion bewegt vom erwärmten Rand aufwärts und nach innen zum kalten Zentrum, sanken dann auf den Boden der Wanne und kehrten zum Rand zurück. Die Teilchen zirkulierten wie Luft in der klassischen Hadley-Zelle. Drehte man die Wanne langsam, dann bewegten sich die Partikel schön gleichmäßig im Kreis und wurden entsprechend der Corioliskraft abgelenkt; das Ganze hatte aber immer noch Ähnlichkeit mit dem Zirkulationsmodell Hadleys. Als man jedoch die Rotationsgeschwindigkeit verdoppelte, um eine bessere Angleichung an die Erddrehung zu erzielen, veränderte sich das Bild drastisch. Die mit Hilfe des Aluminiums und des Farbstoffs sichtbar gemachte Zirkulationszelle blieb nahezu unverändert, aber auf halbem Weg zwischen Wannenrand und Zentrum – der Zone, die den gemäßigten mittleren Breiten entspricht – ergaben die Teilchen eine Wellenlinie, die in etwa dem Wannenrand folgte. Unterhalb der Wellenlinie bildete die Flüssigkeit Wirbel: die Zyklonen und Antizyklonen der Atmosphäre.

Der Laborversuch bewies, daß Strömungen auf rotierenden Körpern, wie zum Beispiel der Erde, etwa in der Mitte zwischen Temperaturextremen eine natürliche Tendenz zur Instabilität besitzen. Diese Instabilität ist der Ursprung der Zyklonen und Antizyklonen, die, wie man heute weiß, einen großen Teil der Wärme von den Tropen zu den Polen transportieren. Der laterale Druckgradient, der in großen Höhen zu den Polen hin abfällt, und die Turbulenzen, die sich aus den allgemeinen Strömungsgesetzen ergeben, spielen also in den mittleren Breiten eine wichtigere Rolle als Ferrels vertikales Zellenmodell.

Wetterbeobachtungen in einer Sturmhölle

Obwohl der 1916 Meter hohe Mount Washington in New Hampshire im Vergleich zu den größten Bergen der Welt nur ein Hügel ist, wird er regelmäßig von den schlimmsten Stürmen der Erde umtobt. Sowohl die atmosphärische Zirkulation als auch seine besondere Lage tragen die Schuld an den Unbilden, denen er ausgesetzt ist.

Im allgemeinen ziehen größere Sturmsysteme auf drei Hauptbahnen über die Vereinigten Staaten hinweg. Diese drei Bahnen treffen in der Nähe des Mount Washington zusammen, und der Berg bekommt die Hauptwucht eines jeden Sturms zu spüren, da Winde beschleunigt werden, wenn sie einen Gipfel überqueren. Die Wetterstation, die 1934 auf dem Mount Washington errichtet wurde, um derartige meteorologische Extreme zu beobachten, verzeichnete gleich im ersten Jahr einen Weltrekord – einen Sturm mit 372 Stundenkilometern.

Die Männer, die auf der Station Dienst tun, werden fast täglich mit grimmigem Wetter konfrontiert. Im Winter, wenn die Windgeschwindigkeit oft mehr als 160 Stundenkilometer beträgt, die Temperaturen auf −35° C absinken und dichter Nebel den Gipfel des Mount Washington einhüllt, müssen sich die Männer anseilen, wenn sie von einem Gebäude zum anderen gehen. „Diese Art von Arbeit kann nur einer verrichten, der ein enges Verhältnis zur Natur hat“, meinte einmal einer der Beobachter. „Und er muß eine Neigung zur Zurückgezogenheit haben.“

Wie erstarrte Fahnen wirken diese Vereisungen an einem Zaunpfahl und am Mast einer Windturbine, die man zu Versuchszwecken auf dem Mount Washington errichtet hat. Die Wolkentröpfchen gefrieren, sobald sie auf ein Hindernis treffen.

Gegen Wind und Schnee kämpft sich dieser Mann zu den Meßinstrumenten am Mount Washington durch. Die Werte werden regelmäßig alle drei Stunden an den National Weather Service weitergegeben.

Auf den Photos des Wannenexperiments zeigte sich jedoch noch eine weitere Besonderheit. Entlang der wellenförmigen Zirkulation in der mittleren Zone sah man eine Reihe dunklerer Streifen, die einem verzweigten Flußbett ähnelten und um die ganze Wanne herumführten. Sie bahnten sich einen Weg zwischen den Turbulenzgebieten hindurch und änderten häufig die Richtung, aber sie waren immer da. Die Wissenschaftler brachten dieses ungewöhnliche Phänomen sofort mit einem merkwürdigen Wind in Verbindung, den nur wenige Jahre zuvor während des Zweiten Weltkriegs Bomberpiloten entdeckt hatten.

Am 24. November 1944 befanden sich 49 Bomber vom Typ B-29 Superfortress im Anflug auf Tokio, um die Hauptstadt des japanischen Kaiserreiches erstmals massiv zu bombardieren. In Höhen zwischen 8000 und 10 000 Metern drehten die Maschinen östlich über dem Fujiyama eine Schleife und setzten zu ihrem Angriff an. Plötzlich aber merkten die verblüfften Piloten, daß sie mit einer Geschwindigkeit von mehr als 700 Stundenkilometern dahinrasten, fast 150 Stundenkilometer schneller, als die theoretische Höchstgeschwindigkeit der Flugzeuge betrug. Alles ging so rasch, daß die Bombenschützen keine Zeit mehr fanden, die höhere Geschwindigkeit in ihre Zielberechung mit einzubeziehen; von mehr als 1000

Hohe Wolken über dem Niltal kennzeichnen die Bahn eines mächtigen Jetstreams. Ebenfalls das Werk eines Jetstreams sind die Wolken *(kleines Photo links)* am abendlichen Himmel von Florida.

Regengüsse hüllen dieses Dorf auf Borneo ein, und seine Bewohner werden bis auf die Haut naß. Alljährlich überschütten die Monsunwinde die Insel mit einer Niederschlagsmenge von durchschnittlich drei Metern und bewässern damit einen der größten Regenwälder Asiens und der Erde.

abgeworfenen Bomben trafen nur 48 in etwa die vorgesehenen Ziele. Aus militärischer Sicht war die Mission ein schmählicher Fehlschlag, aber die Meteorologen zeigten sich begeistert von der Entdeckung dieser Luftströmung, die sich mit 225 Stundenkilometern durch die obere Atmosphäre nach Osten bewegte.

Nach dem Krieg bestätigten wissenschaftliche Untersuchungen mittels Flugzeugen und Forschungsballonen das Vorhandensein starker Höhenwinde, die im Normalfall 300 bis 500 Kilometer breit und bis zu drei Kilometer hoch sind und sich in Höhen zwischen 9000 und 14 000 Metern um die Erde bewegen. Die durchschnittliche Windgeschwindigkeit dieser Höhenstrahlströme oder Jetstreams liegt zwischen etwa 100 und 200 Stundenkilometern, aber man hat auch schon Geschwindigkeiten bis zu 500 Stundenkilometern gemessen. Neben dem Jetstream, den die Bomberpiloten über Japan entdeckt hatten, fand man weitere über den Subtropen und in der Stratosphäre hoch über den Polargebieten.

Nähere Untersuchungen ergaben, daß die Jetstreams dort auftreten, wo die Veränderungen von Temperatur und Luftdruck – den Hauptfaktoren bei der Windentwicklung – besonders kraß sind, im allgemeinen nahe der Tropopause an den Rändern der Temperaturzonen einer Hemisphäre. Es zeigte sich immer deutlicher, daß die Jetstreams ein notwendiger Bestandteil des großen Systems sind, mit dessen Hilfe Wärme so rasch wie möglich vom Äquator weg zu den Polen transportiert wird, um einen Wärmeausgleich zu schaffen. Noch besser verständlich wurde die Rolle, die sie dabei spielen, als in den fünfziger Jahren Wissenschaftler erstmals mit Hilfe von Computern mathematische Modelle des Prozesses und aller daran beteiligten Kräfte erstellten. Die Jetstreams sind die direkte Folge von Vorgängen, denen das Gesetz zur Erhaltung des Drehimpulses zugrunde liegt.

Dieses physikalische Gesetz läßt sich am besten am Beispiel einer Eiskunstläuferin erklären, die langsam und mit weit ausgebreiteten Armen eine Pirouette dreht. Zieht sie dagegen die Arme an den Körper, wirbelt sie plötzlich viel schneller herum. Grob gesagt, bringt das Gesetz zum Ausdruck, daß ein Körper sich um so schneller dreht, je näher er sich an seiner Rotationsachse befindet. Ähnlich den Armen einer Eiskunstläuferin wird Luft, die mit der Erde um den Äquator rotiert, schneller, sobald sie sich den Polen nähert. Wären keine anderen Kräfte vorhanden, nähme die Geschwindigkeit ständig zu, und über der Arktis und Antarktis würden Stürme mit ungeheuren Windstärken toben.

Aber genau wie eine Eiskunstläuferin ihre Pirouette allmählich verlangsamt und zum Stehen kommt, teilweise durch die Kufenreibung auf der Eisfläche, läßt die Windstärke aufgrund der Reibungskraft nach, und die gewaltigen Energien werden aufgespalten und in andere Formen umgewandelt – in die großen Wirbel der Zyklonen und Antizyklonen, in vertikale Turbulenzen und in die Jetstreams.

Die beiden wichtigsten Jetstreams, die von West nach Ost ziehen, befinden sich in den höheren Bereichen der Polarfront, der Grenze zwischen gemäßigten und polaren Luftmassen. Stärke und Dauer der Jetstreams entlang dieser Wellenlinie hängen mit dem plötzlichen Temperaturabfall in der Umgebung der Polarfront zusammen, der nahe der Tropopause einen steilen Druckgradienten hervorruft. Hoch über den Roßbreiten am Rande der Tropen fließen, ebenfalls von West nach Ost, die subtropischen Jetstreams. Kennzeichnend für sie ist, daß sie im Winter, wenn der Temperaturunterschied zwischen tropischen und gemäßigten Luftzonen besonders groß wird, ihre höchste Geschwindigkeit erreichen. Von Zeit zu Zeit fließen die Jetstreams der Polarfront und der Subtropen zusammen; dann kann ihre vereinte Gewalt in der Tiefe schlimme Stürme hervorrufen.

Außerdem gibt es noch periodisch auftretende Jetstreams. Zwei davon nennt man Polarnacht-Jets, weil sie in den dunklen Wintermonaten hoch über dem Nord- und Südpol erscheinen. Während dieser Zeit, in der das Polargebiet in eisiges Dunkel gehüllt ist, kühlt sich die Luft über den Polen viel stärker ab als die Luft über dem Äquator. Das führt zu extremen Luftdruckunterschieden in der Stratosphäre, und in etwa 50 Kilometer Höhe treten, beeinflußt von der Corioliskraft, die von West nach Ost wehenden Polarnacht-Jets auf.

Ein weiterer jahreszeitlich bedingter Jetstream bildet sich während des Sommers an der Tropopause über dem Indischen Ozean. Dieser Umkehr-Jetstream – er fließt von Ost nach West – entsteht, weil sich der gewaltige asiatische Kontinent so schnell erhitzt, daß die Luft über manchen Teilen des Landes eine Zeitlang wärmer ist als in gleicher Höhe über dem Äquator. Diese Umkehrung des normalen Druckgradienten führt in der Höhe zu einem Jetstream und an der Erdoberfläche zu Indiens berühmten Monsunwinden.

Der Monsun gehört zu den vielen Windsystemen auf der Erde, die so regelmäßig auftreten und einen so tiefgreifenden Einfluß auf bestimmte Gebiete ausüben, daß sie gewissermaßen eine eigene Persönlichkeit erlangt haben. Der Name Monsun kommt von dem arabischen Begriff *mausim* für „Jahreszeit" und bezieht sich auf die Tatsache, daß dieser Wind ein halbes Jahr lang aus einer Richtung weht und dem Subkontinent reichliche, lebensspendende Niederschläge zuführt, ehe er in die Gegenrichtung umschlägt.

Man kann sagen, daß der jährliche Monsunzyklus in den Wintermonaten beginnt, wenn Luft aus dem trockenen, kalten Innerasien nördlich des Himalaya einem warmen Tiefdruckgebiet über Indien entgegenfließt. Dieser Wind wird von der Corioliskraft nach Westen abgelenkt und weht bis nach Westafrika hinüber. Dann beginnt sich das Landesinnere Asiens langsam, aber unerbittlich zu erwärmen, und die Luftströmung in Richtung Meer läßt nach, weil sich die Temperaturen an Land und über dem Meer angleichen. Die heiße, trockene Jahreszeit erreicht ihren Höhepunkt im April. Zu diesem Zeitpunkt ist der Himmel über Indien wolkenlos, und die Felder sind völlig ausgedörrt. Im Mai verkündet dann die erste schwache Brise aus Südwesten, daß der Sommermonsun auf dem Weg ist.

Die Monsunwolken werden in das Gebiet mit dem niedrigen Druck gesogen, das unterhalb der heißen, aufsteigenden Inlandluft entsteht. Sie ziehen über die Küste von Malabar und stoßen im Südwesten Indiens auf die Gebirgsbarriere der Ghats. Die Luft muß aufsteigen, kühlt sich ab und gibt ihre Feuchtigkeit als Regen ab. Dabei beträgt die Niederschlagsmenge oft mehr als fünf Meter in einem knappen halben Jahr. Auf seinem Weg nach Norden zieht der Monsun über Indien hinweg, tränkt die Felder und überschwemmt gelegentlich auch die Dörfer.

Der warme, trockene Föhn oder Chinook kann selbst im Winter auftreten, wenn Luftmassen ein Gebirge überqueren. Zunächst wird die Luft angehoben und abgekühlt, bis ihre Feuchtigkeit kondensiert; wenn sie dann auf die Leeseite des Berges gelangt, ist sie trocken, sinkt ab und erwärmt sich aufgrund der Kompression ganz erheblich.

In der Provinz Assam am Fuße des Himalaya ist die Regenflut überwältigend; der kleine Ort Cherrapunji verzeichnet eine mittlere Jahresniederschlagsmenge von knapp elf Metern. Einmal fielen in einem einzigen Jahr 26,5 Meter – der absolute Weltrekord. Im September oder Oktober, wenn wieder ein Temperaturausgleich zwischen Land und Meer stattfindet, wird der Südwestwind schwächer, der Regen läßt nach und hört schließlich ganz auf. Mit dem Voranschreiten des Herbstes kühlt sich das Innere des Kontinents nördlich des Himalaya ab, und der Wind beginnt wieder aus Nordosten zu wehen.

Dieser Austausch von feuchter Meeresluft und trockenen Landwinden wiederholt sich in geringerem Umfang beinahe täglich entlang aller Küstenlinien der Welt. Man nennt dieses Phänomen Seewind. Wie der Monsun entsteht der Seewind dadurch, daß Land und Wasser die Sonnenwärme verschieden stark und schnell absorbieren und speichern. Tagsüber erwärmt sich das Land stärker als das Wasser, und die Luft über dem Land steigt auf, so daß an der Erdoberfläche der Luftdruck fällt. Die Meeresluft fließt in Bodennähe auf das Tiefdruckgebiet zu, während die aufgestiegene Luft in großen Höhen dem Meer entgegenströmt und somit die Zirkulationszelle schließt. Nachts ist der Ablauf genau umgekehrt: Das Land kühlt sich rascher ab als das Wasser, und wenn die wärmere Meeresluft aufsteigt, fließt die Luft vom Land nach, um sie zu ersetzen.

Der Zyklus von Seewind und Landwind ist im übrigen nicht auf Meeresküsten beschränkt. Beinahe jedes größere Gewässer weist diese zyklische Brise auf, obwohl meist nur schwach ausgeprägt. So kann sich der Osten von Chicago am Ufer des Michigan-Sees innerhalb einer Stunde um immerhin 8° C abkühlen, wenn der Wind vom Wasser her bläst.

Weit im Binnenland verursachen die täglichen Temperaturschwankungen einen ähnlichen Zyklus in Gebirgstälern. Sobald die Morgensonne auf die oberen Hänge fällt, erwärmt sich das Terrain, und die Luft dicht darüber beginnt aufzusteigen. Die Luft über dem Tal sinkt in das Tal und strömt hangaufwärts, um die aufgestiegene Luft zu ersetzen. Auf diese Weise entsteht eine Zirkulation wie an der Küste oder in einer Hadley-Zelle. Bei Sonnenuntergang wird dann die Luft kühler als der Boden, der Wind dreht sich, unterstützt von der Schwerkraft, und fließt hangabwärts. In vielen Fällen tritt der Wechsel von Talwind und Bergwind mit großer Regelmäßigkeit ein. So können manche Bewohner der Schweizer Alpen geradezu ihre Uhren nach dem Umschlagen des Windes stellen.

Überhaupt lassen die Gebirge, die mächtigsten natürlichen Barrieren der Winde, einige der seltsamsten Windsysteme der Erde entstehen. Dazu gehört auch der Föhn, der vor allem gegen Ende des Winters und im Herbst durch die Täler der Alpen weht. Der Föhn scheint sich jeder Logik zu entziehen, denn er ist heiß und trocken, obwohl er von schneebedeckten Gipfeln herunterfegt. Für die Schweizer kann er ein Segen sein: Unter seinem Einfluß reift das Obst im Herbst schneller, und die Bauern im Rheintal können neben Getreide sogar Wein anpflanzen.

Die Entwicklung des Föhns setzt ein, wenn Luft über einer Ebene durch Berggipfel zum Aufsteigen gezwungen wird. Dabei kühlt sich die Luft ab und verliert ihre Feuchtigkeit in Form von Niederschlägen. Sobald sie die Gipfel überwunden hat und sich herab in die Täler ergießt, wird sie komprimiert. Durch die Kompression ihrer Moleküle erwärmt sich die Luft alle 100 Meter um etwa 1°C. Das bedeutet, daß die Luft nach 1500 Metern bei ihrer Ankunft im Tal bis zu 15°C wärmer sein kann als beim Überqueren der Gipfel. Die Schweizer nennen den Frühlingsföhn häufig auch den „Schneefresser", weil er oft in einem einzigen Tag den Winter vertreibt.

Gelegentlich kann der Föhn aber auch zu einer Gefahr werden. Seine heiße Luft dörrt das Laub aus und erhöht die Waldbrandgefahr. Außerdem schmilzt er den Schnee manchmal so rasch, daß es zu schweren Überschwemmungen kommt. Im 19. Jahrhundert erlebte ein Tourist den Ausbruch eines schlimmen Föhnsturms so: „In der Ferne knacken und rascheln die Bergwälder. Das Rauschen der Wildbäche, die nach der Schneeschmelze Hochwasser führen, dringt weit durch die friedliche Nacht. Allenthalben erwacht eine Rastlosigkeit, die immer näher zu rücken scheint. Ein paar heftige Böen kündigen den Föhn an. Diese Böen sind anfangs kalt und rauh, ganz besonders im Winter, wenn der Wind große Schneefelder überquert hat. Dann herrscht mit einem Male Stille, und unvermittelt fegt der heiße Atem des Föhns wild in das Tal, oft genug mit Sturmgewalt. Er wütet zwei bis drei Tage mehr oder minder stark und bewirkt überall Chaos: Bäume knicken, Steine poltern in die Tiefe, das Wasser der Gebirgsbäche steigt, Häuser und Scheuern werden abgedeckt – im ganzen Land herrscht Schrecken."

Ein ähnlicher – und nicht weniger gefährlicher – Föhnwind ist der berüchtigte Santa Ana im Süden Kaliforniens, der aus dem sonnendurchglühten Great Basin zwischen den Sierras und den Rocky Mountains aufsteigt und sich in das Becken von Los Angeles ergießt. Heiß und trocken strömt er in die dichtbesiedelten Täler und Canyons. Die Böen des Santa Ana, die Geschwindigkeiten bis zu 110 Stundenkilometer erreichen, treiben Steinchen und Geröllsplitter vor sich her, die wie Schrotkugeln Fensterscheiben durchschneiden und scharfkantige kleine Löcher hinterlassen. Zwar beendet der glutheiße Wind mitunter eine winterliche Kältewelle, aber er dörrt die Buscheichen, Kreuzdorn- und Wildsalbeisträucher entlang

Das unaufhörliche Strömen der Luft

So launisch die Winde auch zu sein scheinen, so vorhersagbar werden sie, wenn man sie als ein großes globales System betrachtet. Ihre Triebkraft ist die Wärme: Erwärmte Luft ist leicht, steigt in die Höhe, und dichtere, schwerere Kaltluft fließt nach, um sie zu ersetzen. So entsteht Wind. Mit der Sonne als unerschöpflicher Energiequelle und der Erdrotation als ablenkende Kraft zirkulieren die Winde unablässig und schaffen einen Ausgleich zwischen den heißen Tropen und den eisigen Polregionen.

Man kann sagen, daß der Prozeß am Äquator beginnt, wo erwärmte Luft über den Kalmen – Zonen sehr schwacher, wechselhafter Oberflächenwinde – aufsteigt. Beim Aufsteigen kühlt die Luft ab, fließt vom Äquator weg und wird schließlich so dicht, daß sie absinkt. Auf diese Weise entstehen etwa 30 Grad nördlich und südlich des Äquators Hochdruckgürtel, die verhältnismäßig windstill sind und auf See die Roßbreiten genannt werden. Die dichte Luft fließt zum Äquator zurück und beschreibt damit einen Kreis: die sogenannte Hadley-Zirkulationszelle. Die durch die Erdrotation hervorgerufene Corioliskraft lenkt die an der Erdoberfläche zu den Kalmen zurückwandernden Luftströme so ab, daß sie aus östlicher Richtung fließen. Diese Winde sind die berühmten Passate.

Ein Teil der Luft in den Hadley-Zellen fließt zu zwei schwächeren Zirkulationszellen über den gemäßigten Breiten. In diesen Zellen verläuft die Strömung andersherum als in den tropischen (und auch in den polnahen) Zellen. So wandert die Luft in den mittleren Breiten nahe der Oberfläche in Richtung der Pole und wird von der Corioliskraft zu Westwinden abgelenkt.

Entlang der Polarfront, einer sich ständig verlagernden Zone, in der die Westwinde der mittleren Breiten auf die kalten Ostwinde der Polarluftmassen treffen – sind die Temperatur- und Druckunterschiede oft extrem. Hier befinden sich die großen Zyklonenwirbel und in großer Höhe die polaren Jetstreams, die Quelle der stärksten Stürme.

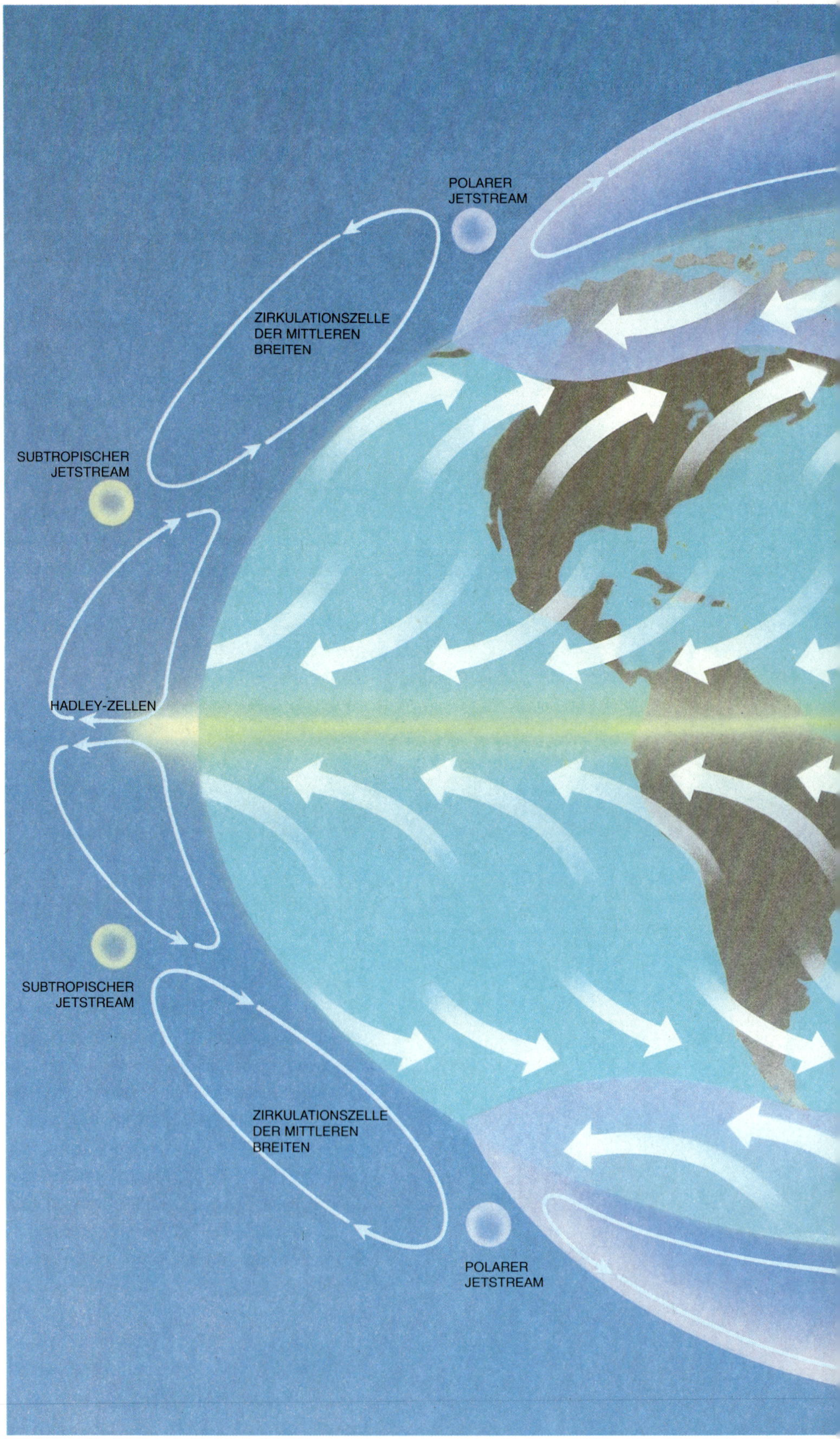

Diese Karte, die auf den Durchschnittswerten langer Zeiträume beruht, zeigt die vorherrschenden Windsysteme der Erde. Auf den Querschnittsskizzen ist die jeweilige Lage und Form der Zirkulationszellen sowie die Position der Jetstreams angegeben. Allerdings wird der Querschnitt der Polarzellen durch die hier gewählte Darstellung der Erde verzerrt.

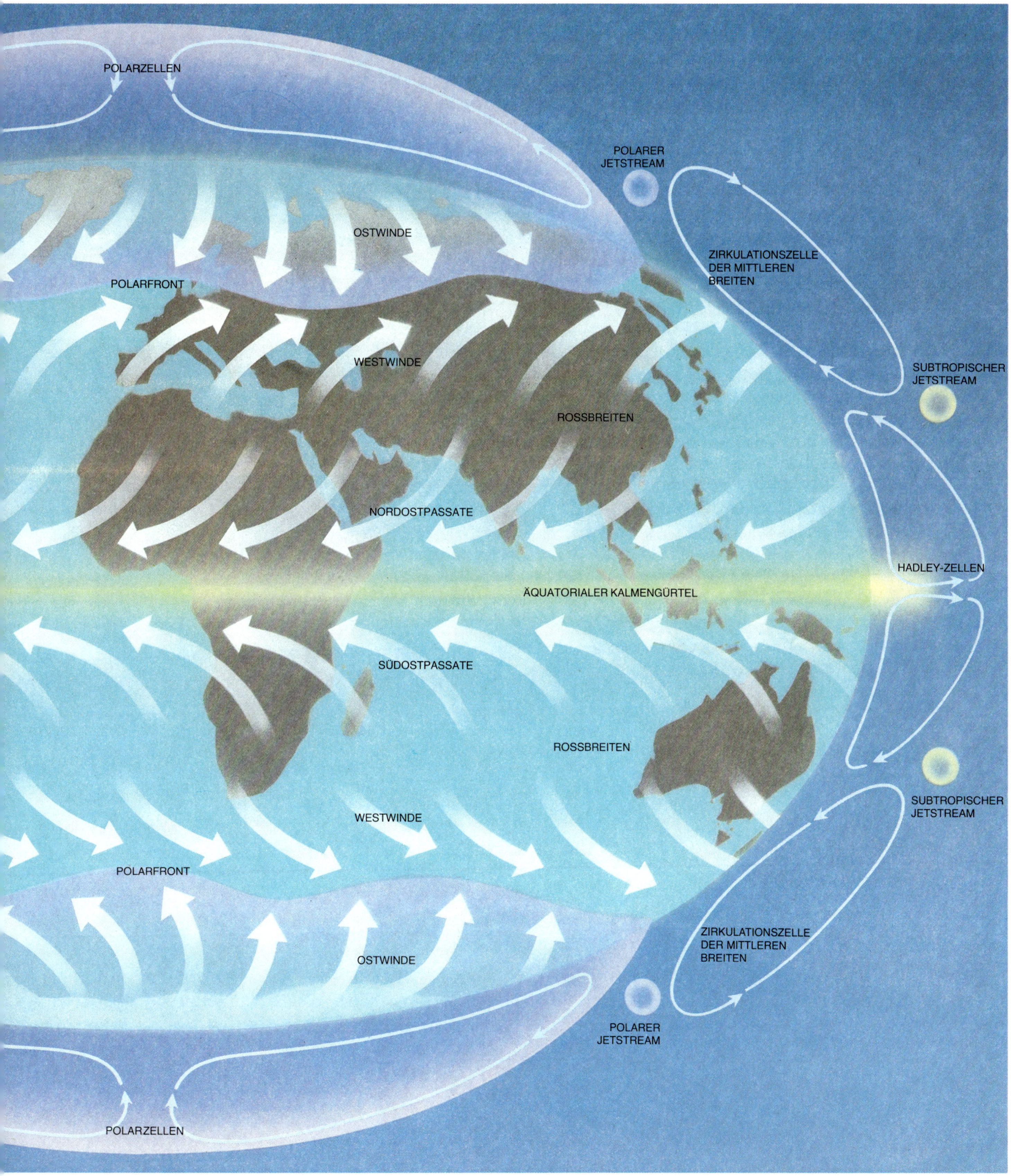
POLARZELLEN
POLARER JETSTREAM
OSTWINDE
ZIRKULATIONSZELLE DER MITTLEREN BREITEN
POLARFRONT
WESTWINDE
SUBTROPISCHER JETSTREAM
ROSSBREITEN
NORDOSTPASSATE
HADLEY-ZELLEN
ÄQUATORIALER KALMENGÜRTEL
SÜDOSTPASSATE
ROSSBREITEN
SUBTROPISCHER JETSTREAM
WESTWINDE
POLARFRONT
ZIRKULATIONSZELLE DER MITTLEREN BREITEN
OSTWINDE
POLARER JETSTREAM
POLARZELLEN

der Canyons auch vollkommen aus. Dann genügt ein einziger Funke, um verheerende Buschfeuer auszulösen, die von dem Santa Ana obendrein mit reichlichen Mengen Sauerstoff genährt werden. Derartige Feuersbrünste haben bereits Schäden von vielen Millionen Dollar verursacht.

In den nordwestlichen Ebenen der Vereinigten Staaten und Kanadas gibt es einen etwas milderen Föhnwind, den die ansässigen Farmer und Viehzüchter sehr schätzen. Er trägt den Namen Chinook, weil die ersten Siedler glaubten, er käme von einem Dorf der Chinook-Indianer am Unterlauf des Columbia River. Heute weiß man, daß er über dem Pazifik entsteht und große Mengen Feuchtigkeit transportiert, die über den Rocky Mountains abregnen. Auf seinem Weg in die schneebedeckten Täler und Ebenen wird die Luft dann komprimiert und erwärmt. Die milden Böen des Chinook retten oft ganze Viehherden vor dem Verhungern, da sie die Grasflächen von Eis und Schnee befreien. So ließ ein Chinook im Jahre 1900 die Temperatur in einem Ort von Montana innerhalb drei Minuten um 17°C ansteigen, und man hat erlebt, daß die Chinookwinde eine Schneedecke von 25 Zentimetern über Nacht verschwinden ließen. Es kann auch vorkommen, daß der Schnee nicht wie üblich schmilzt, sondern einfach verdunstet und in die Luft verschwindet. Diesen Vorgang bezeichnet man als Sublimation.

Manche Föhnwinde sind beim Entstehen so kalt, daß man die Erwärmung aufgrund der Kompression kaum bemerkt. Ein solcher Wind ist der Mistral, der in einem Hochdruckgebiet über Zentralfrankreich entsteht und durch das Rhônetal zur Mittelmeerküste hin weht. Wenn er nach Süden stürmt, kann er Schornsteine zum Einsturz bringen und Eisenbahnwaggons aus den Schienen heben.

Nicht weniger gewalttätig als in den Bergen sind die Winde, die über die Wüstengebiete der Erde hinwegrasen. Die Erkenntnis, daß diese Winde ein Hilfsmittel der Natur sind, um die extreme Hitze der Wüste möglichst rasch zu verteilen, ist nur ein schwacher Trost für die Menschen, die unter ihrer Glut leiden. Da sich Wüsten im allgemeinen da ausbreiten, wo heiße, trockene Luft in einer Antizyklone sinkt, strömt die Luft dieser Hochdruckgebiete sehr schnell nach außen auf die nächstgelegenen Tiefdruckzentren zu. Der wohl gefürchtetste Wüstenwind ist der Schirokko in der Sahara. Wenn ihn ein Tief über dem Mittelmeer anzieht, jagt der Schirokko ungehindert über die weite Wüstenebene und verbreitet in ganz Nordafrika Not und Elend.

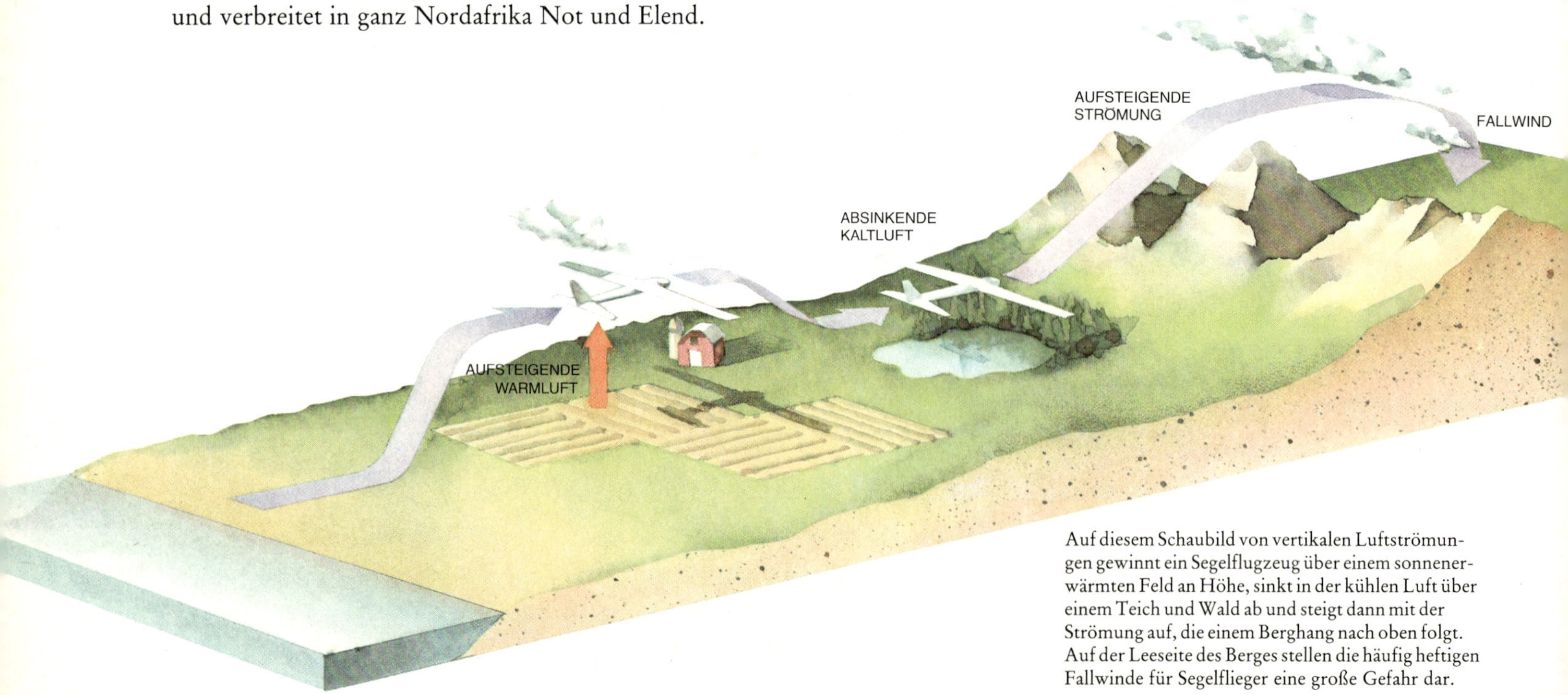

Auf diesem Schaubild von vertikalen Luftströmungen gewinnt ein Segelflugzeug über einem sonnenerwärmten Feld an Höhe, sinkt in der kühlen Luft über einem Teich und Wald ab und steigt dann mit der Strömung auf, die einem Berghang nach oben folgt. Auf der Leeseite des Berges stellen die häufig heftigen Fallwinde für Segelflieger eine große Gefahr dar.

„Während man sie betrachtete, rollten sich die Blätter der Bäume zusammen", schrieb ein Franzose, der um 1860 dieses Naturereignis in Algier erlebte. „Bald verdeckten Wolken von Flugsand die düstere Sonne ganz; und die verschiedenen Schattierungen von Gelb, Orange, Safran und Zitrone verschmolzen zu einer einzigen kupfern schimmernden Masse, die sich unmöglich beschreiben läßt."

Ein britischer Bergwerksingenieur, den der Schirokko in der Abessinischen Wüste überraschte, beschrieb später sein zermürbendes Abenteuer: „Die Sanddünen verschoben sich direkt vor unseren Augen; alles, was wir um uns erblickten, war in Bewegung. Da gab es Wogen und Brecher, die an windgepeitschtes Wasser erinnerten. Der Sand wurde so schnell von ihren Kämmen gerissen, daß sich die Mulden im Nu füllten und neue Wogen an ihrer Statt erschienen.

Der Schirokko zieht oft über das Mittelmeer hinweg und sucht Spanien, Italien und Griechenland heim; doch er ändert dabei seinen Charakter. Er nimmt vom Meer viel Feuchtigkeit auf und bringt sie nach Südeuropa. Bei seiner Ankunft leiden viele Menschen an heftigen Kopfschmerzen, und es heißt, daß in Sizilien und Süditalien die Gewaltverbrechen sprunghaft ansteigen. Bis der Schirokko die Pyrenäen und die Alpen erreicht, hat seine Wucht nachgelassen, aber gelegentlich beschert er auch Nordeuropa noch eine besondere und nicht gerade willkommene Gabe: Sand aus der Sahara. Im Jahre 1901 wurden schätzungsweise zwei Millionen Tonnen des ockerfarbenen Sandes über dem Kontinent abgeladen. Einmal fiel in Deutschland über einem Gebiet von etwa 40 000 Quadratkilometern rötlicher Schnee, und im Jahre 582 n. Chr. ging über Paris staubgefärbter Regen nieder, den die erschreckten Bewohner für einen „Blutschauer" hielten.

Nur wenige Windsysteme haben so außergewöhnliche Folgen. Da aber die Atmosphäre genauso fester Bestandteil unseres Planeten ist wie die Landmassen und Meere, wird der Wind stets starken Einfluß auf alles irdische Leben ausüben. Jede noch so schwache Brise irgendwo auf der Welt kann der Auslöser für ein großes Naturereignis sein. Kleinigkeiten wie das Erwärmen einer Hügelflanke, der Schatten, den ein Bauwerk wirft, das Abkühlen eines Teiches, das Austrocknen einer Schlammbank setzen die rastlose Luft in Bewegung. Selbst die besonnte Seite eines Kiesels führt zu geringem Aufwind, der – wenn die Voraussetzungen stimmen – mit Tausenden anderen kleiner Aufwärtsströmungen zu einer massiven Turbulenz werden und den Tagesablauf der großen Windsysteme bestimmen kann.

Auf manchen Hügeln des sanft gewellten Weidelands nahe der kalifornischen Diablo Mountains ragen seltsam starre Gewächse in den Himmel: ganze Felder von 12 bis 18 Meter hohen Windmühlen, genauer gesagt Windturbinen, die sich wie Riesenspielzeuge im Wind drehen. Dieser Wald aus dreiflügeligen Windrädern gehört zur Windfarm Farrell/O'Keefe am Altamont Pass, durch den ständig ein starker Wind von etwa 24 Stundenkilometern weht. Angetrieben von dieser Energie, produziert jede Turbine pro Jahr an die 100 000 Kilowattstunden für das örtliche Stromnetz. Im Sommer weht der Wind noch stärker, ein günstiger Zufall, da um diese Zeit der Energiebedarf in Kalifornien besonders hoch ist.

Solche Methoden zur Nutzung der Windkraft, die vor der industriellen Revolution die wichtigste Energiequelle war, erleben in einer Zeit der Suche nach Alternativen für die fossilen Brennstoffe eine weltweite Renaissance. Die praktische Anwendung eines uralten Konzepts mit Hilfe moderner Technologien und Werkstoffe führt zu einer Vielzahl von Konstruktionen, die sich deutlich von den phantasievollen, aber schwerfälligen Schiffen und Windmühlen der Vergangenheit unterscheiden.

Bei Farrell/O'Keefe beispielsweise überwacht ein Computer die zehn Meter hohen Glasfiberflügel, die sich auf schlanken Stahltürmen drehen. Beim ersten Anzeichen einer Störung dreht der Computer das defekte Windrad aus dem Wind und legt es still, bis es wieder repariert ist.

Derartige hochentwickelte Erfindungen erhöhen zwar die Wirtschaftlichkeit von Windrädern, aber sie kosten auch sehr viel Geld. Solange man sie noch nicht serienmäßig produziert, wird es für die Windfarmen schwer sein, mit Gewinn zu arbeiten. Aber Farrell/O'Keefe und ähnliche Projekte, die überall im Lande auf den Hügelkuppen erscheinen, künden eine neue Ära an.

Am Altamont Pass wird der Wind durch einen ganzen Wald von Windrädern zur Energiegewinnung genutzt. Die Rinderherden im Vordergrund des Bildes lassen sich durch die Anlage nicht im geringsten stören. Andere Konstruktionen, die noch erprobt werden *(kleine Photos)*, sind beispielsweise ein Rotor mit vertikaler Achse *(ganz links)* oder ein Windflügel mit der Spannweite von 90 Metern.

Die Wiederentdeckung der Windjammer

Der japanische Öltanker rechts, der von Windkraft getrieben wird, hat wenig mit den schnittigen Klippern von ehedem zu tun, aber er leitet vielleicht eine neue Ära der Handelsschiffahrt ein. Wenn die Bordsensoren günstige Winde ausmachen, verlangsamt ein Computer die Schiffsmaschinen und entfaltet zwei etwa 100 Quadratmeter große Kunststoffsegel, die er ständig entsprechend der Windrichtung trimmt. Es wird erwartet, daß sich der Treibstoffverbrauch des 70 Meter langen Tankers mit Hilfe der Segel auf etwa die Hälfte reduzieren läßt. Die ungefähr 25 000 großen Frachtschiffe, die es zur Zeit gibt, benötigen täglich schätzungsweise vier Millionen Barrel Öl. Wenn man mit Hilfe der Windkraft nur zehn Prozent davon einsparen könnte, wäre das allerdings bereits ein gewaltiger wirtschaftlicher Vorteil.

Ständige Experimente mit neuen Segel- und Rumpfkonstruktionen, die Anwendung moderner synthetischer Segelmaterialien sowie der Einsatz von Satelliten für Wettervorhersage und Navigation lassen darauf hoffen, daß die 5000 Jahre alte Tradition der Segelschiffe noch in diesem Jahrhundert einer neuen Blüte entgegengeht.

Der Öltanker *Shin Aitoku Maru* kreuzt unter Segeln vor der japanischen Küste. Starre Kunststoffsegel, auf den kleinen Photos unten beim Entfalten gezeigt, erwiesen sich in Windkanalversuchen weit wirkungsvoller als die herkömmlichen Tuchsegel.

NKK
NSS
新愛徳丸
SHINAITOKU MARU

Pläne zur Nutzung einer uralten Energie

Die Frage, wie man die grenzenlose Energie des Windes möglichst wirksam in Elektrizität umsetzen kann, beflügelt die Phantasie von Ingenieuren, Professoren und Bastlern der ganzen Welt. Die hier vorgestellten Entwürfe versuchen alle das Hauptproblem zu lösen, das sich bei der Verwirklichung der Aufgabe stellt: Wie bringt man das launische Phänomen in geordnete Bahnen?

Auf dem unteren Bild leitet eine Blechschürze die Luft an den drei Flügeln einer Windturbine vorbei. Dadurch wird die Strömung beschleunigt und die Leistungsfähigkeit erhöht. Die fliegenden Windturbinen rechts sollen die Jetstreams erreichen, die in Höhen von über 9000 Metern oft mehr als 160 Stundenkilometer erreichen.

Wesentlich komplizierter ist der Entwurf ganz rechts, der das Prinzip des gewaltigen Tornados technisch umsetzen soll. Ein Turm mit Klappen hat die Aufgabe, den Wind aus allen Richtungen einzufangen und in einen Wirbelstrom zu verwandeln, der theoretisch 35mal mehr Energie liefern würde als normale Schaufelradturbinen.

Wenn Projekte wie diese die Wirtschaftlichkeit der bereits vorhandenen Anlagen um nur fünf Prozent verbessern könnten, wäre der Wind durchaus ein ernsthafter Konkurrent der übrigen Energielieferanten.

Propellerähnliche Turbinen, die an Fesselseglern *(oben)* montiert sind, sollen den Jetstream zur Stromgewinnung nutzen. Hochgeklappt würden die Turbinen für den nötigen Auftrieb der Segelflugzeuge beim Start sorgen und sie aufsteigen lassen.

Wind, der in die Blechschürze einer Diffuserturbine *(links)* gerät, wird zunächst an den Rotorflügeln vorbeigeleitet und strömt dort auseinander, wo die Schürze breiter wird. Der Luftdruckabfall, der dabei hinter den wirbelnden Rotorblättern entsteht, saugt gleichmäßig weiter Luft in die Turbine.

Bei einer Tornado-Turbine *(rechts)* soll der Wind, der durch längliche Klappen in einen 550 Meter hohen Turm eindringt, in eine Wirbelbewegung versetzt werden. Dabei entstünde ein Tiefdruckkern, der Luft ansaugen und durch das horizontale Turbinenrad im unteren Teil fließen lassen würde.

Kapitel 4

DIE WOLKEN UND IHRE FORMEN

In der Zeit der vielen wissenschaftlichen und technischen Neuerungen zu Beginn des 19. Jahrhunderts gehörte es zum guten Ton, daß sich wohlhabende Leute in ihrer Freizeit den Naturwissenschaften widmeten. Ein Mann war allerdings darunter, dem die Beschäftigung mit der Welt ringsum mehr bedeutete als nur eine elegante Spielerei: Luke Howard, ein junger Londoner Apotheker. Als reicher Fabrikantensohn betrieb er eine Apotheke und baute einen Betrieb auf, der sich später zu einer bedeutenden chemischen Fabrik entwickelte. Daneben aber beschäftigte er sich intensiv mit seinem Steckenpferd, der Himmelsbeobachtung und allen damit zusammenhängenden Phänomenen. Das Verhalten der Atmosphäre war ein Thema, bei dem er geradezu in Schwelgerei geriet:

„Auch der *Himmel* ist Teil der Landschaft“, schrieb er damals. „Das Meer der Lüfte, in dem wir leben und uns bewegen, in dem der Pfeil des Blitzes geschmiedet und der alles befruchtende Regen geboren wird, kann den echten Naturforscher nie und nimmer kalt lassen.“ Howard begnügte sich nicht mit Staunen. Er war ein scharfer Beobachter, und die Meteorologie, die damals noch in den Kinderschuhen steckte, verdankt ihm einen Beitrag, der so weitblickend und allgemeingültig abgefaßt war, daß er in die Sprache der Wissenschaft einging und bis zum heutigen Tag seinen Platz behauptet hat.

Wie so viele gebildete Männer seiner Zeit gehörte Howard einem kleinen Klub an, dessen Mitglieder im Kreise von Gleichgesinnten Vorträge zu bestimmten naturwissenschaftlichen Themen hielten. Sein Zirkel trug den Namen Askesian Society, der auf den griechischen Begriff für „Selbstschulung“ und „Disziplin“ zurückging. Als die Gruppe im Winter 1802/03 in London zusammenkam, verlas der 30jährige Apotheker eine Arbeit über die Wolken. Er führte aus, daß man zur Erforschung des „Himmelsantlitzes“ dringend eine Art System benötige; die Bauern und Seeleute wüßten die „Ansammlungen winziger Tröpfchen“ zu deuten, aber es gebe keine Möglichkeit, ihre Kenntnisse aufzuzeichnen und zu diskutieren. Howard hatte bei seinen Beobachtungen die Überzeugung gewonnen, daß man die Wolken nach ihrer äußeren Form und ihrem Verhalten einteilen könne, und er schlug vor, „jenen, die unsere Aufmerksamkeit verdienen“, einen eigenen Namen zu geben. Die Bezeichnungen sollten in Lateinisch, der allgemein anerkannten Gelehrtensprache, sein. Es war außerdem, wie Howard später einmal feststellte, die Sprache, die man ihm von Kindheit an eingebleut hatte. „Ich habe mehr Latein gelernt, als ich seither trotz durchgängiger Vernachlässigung meiner Sprachstudien wieder vergessen konnte.“

Alle Wolken, so erläuterte er, könnten einer von drei charakteristischen Gruppen zugeordnet werden. Die fedrigen Formationen in großer Höhe, „die sich anfangs nur durch einige gleichsam in den Himmel schraffierte Fasern ankündigen“, nannte er nach dem lateinischen Begriff für „Haarlocke“ Cirruswolken. Die einzelnen Wolkenballen, die vor allem in tiefer gelegenen Schichten auftreten, erhielten den

Wellenförmige Bänder von Altocumuluswolken ziehen über den Vorfrühlingshimmel. Wenn eine feuchte Luftschicht aufsteigt, kühlt sie ab, der Wasserdampf kondensiert und bildet Wolkenstreifen. Die Luft sinkt, erwärmt sich und wird wieder klar.

Namen Cumulus- oder Haufenwolken. Und die horizontal verlaufenden Wolkendecken, einschließlich der Nebel, die sich im allgemeinen über weite Flächen hinziehen, bezeichnete er als Stratus- oder Schichtwolken.

Zur genaueren Beschreibung kombinierte er einfach die Begriffe. Wenn sich beispielsweise Cumuluswolken am Himmel so dicht zusammenschoben, daß sie eine geschlossene Schicht bildeten, sprach er von Stratocumuluswolken. Um „eine Wolke, die gerade zu Regen, Hagel oder Schnee kondensiert", zu kennzeichnen, verwendete er das lateinische Wort Nimbus (Schauer).

Zwar führte die Wissenschaft später noch einige zusätzliche Begriffe ein, um die Wolkenformationen ganz exakt zu benennen, aber Howards System hat sich in seiner bewundernswerten Einfachheit bis heute als ungeheuer nützlich und praktikabel erwiesen. Seine Arbeit enthielt auch Gedanken zur Entstehung der Wolken, aber viel Neues über das Verhalten der Luft konnte er dem begrenzten Wissen seiner Zeit nicht hinzufügen.

Inzwischen haben wir eine Menge Einsichten und Daten, und sie alle bestätigen die intuitive Erkenntnis Howards und anderer Gelehrter seiner Zeit, daß diese flüchtigen, schönen und bizarren Bewohner des Himmels eine äußerst wichtige Rolle für das Leben auf der Erde spielen, und das nicht nur als Vorläufer des kostbaren Regens. Man hat herausgefunden, daß sämtliche Wolken, selbst die vergleichsweise kleinen Cumuli, für den steten Wärmeaustausch und Temperaturausgleich der ganzen Erdatmosphäre von wesentlicher Bedeutung sind.

Wolken hüllen zu jeder Zeit große Teile unseres Planeten ein und kommen nie zur Ruhe. Die majestätisch aufgetürmten Gewitterwolken mit ihren abgeflachten Amboßköpfen, die düstere Wand eines Blizzards und die hellen, heiteren Tupfen der Schönwetter-Cumuli sind nur einige Beispiele ihres Formenreichtums. Aber trotz ihrer Vielfalt und ihrer beherrschenden Rolle im Wettergeschehen der Erde machen diese schwebenden Feuchtigkeitsansammlungen stets nur den erstaunlich geringen Anteil von 0,001 Prozent der Wassermenge auf unserem Planeten aus. Könnte man den Wasserdampf all dieser Wolkenwirbel, -ballen und -schichten sowie den unsichtbaren Wasserdampf der Atmosphäre irgendwie kondensieren lassen und gleichmäßig auf der Erdoberfläche verteilen, ergäbe das eine Regenmenge von höchstens zweieinhalb Zentimetern.

Der Apotheker Luke Howard hatte sich der Meteorologie verschrieben. Man betrachtet ihn als den Begründer der britischen Meteorologie, vor allem wegen seiner Wettertheorien und seiner anerkannten Wolkensystematisierung aus dem Jahre 1803.

Die griechischen Philosophen in Kleinasien gehörten zu den ersten, die sich Gedanken über die Atmosphäre machten. Sie stellten im 8. Jahrhundert v. Chr. die Theorie auf, daß Wolken eine dichtere Form von feuchter Luft seien. Diese Idee hielt sich in abgewandelter Form hartnäckig, selbst nachdem im 17. Jahrhundert der scharfsinnige Franzose René Descartes zum ersten Mal festgestellt hatte, daß Luft und Wasserdampf zwei verschiedene Dinge sind. 100 Jahre später analysierten Chemiker bereits eifrig alle möglichen Feststoffe, was jedoch die Zusammensetzung der Luft anging, so hatte man kaum etwas dazugelernt. Im Jahre 1751 machte dann ein französischer Physiker namens Charles Le Roy eine höchst bedeutsame Beobachtung hinsichtlich ihres Verhaltens.

Le Roy beobachtete sorgfältig das Abkühlen von feuchter Luft in einem versiegelten Behälter und entdeckte, daß sich bei einer ganz bestimmten Temperatur Tau an der Innenseite des Glases zu bilden begann. Erhitzte er den Behälter über diese Temperatur hinaus, verschwand der Tau, um beim Abkühlen erneut aufzutreten. Le Roy hatte ein grundlegendes Gesetz entdeckt: Jede Luftmenge muß eine spezifische Temperatur, den sogenannten Taupunkt, erreichen, bevor der enthaltene Wasserdampf zu Flüssigkeit kondensiert.

Als Le Roy sein Experiment im Freien wiederholte und den Einfluß unterschiedlicher Wetterbedingungen auf die Kondensation beobachtete, fand er heraus, daß die Luftfeuchtigkeit keine absolute Größe ist, die man einfach dadurch ermittelt, daß man den Wassergehalt der Luft bestimmt. So wie ein dickes Handtuch mehr

Ein Aquarell von Luke Howard mit dem Titel „Cumulostratus“ zeigt verschiedene Wolkentypen – quellende Cumuli und die zerfetzten Wolkenbänder, die er Cirrostratus nannte.

Wasser aufsaugt als ein dünnes, bis es richtig naß ist, kann Luft an einem heißen Tag mehr Wasserdampf enthalten als die gleiche Luft im Winter und wird dabei doch weniger feucht erscheinen. Ein gültiges Maß für die Luftfeuchtigkeit, so folgerte Le Roy, muß ein relatives sein: Es muß den tatsächlich vorhandenen mit dem maximal möglichen Wasserdampf vergleichen.

Wie so viele andere Wegbereiter der Naturwissenschaften baute Le Roy seine nützlichen Ideen nicht zu kompletten Systemen aus. Das lag zum Teil auch daran, daß seine Arbeit von einer falschen Annahme ausging. Er glaubte nämlich, Wasserdampf werde sich in der Luft wie Salz in Wasser auflösen und dann in der gleichen Weise wie Salz ausgefällt werden, nur eben nicht als Feststoff, sondern als Flüssigkeit. Aus diesem Grunde benutzte er auch für Regen, Tau und Schnee den Begriff Niederschlag. Er hielt an seiner Theorie selbst dann noch fest, als andere Forscher bewiesen hatten, daß Wasser in ein Vakuum verdunsten kann, und sich somit die Frage stellte, wie sich etwas in nichts auflösen könne. (Obwohl der Ausdruck Niederschlag aus der Sicht der Chemie unzutreffend ist, hat er sich bis heute im allgemeinen Sprachgebrauch erhalten.)

Ein weiteres Hindernis auf dem Wege zum vollen Verständnis der Luftfeuchtigkeit war der Irrtum jener Zeit, daß Wasserdampf aus hohlen Tropfen bestehe. Diese Vorstellung gab es seit 1666, als ein italienischer Priester namens Urbano d'Aviso veröffentlicht hatte, daß sich Dampf „aus kleinen, mit Feuer gefüllten Wasserblasen“ zusammensetzte, „die in die Luft aufsteigen, solange sie ein größeres spezifisches Gewicht hat als die Tropfen selbst; gelangen sie an einen Ort, wo die Luft das gleiche Gewicht hat, halten sie ein“. Selbst der berühmte Astronom Edmond Halley teilte diese Anschauung, wie aus einer Arbeit hervorgeht, die er der Royal Society sieben Jahre nach seiner berühmten These zu den Passatwinden vorlegte. Noch das ganze 18. Jahrhundert hindurch fand diese Theorie ihre Anhänger, zu denen übrigens kein geringerer als der Schweizer Geologe und Physiker Horace Bénédict de Saussure zählte, derselbe Mann, der eines der ersten Instrumente zur Messung der Luftfeuchtigkeit entwickelte. Saussure erklärte, er habe mit eigenen Augen die hohlen Tropfen gesehen, als er die Oberfläche einer Tasse heißen Kaffee durch eine starke Lupe betrachtete. „Die Leichtigkeit dieser kleinen Kugeln“, schrieb er 1783, „ihr Weiß, ihre äußere Erscheinung, so absolut anders als die von festen Kügelchen, ihre perfekte Ähnlichkeit mit den größeren Blasen, die man an der Oberfläche der Flüssigkeit schwimmen sieht, das alles läßt keinen Zweifel an ihrer Natur.“

Gegen Ende des 18. Jahrhunderts stellte sich dann aufgrund verschiedener Experimente heraus, daß „Wasserdampftropfen“ weder Hohlräume haben noch eine chemische Lösung mit Luft eingehen. 1802 äußerte der englische Chemiker

John Dalton die Vermutung, daß Wasserdampf in Wirklichkeit ein Gas sei, das sich in der Luft nicht anders verhalte als jedes andere Gas – etwa Sauerstoff, Stickstoff oder Kohlendioxid. Dalton war Quäker und führte ein zurückgezogenes, ganz der Forschung gewidmetes Gelehrtenleben. Seine gut durchdachten Arbeiten behandelten eine Reihe von Themen, so die Wolkenbildung, die Farbenblindheit und die Aurora borealis. Er war es schließlich auch, der die erste quantitative Theorie der Materie formulierte: Jede Materie setzt sich aus winzigen, unzerstörbaren Teilchen, den Atomen, zusammen, die sich lediglich durch ihre Masse unterscheiden.

Dalton fand auch heraus, daß Wasserdampf eines von mehreren Gasen ist, die sich zu Luft vermischen, ohne jedoch eine chemische Lösung zu bilden. Aus dieser Erkenntnis entwickelte sich sein berühmtes Gesetz der Partialdrücke. Es besagt, daß jeder gasförmige Bestandteil der Luft unabhängig von den anderen einen bestimmten Druck ausübt. Die Summe der verschiedenen Partialdrücke ist der Luftdruck, den man vom Barometer ablesen kann. Mit Hilfe dieses Daltonschen Gesetzes, wie es später genannt wurde, konnten Wissenschaftler innerhalb weniger Jahre ein modernes Konzept von der relativen Luftfeuchtigkeit formulieren.

Die in einem Luftpaket vorhandenen Wasserdampfmoleküle üben einen Druck – den Wasserdampfdruck – aus, der unabhängig vom Druck der übrigen Gase in diesem Volumen ist. Bei relativ trockener Luft ist der Wasserdampfdruck niedrig. Aufgrund des höheren Wasserdampfdrucks außerhalb des Luftpakets fließen so lange Wasserdampfmoleküle in das Luftpaket, bis ein Gleichgewicht erreicht ist. Befindet sich das Luftpaket über Wasser, erhöhen verdunstende Wassermoleküle den Dampfdruck so lange, bis eine Sättigung eintritt. Von diesem Moment an verdrängt das in die Luft verdunstende Wasser die gleiche Menge bereits vorhandenen Wasserdampfs; die Folge ist sehr oft Niederschlag. Auf diese Weise wurden Charles Le Roys Thesen zur relativen Luftfeuchtigkeit bestätigt und durch physikalische Gesetze untermauert. Die relative Feuchtigkeit ist demnach das Verhältnis des vorhandenen Dampfdrucks zum maximal möglichen Wasserdampfdruck – dem Sättigungsdampfdruck – in einem Luftpaket.

Dalton, Saussure sowie andere Forscher wiesen nach, daß die Temperatur die relative Luftfeuchtigkeit direkt beeinflußt. Je wärmer die Luft ist, desto mehr Wasserdampf kann sie aufnehmen und desto mehr Dampf ist notwendig, um eine hohe relative Luftfeuchtigkeit zu schaffen. Umgekehrt erhöht sich die relative Feuchtigkeit, wenn die Luft abkühlt. Die vorhandene Luftfeuchtigkeit nähert sich dem Sättigungsgrad, obwohl sich der absolute Feuchtigkeitsgehalt nicht verändert hat. Aus diesem Grunde kann es vorkommen, daß selbst bei einem schweren Schneesturm, in dem die relative Feuchtigkeit an die 100 Prozent beträgt, die Luft nicht einmal die Hälfte jener Feuchtigkeit enthält, die in der gleichen Menge scheinbar trockener Wüstenluft vorhanden ist.

Die späteren Experimente und Studien zum Verhalten von Wasserdampf bestätigten im allgemeinen diese verbesserte Theorie. Ein Problem allerdings blieb: Wasserdampf kann zu Flüssigkeit kondensieren, noch ehe die Luft den Sättigungspunkt erreicht. Andererseits muß die Kondensation nicht unbedingt einsetzen, selbst wenn die Sättigung erreicht ist. Es war also noch ein weiterer Faktor im Spiel. Und dieser Faktor wurde im letzten Viertel des 19. Jahrhunderts entdeckt.

1875 begann ein französischer Wissenschaftler namens Paul Jean Coulier die Eigenschaften von Nebel in einem hermetisch abgeschlossenen System zu untersuchen. Ihm ging es vor allem um die Reaktion auf Druckveränderungen. Dabei zeigte sich zu seiner Verblüffung, daß nach einer Reihe von Experimenten kein Nebel mehr in der Versuchskammer entstand, obwohl alle theoretischen Voraussetzungen wie Temperatur, Druck und relative Feuchtigkeit gegeben waren. Ließ er jedoch etwas frische Luft in den Behälter nachströmen, bildete sich auch wieder Nebel. Coulier kam zu dem Schluß, daß die fehlende Substanz, ohne die sich kein Nebel in seiner Versuchskammer entwickelte, Staub war.

Die vielen Phasen des Niederschlags

Feuchtigkeit kann die Erde als sanfter, fruchtbarer Regen oder als brutal zerstörender Hagel erreichen. Jeder Niederschlag, ob wir ihn nun als Segen oder Fluch betrachten, beginnt mit der Kondensation von Wassermolekülen um winzige in der Luft vorhandene Partikeln, die sogenannten Kondensationskerne. Tausende solcher Tröpfchen müssen sich verbinden, bis ein Tropfen entsteht, das groß und schwer genug ist, um zur Erde zu fallen, ohne zu verdunsten.

In den Tropen und in einigen Regionen der gemäßigten Zonen bilden sich manchmal außergewöhnlich große Wolkentröpfchen. Sie stürzen rasch in die Tiefe und reißen unterwegs weitere Tröpfchen mit, bis sie zu Regentropfengröße angewachsen sind und auf die Erde fallen.

Außerhalb der Tropen jedoch bilden Eiskristalle selbst im Sommer die erste Stufe eines jeden Niederschlagstyps. Sie entstehen in den oberen Bereichen der dicken Cumulonimbus- oder Nimbostratuswolken, wo die Temperatur zwar unter Null sinkt, die meisten Tröpfchen sich jedoch in einem unterkühlten flüssigen Zustand befinden. Wenn ein paar dieser Tröpfchen dann doch gefrieren, wachsen diese Eiskristalle schnell, indem Wasserdampf an ihnen gefriert. Schließlich sinken sie als Schneeflocken.

Zuerst bilden die Schneeflocken meist Klumpen. Die Form, in der sie den Boden erreichen, hängt von den Temperaturen ab, die sie auf ihrem Weg zur Erde antreffen. In kalter Luft bleiben sie erhalten und fallen als weicher Schnee. Wärmere Luft schmilzt sie, und sie werden zu Regen. Wenn zwischen den eisigen Wolkenkappen und einer bodennahen kalten Temperaturschicht eine warme Luftzone liegt, schmilzt der Niederschlag zunächst und gefriert dann wieder: entweder zu Graupeln oder – bei der Berührung mit Bäumen und Überlandleitungen – zu einer glänzenden Eisschicht.

Nur Hagel bildet sich auf andere Art. Man nimmt an, daß die starken Aufwinde in einem Gewitter die Niederschlagspartikel wiederholt in die oberen Wolkenschichten schleudern. Dabei gefriert jedesmal eine neue Wasserdampfschicht auf dem Hagelkorn, bis es so schwer ist, daß es die Aufwinde überwindet und in die Tiefe stürzt.

Diese Tabelle veranschaulicht den Ursprung der wichtigsten Niederschlagstypen. Sie zeigt außerdem, wie sich die Temperaturen und Aufwärtsströmungen auf die Form des Niederschlags auswirken.

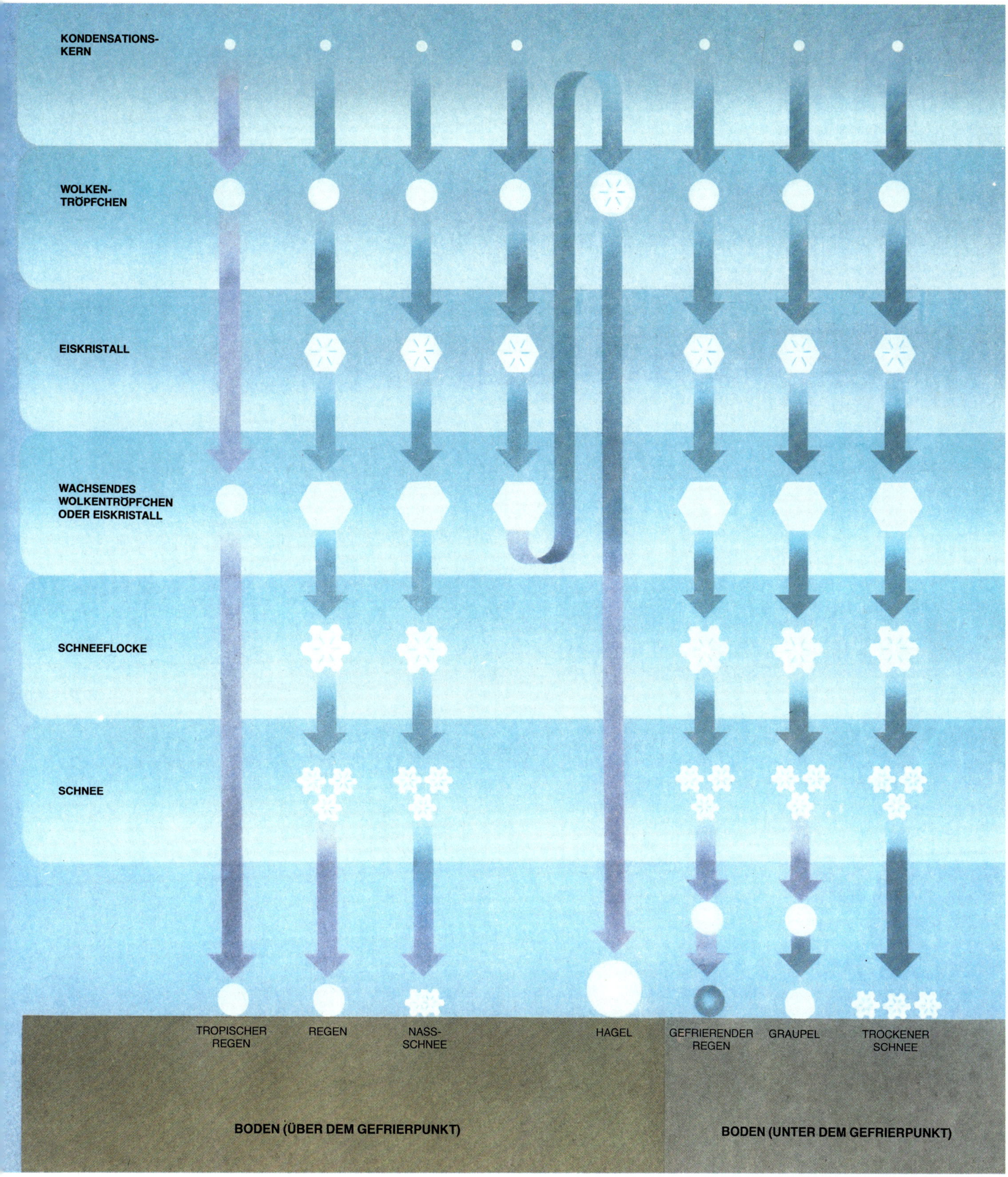

Andere Wissenschaftler bestätigten, daß Wasserdampf um winzige Staubpartikel kondensiert. Der schottische Physiker und Meteorologe John Aitken fand nach langen Untersuchungen heraus, woher die Staubteilchen stammen, die zur Bildung von Wolken und Nebel benötigt werden. „Alle Vorgänge der Natur, durch deren Einwirken Materie in winzige Teile zerlegt werden kann, helfen dabei mit", schrieb er 1881. „Zu den wichtigsten Quellen zählt höchstwahrscheinlich die Gischt der Meere, von der nach Verdunstung der Feuchtigkeit nichts als ein feiner Salzstaub zurückbleibt." Er nannte außerdem Vulkanstaub, kondensierte Gase und Verbrennungsrückstände. „Daraus läßt sich erkennen, daß keineswegs die in der Luft sichtbaren Staubteilchen die Kondensationskerne von Nebel und Wolkenpartikeln bilden. Kondensationskerne von Nebel- und Wolkentropfen sind viel feinerer Staub, fast unsichtbar, und obwohl sie stets in großer Zahl in der Atmosphäre vorkommen, bleibt ihr Einfluß fast unbemerkt."

Diese Partikel sind in der Tat sehr winzig. Die kleinsten darunter, die man nach ihrem Entdecker Aitken-Kerne nennt, haben eine so geringe Ausdehnung, daß man 5000 davon auf einem einzigen Kubikzentimeter unterbringen könnte. Die größeren sind kaum stärker als die Haut einer Seifenblase, und selbst die sogenannten Riesenkerne haben nur ein Zehntel des Durchmessers eines Menschenhaares. Wenn es diese Partikel in der Luft nicht gäbe, hätten Wolken und Regen einen völlig anderen Charakter. Die Luft wäre mit Dampf übersättigt, ohne daß es zunächst zur Wolkenbildung käme. Von Zeit zu Zeit jedoch würden sich drohende Gebilde auftürmen und heftige Regengüsse über die Erde hinwegpeitschen. Einen normalen, sanften Regen gäbe es praktisch nie.

Trotz der neuen Erkenntnis, daß die Tropfen- und Wolkenbildung durch Staubpartikel zustande kommt, blieb eine Stufe im hydrologischen Zyklus ein Rätsel: Wie verwandeln sich normale Wolken in Regenwolken von Luke Howards Kategorie der Nimbuswolken? Anders ausgedrückt: Wie entstehen Tropfen, die groß und schwer genug sind, um auf die Erde zu sinken? Gewöhnliche Regentropfen sind 15 Millionen mal größer als ein Wolkentröpfchen (und nehmen die Form eines runden Brötchens an, wenn sie in die Tiefe stürzen; die langgezogenen, birnenähnlichen Tropfen der Karikaturisten gibt es nicht). Man hatte angenommen, daß die Tröpfchen auf dem Weg in die Tiefe wüchsen, aber da kein Mensch genau genug über die tatsächliche Größe und Entwicklung von Regentropfen Bescheid wußte, konnte man keine sichere Aussage über ihr Entstehen treffen.

Im Jahre 1911 trug der deutsche Meteorologe Alfred Wegener – ein brillanter Denker, der später mit seiner Theorie von der Kontinentalverschiebung eine Revolution auf dem Gebiet der Geologie auslöste – eine These vor, die Wissenschaftler vor seiner Epoche wohl kurzerhand zurückgewiesen hätten. Er behauptete, daß fast jede Form von Regen als Eis beginne.

Zwei Tatsachen bestärkten Wegener in seiner Vermutung: Wasser läßt sich unterkühlen, das heißt, man kann es bis unter seinen Gefrierpunkt abkühlen, ohne daß es zu Eis wird, und Eis zieht Wasserdampf an. Die Anziehungskraft beruht darauf, daß der Dampfdruck in der Umgebung von Eis niedriger ist als in der Umgebung von Wasser. Wenn sich Eiskristalle und Wassertröpfchen in der unmittelbaren Nähe einer Feuchtluftmasse befinden, verdunsten die schneller bewegten, flüssigen Wassermoleküle aus den Tröpfchen und strömen in den Bereich mit dem niedrigeren Dampfdruck, also zum Eis.

Wegener vereinigte diese beiden Feststellungen in einer Theorie der Wolkenphysik, die die letzte Lücke des Regentropfenrätsels schloß. Wolken, die in große Höhen aufstiegen, erklärte er, enthielten häufig sowohl Eiskristalle als auch unterkühlte Wassertröpfchen. In einem solchen Gemisch, fuhr er fort, wüchsen zwangsläufig die Eiskristalle auf Kosten der Wassertröpfchen, bis die Kristalle schwer genug seien, um in wärmere Schichten abzusinken, wo sie möglicherweise schmölzen und zu Regen würden.

Der schottische Chemiker Joseph Black, hier in einer posthumen Karikatur, entnimmt die Notizen für seine Vorlesung an der University of Edinburgh einem Gewirr von Zetteln. Black wies 1762 durch Experimente nach, daß beim Verdampfen von Wasser latente Wärme absorbiert und beim Kondensieren des Dampfes wieder freigesetzt wird.

Wegeners Theorie war nur eine interessante Idee, bis ein schwedischer Forscher zehn Jahre später zufällig den Beweis für ihre Richtigkeit erhielt. Als Tor Bergeron, ein Mitglied der berühmten Meteorologenschule von Bergen, 1922 Urlaub in den norwegischen Wäldern machte, beobachtete er, daß der Nebel dort sein Verhalten je nach Temperatur änderte. Befand sich die Temperatur über dem Nullpunkt, dann bedeckte der Nebel den Boden. Betrug sie dagegen einige Grad unter Null, dann blieben über dem Boden ein bis zwei Meter nebelfrei. Bergeron erinnerte sich an Wegeners Theorie und kam zu dem Schluß, daß der Eisüberzug auf den Bäumen die Nebeltröpfchen angezogen und absorbiert habe.

Nach einem Jahrzehnt umfangreicher Untersuchungen hatte Bergeron im Jahre 1933 das Rätsel der Niederschlagsbildung im wesentlichen geklärt: Alle Regentropfen mit einem Durchmesser von mehr als 500 Mikron – etwa der Tropfengröße bei feinem Dunst – entstehen aus Eispartikeln. Solche Partikel bilden sich, wie er herausfand, erst dann, wenn die Wolkentemperaturen unter −10° C sinken. Oberhalb dieser Temperatur bleiben sie flüssig, selbst wenn der Gefrierpunkt unterschritten wird. Im Sommer treten derart tiefe Temperaturen, die eine Kristallbildung ermöglichen, erst in Höhen zwischen 3000 und 5000 Metern auf. Das bedeutet, daß Wolken entweder in diese Schichten aufsteigen oder mit Eiskristallen aus höheren Wolken „geimpft“ werden müssen, um Niederschlag zu erzeugen. Im Winter ist die Troposphäre in den mittleren Breiten oft kalt genug, so daß sich schon in niedrigeren Schichten Kristalle bilden. Solange ihre Umgebungstemperatur unter dem Gefrierpunkt bleibt, nehmen die Kristalle Dampf von den unterkühlten Wassertröpfchen auf und wachsen rasch; sie beginnen zu sinken und absorbieren auf dem Weg nach unten weitere Tröpfchen. In den meisten Fällen verbinden sich die Kristalle zu Schneeflocken, die entweder unversehrt zur Erde gelangen oder unterwegs schmelzen und als Regen niedergehen.

Obwohl die Meteorologen heute wissen, daß es Ausnahmen von dieser Regel gibt, sind sie davon überzeugt, daß die meisten Niederschläge in den mittleren Breiten auf dem Eiskristallprozeß beruhen, und sie haben den Ablauf in allen Einzelheiten untersucht. Selbst bei Temperaturen unter dem Nullpunkt sind die mikroskopisch kleinen Wassertröpfchen einfach zu winzig zum Gefrieren. Um

Trockene, durch den Erdboden erwärmte Luft steigt auf und kühlt gleichmäßig mit der Höhe ab *(rechts)*. Ist die aufsteigende Luft dagegen feucht, kondensiert der Wasserdampf zu Wolken und setzt latente Wärme frei *(ganz rechts)*. Die Wärme verlangsamt das Abkühlen der Luft und gibt ihr neuen Auftrieb, so daß die Wolken nach oben quellen.

eine Kristallstruktur zu bilden, müssen sich flüssige Wassermoleküle in einer bestimmten Ordnung angliedern. Die meisten Tröpfchen sind so klein und enthalten so wenige freischwebende flüssige Moleküle, daß selbst bei sehr kalten Temperaturen die notwendige Gruppierung nicht zustande kommt. Manchmal bildet sich erst bei −40° C eine kristalline Struktur. Unterhalb dieser Temperatur gefrieren alle Wassermoleküle. Gasmoleküle – Dampf – kristallisieren sogar, ohne erst flüssig zu werden. Dieser Vorgang wird Sublimation genannt.

So wie sich flüssige Tröpfchen mit Vorliebe um Staubteilchen herum bilden, gefrieren die Tröpfchen leichter im Beisein bestimmter Partikel, den sogenannten Eiskernen. Solche Teilchen, insbesondere der Staub bestimmter Tonerden, haben dem Eis ähnliche Kristalle, so daß unterkühlte Wassermoleküle ihre Struktur bei der Berührung nachahmen und zu Eis kristallisieren. Sobald sich die ersten Kristalle gebildet haben, lagern sich weitere Wassermoleküle an dem Eis an, und der Prozeß der Kristallisation wird beschleunigt.

Die Eiskristalltheorie wurde bis etwa 1940 als Erklärung für jeglichen Regen akzeptiert. Als man jedoch mit der Weiterentwicklung der Luftfahrt mehr über die obere Atmosphäre in Erfahrung brachte, entdeckte man, daß in den Tropen die Wolken selbst in höheren Bereichen selten kalt genug sind, um Eiskristalle entstehen zu lassen. Es mußte demnach noch einen anderen Prozeß geben, der die Wassertröpfchen zu Regentropfen vereinigte, und die Wissenschaft mußte die gesamte Theorie im Lichte der neuen Daten noch einmal überdenken.

Da Wassertröpfchen gleicher Größe von Luftströmungen meist gleich schnell befördert werden, kommt es zwischen ihnen selten zu Kollisionen. Und wenn sie doch zusammenstoßen, prallen gleich große Tröpfchen im allgemeinen eher voneinander ab, als daß sie sich zu einem Regentropfen vereinigen. Untersuchungen führten zu dem Ergebnis, daß in den Tropen manche Tröpfchen wohl von Anfang an größer sind als andere. Die Wissenschaftler äußerten die Ansicht, daß vielleicht Salzpartikel, die von der Tropenhitze aus den Äquatorialgewässern in die Atmosphäre getragen werden, die größeren Tropfen verursachen. (Jeder, der einmal versucht hat, an einem feuchten Tag einen Salzstreuer zu benutzen, weiß, daß Salz Wasser anzieht.) Experimente bestätigten bald, daß sich über den Tropen große Salzpartikel in der Atmosphäre befinden, die in der Tat das Wachstum größerer Wassertropfen entsprechend begünstigen. Da größere Tropfen auch schwerer sind, überwinden sie als erste den Auftrieb, den sie durch die warme Luft erfahren. Bei ihrem Absinken treffen sie auf kleinere Tropfen und fließen mit ihnen zusammen, bis schließlich richtige Regentropfen aus der Wolke fallen.

Manche Wissenschaftler vertreten auch die Meinung, daß die Elektrizität beim Verschmelzen von Wassertröpfchen eine Rolle spielen kann. Wenn zwei Tropfen entgegengesetzte Ladungen haben, verbinden sie sich leichter. So ist es durchaus möglich, daß die Elektrizität im Innern einer Wolke das Wachstum der Tröpfchen zu Regentropfengröße begünstigt.

Mit der Entstehung eines Regentropfens oder einer Schneeflocke ist das Thema Niederschlag aber noch längst nicht erschöpft. Die komplizierten Prozesse in unserer Atmosphäre bestimmen wesentlich mit, was nun letzten Endes auf der Erdoberfläche eintrifft. Gelegentlich wird Niederschlag von denselben Aufwärtsströmungen verhindert, die überhaupt erst die erforderliche Feuchtigkeit in die Höhe befördern. Der Schnee oder Regen durchwandert auf seinem Weg in die Tiefe warme Luft, die immer noch aufsteigt. Obwohl der Wasserdampf mit wachsender Höhe abkühlt und kondensiert, wird durch den Kondensationsprozeß die sogenannte latente Wärme frei. Das ist Energie, die bei der Umwandlung von Gasen in Flüssigkeiten und von Flüssigkeiten in Feststoffe entsteht. Während also der niedrigere Druck in größeren Höhen die aufwärts strömende Luft abkühlt, bewirkt die aufgrund von Kondensation frei gewordene latente Wärme, daß die nach oben wandernde Luft eine höhere Temperatur hat als ihre Umgebung; deshalb hält die

Aufwärtsbewegung zunächst an. Oft genug steigt die Luft so lange auf, bis sie in eine Schicht noch wärmerer Luft eindringt, in der sie dann keinen Auftrieb mehr hat. Fehlt eine solche Konvektionsgrenze, so fließt die Luft innerhalb einer Wolke stets nach oben und verzögert den Niederschlag so lange, bis die Schneeflocken oder Regentropfen groß und schwer genug sind, um die Aufwärtsströmung zu überwinden und dann zur Erde zu fallen.

Wenn eine Regenwolke über den Himmel zieht und die ersten Tropfen fallen, durchdringen sie wärmere, trockenere Luft. Der Weg durch diese ungesättigten Schichten läßt viele der kleinen Tropfen wieder verdunsten. Auf den Boden

Wenn Wassertropfen an Gegenständen gefrieren, bilden sich Vereisungen: Ein heftiger Sturm hat eine dicke Eisschicht schräg um einen Laternenpfosten gewickelt. Das zarte Filigranmuster rechts stammt von einer Ansammlung kleinerer Tröpfchen, die durch sehr schwachen Wind angelagert wurden.

klatschen nur vereinzelte große Tropfen. Binnen kurzer Zeit kühlen die herabfallenden Tropfen den Boden ab und erhöhen die relative Feuchtigkeit der unteren Luftschichten. Ein Regenguß setzt ein. Ist die Luft an der Erdoberfläche sehr heiß und trocken, wie beispielsweise über einem Wüstengebiet, können sämtliche Regentropfen verdunsten, ehe sie den Boden berühren. Wenn das geschieht, sieht ein Beobachter von der Erde aus die sogenannten Virga (Fallstreifen), eine Schleppe aus Regentropfen oder Eiskristallen, die unter einer Wolke hängt und mitten in der Luft zu verschwinden scheint.

Schneeflocken werden aufgrund ihrer hauchzarten Struktur besonders leicht zum Spielball der Atmosphäre. Manche Schneeflocken sinken ungeheuer langsam in die Tiefe. Theoretisch kann eine Flocke zwei volle Tage benötigen, bis sie aus einer Höhe von 3000 Metern den Erdboden erreicht hat (wenn sie überhaupt unversehrt anlangt). Temperaturwechsel und unterschiedliche Feuchtigkeitsverhältnisse beeinflussen sie auf ihrem Weg zur Erde. Wenn die Luft in Bodennähe trocken ist, kann es schneien, auch wenn die Temperatur oberhalb des Gefrierpunkts liegt. Da ein Teil der Flocken schmilzt und rasch verdunstet, kühlt die untere Luftschicht ab, und die nachfolgenden Schneeflocken durchwandern sie, ohne zu schmelzen. Andererseits ist die Wetterregel: „Es ist zu kalt zum Schneien!" durchaus sinnvoll. Sehr kalte Luft enthält oft nicht genügend Feuchtigkeit, um irgendeine Form von Niederschlag zu bilden. Die eisige Polarluft kann so wenig Wasserdampf aufnehmen, daß Forscher erlebten, wie sich ihr feuchter, warmer Atem sofort in Schnee verwandelte, der sanft auf ihre Stiefel niederfiel.

Schneekristalle, die im Sinken schmelzen, können dem Winter sowohl ein prachtvolles Gewand verleihen als auch gefährliche Folgen haben. Wenn die geschmolzenen Flocken durch eine bodennahe Schicht extrem kalter Luft wandern,

Ein leidenschaftlicher Schneeflockensammler

1880 betrachtete ein junger Mann namens Wilson A. Bentley erstmals durch ein Mikroskop die zarte Stuktur von Eiskristallen, aus denen eine Schneeflocke besteht. Der damals 15jährige Bentley war so fasziniert von dem Anblick, daß er es sich zur Lebensaufgabe machte, die unendliche Vielfalt der Schneekristallformen zu photographieren und zu katalogisieren.

Obwohl damals schon bekannt war, daß Schneeflocken eine Kristallstruktur haben, war Bentley der erste, der sie auf Photographien festhielt. Seine Methoden waren einmalig, wenn nicht genial. Er ließ die Flocken auf ein samtbespanntes Tablett fallen, sonderte vielversprechende Kristalle rasch mit der Lupe aus, schob sie mit einem Holzstäbchen auf Mikroskopplättchen und strich sie mit einer Feder glatt. Entweder im Freien oder in einem eiskalten Schuppen schob Bentley dann jeden Objektträger unter ein schwaches Mikroskop, das mit einer Kamera verbunden war, und photographierte die vergrößerte Flocke.

In 40 Wintern langer Arbeit sammelte „Snowflake“-Bentley, wie man ihn nannte, Tausende von Mikrophotos – aber nicht zwei Schneeflocken waren völlig gleich.

Im Winter 1925 steht Wilson Bentley vor seiner Farm in Jericho, Vermont, und fängt herabsinkende Schneeflocken ein. Neben ihm sieht man die wenigen Instrumente die er zum Betrachten und Photographieren der Schneekristalle benötigte.

Enige der Abbildungen aus dem Buch *Schneekristalle,* das Bentley 1931 veröffentlichte, zeigen die vielen Varianten der sechseckigen Grundform. Heutzutage kennen Meteorologen mehr als 80 Kategorien.

gefrieren die Tropfen erneut. Dadurch entstehen Graupeln. Gefriert der Regen nicht zu Graupel- oder Eiskörnern, ehe er den Boden erreicht, können die Tröpfchen dennoch so kalt sein, daß sie gefrieren, sobald sie feste Materie berühren. Bricht nach überfrierendem Regen zufällig die Sonne durch, dann glitzern die Bäume wie im Märchenland. Aber die glatte Eisschicht ist auch gefährlich. Ihr Gewicht vermag Baumäste und Überlandleitungen abzuknicken, und auf den Straßen führt der spiegelnde Belag oft zu schweren Unfällen und Chaos.

Die Formenvielfalt der Schneeflocken ist sagenhaft, und obwohl Wissenschaftler betonen, daß kein Naturgesetz die Entstehung gleicher Schneeflocken verbietet, hat man noch nie zwei völlig identische Exemplare gefunden. In Vermont brachte der Farmer und Photograph Wilson A. Bentley über 40 Jahre seines Lebens damit zu, Schneeflocken durch ein Mikroskop zu betrachten und abzulichten, ohne je „Zwillinge“ aufzuspüren. Allerdings gibt es unter den Kristallen, die sich zu Schneeflocken verbinden, sehr oft ähnliche Formen. Man teilt sie grob in symmetrische und asymmetrische Typen ein, und Laborexperimente lassen darauf schließen, daß ihre Gestalt von den Temperatur- und Feuchtigkeitsbedingungen der Wolke mitbestimmt werden, in der sie entstehen. Beträgt die Wolkentemperatur mehr als −3° C, sind die Kristalle aller Voraussicht nach flache, hexagonale Plättchen. Zwischen −3° C und −5° C scheinen sich Nadeln zu bilden, und zwischen −5° C und −8° C entstehen prismenartige Hohlsäulen. Bei noch tieferen Temperaturen sind Hexagone, Säulen und sogar Dendriten möglich.

In welcher Gestalt sie auch auftreten mögen, Schneeflocken isolieren hervorragend. Auf ihrem Weg zur Erde schlucken sie den Schall durch Vibrationsdämpfung und schaffen so jene unheimliche Stille, die für leichten Schneefall charakteristisch ist. Schnee verhindert außerdem Wärmeabstrahlung. Da in den Flocken oft winzige Luftbläschen eingeschlossen sind, wirkt eine Schneedecke ähnlich wie ein Daunenbett. So betrug bei einem Kälteeinbruch in den Staaten des amerikanischen Mittelwestens die Temperatur an der Schneeoberfläche −33° C, während man nur 18 Zentimeter tiefer −4° C maß: also einen Unterschied von 29° C zwischen der Ober- und Unterseite der Schneedecke.

Die beachtlichste Form von Niederschlag ist sicherlich Hagel, der Schrecken der Bauern. Er zerstört nicht nur Ernten, sondern bedroht auch Menschenleben. Im allgemeinen haben Hagelkröner einen Durchmesser von gut einem Zentimeter, sie können jedoch auch Golfball- und gelegentlich sogar Fußballgröße annehmen. Der dickste Hagelbrocken, von dem man je gehört hat, wurde am 3. September 1970 in Coffeyville, Kansas, gefunden. Er hatte einen Umfang von 44 Zentimetern und wog etwa 760 Gramm.

Hagelkörner entstehen, wenn sich Eiskristalle lange genug in einer Wolke aus unterkühlten Wassertröpfchen befinden und auf das Tausendfache ihrer Normalgröße anwachsen. Danach müssen sie so schnell durch die Atmosphäre fallen, daß sie keine Gelegenheit zum Schmelzen haben. Die einzigen Wolken, die im Normalfall ausreichend starke Turbulenzen für die Bildung von Hagel aufweisen, sind die Gewitterwolken, die vor allem im Sommer aufziehen, wenn die starke Oberflächenhitze kräftige Aufwärtsströmungen erzeugt.

Die prachtvollen Cumulonimbusriesen steigen oft bis an die Stratosphäre auf, wo durch Temperaturen zwischen −50° C und −80° C eine mit Eis durchsetzte Wolkenkappe entsteht. Es gibt zwei Theorien zur Entstehung von Hagel in einer solchen Wolke. Die ältere und weiter verbreitete Ansicht ist, daß sich im oberen Bereich einer Wolke Eiskörner bilden, daß sie dann ein Stück absinken und sich dabei mit einer Schicht unterkühltem Wasser umgeben. Danach werden sie erneut von der Aufwärtsströmung erfaßt und in die Höhe getragen, wo das unterkühlte Wasser gefriert und die Eiskörner vergrößert. Gemäß dieser These sind Hagelkörner das Produkt mehrerer solcher Zyklen, in denen sich jedesmal eine neue Eisschicht anlagert, bis der Hagel in die Tiefe prasselt. Die Tatsache, daß viele große

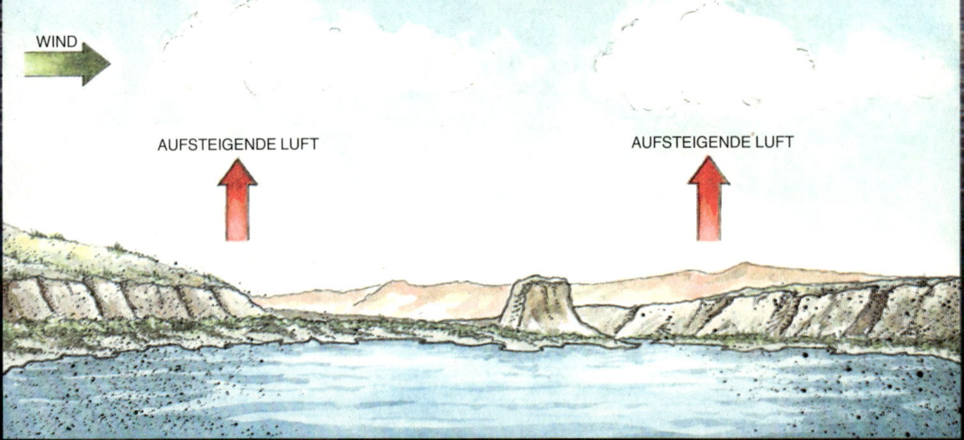

Das kurze Leben einer Cumuluswolke beginnt, wenn der Wasserdampf in einem aufsteigenden Warmluftpaket abkühlt und kondensiert. Die Wolke treibt bald weiter und verdunstet oft innerhalb einer Viertelstunde, während sich über der ursächlichen Warmluftsäule eine neue Wolke bildet.

Schönwettercumuli gleiten hoch über den Colorado im Südwesten Arizonas hinweg. Die Quellwolken entstehen über Warmluftsäulen, die über besonders sonnenerwärmten Gebieten im Erdboden stehen.

Hagelkörner eine zwiebelähnliche Struktur besitzen, scheint die These einer mehrmaligen Zirkulation zu stützen.

Die zweite, erst in jüngerer Zeit entwickelte Theorie geht davon aus, daß die Hagelkörner nur einmal absinken, der Weg in die Tiefe jedoch sehr langsam zurückgelegt wird. Die Aufwärtsströmung trägt die Eiskerne, aus denen der Hagel entsteht, eine ganze Weile – zwischen 10 und 20 Minuten. In dieser Zeit werden sie zwischen anderen Schneekristallen und unterkühlten Wassertröpfchen umhergestoßen und nehmen nach und nach so viel zusätzliches Eis auf, daß ihr Gewicht schließlich die Aufwärtsströmung überwindet.

Wahrscheinlich sind beide Entstehungsmodelle richtig; bei manchen Unwettern laufen die Prozesse vielleicht sogar gleichzeitig ab. „Die Atmosphäre", stellte ein Meteorologe dazu fest, „hat Platz genug für beide."

Zwar bestand die größte Herausforderung im Studium der Wolkenphysik bislang darin, die Vorgänge im Innern von Nimbuswolken zu klären, aber Erkenntnisse der jüngsten Zeit erhellten auch sehr viele Einzelheiten der anderen Wolkentypen, die Luke Howard fast 200 Jahren zuvor benannt hatte, der Cumulus-, Stratus- und Cirruswolken. Heute weiß man, daß eine Cumuluswolke das Resultat einer vertikalen Vermischung ist.

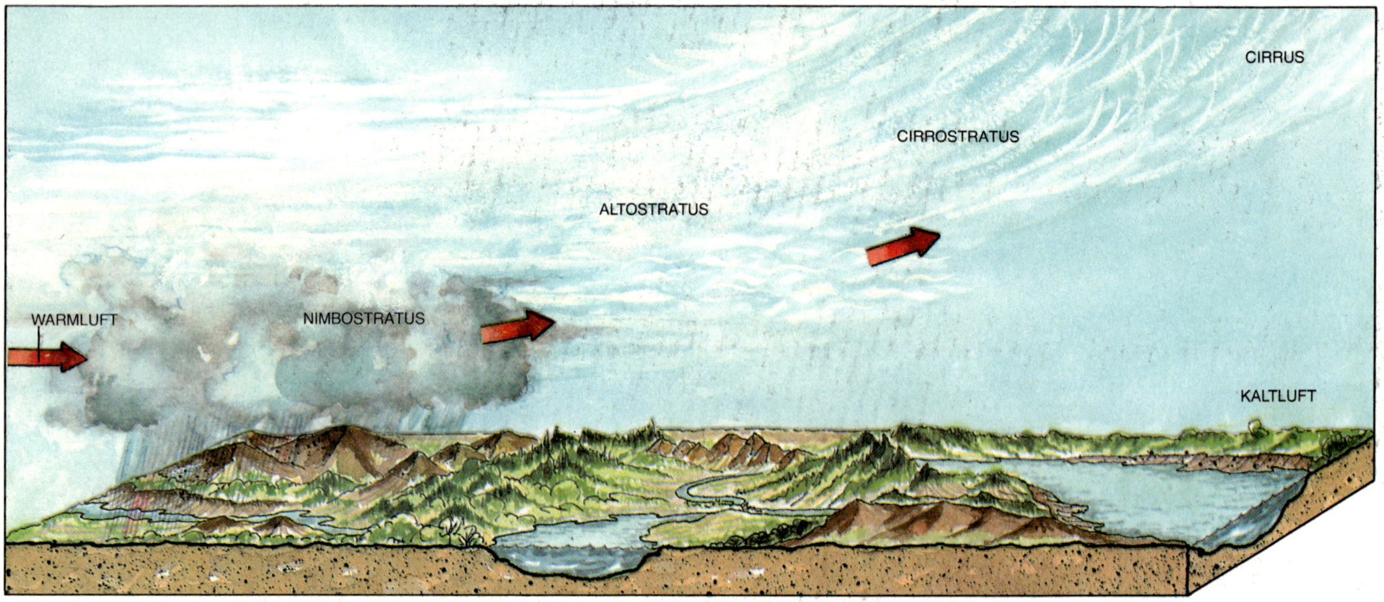

Die verschiedenen Schichtwolken erscheinen an einer Warmluftfront oft in der oben skizzierten Reihenfolge. Sie reichen von hohen, faserigen Cirruswolken bis zu den tiefhängenden, düsteren Regenwolken des Typs Nimbostratus, die links auf einer Photographie wiedergegeben sind.

Dieser Vorgang setzt ein, wenn durch sonnenheiße Felder, gelegentlich aber bereits durch einen großen, schattenlosen Parkplatz ein Luftpaket erwärmt wird. Die unsichtbaren Pakete warmer, aufsteigender Luft, die man auch Thermikschlauch nennt, kühlen in der Höhe ab, bis ihre Temperatur den Taupunkt erreicht und der Wasserdampf kondensiert; plötzlich werden sie wie durch Zauberei als Wolke sichtbar. Da andere Warmluftpakete, die über demselben Gebiet aufsteigen, auch etwa gleich schnell abkühlen, entstehen meist in derselben Höhe Cumuluswolken, die eine glatte Basis haben. Ihre vertikale Ausdehnung hängt jedoch von den Auftriebskräften und der Temperaturstruktur in der Troposphäre ab. Die größten von ihnen, die typischen Gewitterwolken, steigen bis zu mehreren tausend Metern in den Himmel.

Eine große Cumuluswolke besteht aus vielen kleineren Luftpaketen, die ihr ein gebauschtes, nahezu blumenkohlartiges Aussehen geben. Die einzelnen Ballen oder „Röschen" haben eine Lebensdauer von nur 10 bis 15 Minuten. Starke Aufwärtsströmungen befördern die Wassertröpfchen in der Mitte der Cumuluswolke nach oben. Ein Teil der Luft fließt dann nach außen und sinkt wieder ab, so daß an den seitlichen Rändern der Wolke Abwinde entstehen. Währenddessen versetzt oftmals ein horizontaler Wind die ganze Wolkenmasse zur Seite und damit weg von dem Thermikschlauch. Die Wolke erhält keinen Warmluftnachschub mehr, löst sich auf und verschwindet. Über dem Thermikschlauch dagegen entsteht die nächste Quellwolke.

Oft haben Cumulussysteme einen ausgeprägten Tageszyklus. Sie bilden sich gewöhnlich im Laufe des Vormittags, wenn die Sonneneinstrahlung zur Konvektion führt. Ab Mittag können Tausende kleiner Haufenwolken den Himmel bedecken, und am Spätnachmittag sind sie oft so zahlreich, daß sie einen großen Teil des Sonnenscheins abfangen. Vor allem im Sommer bauen sich einige von ihnen nachmittags zu hoch aufragenden Cumulonimbustürmen auf, aus denen dann Gewitter niedergehen. Gegen Abend wird die Sonneneinstrahlung schwächer, die Konvektion läßt nach, und die Wolken lösen sich auf.

Im allgemeinen spielen sich derartige Cumuluszyklen über dem Festland ab, denn die Meere erwärmen sich meist so langsam und gleichmäßig, daß keine ausgeprägten Aufwärtsströmungen entstehen. So können Flugreisende beim Überqueren einer Küstenlinie tagtäglich eine bestimmte Art der Bewölkung beobachten, die sich über das Land erstreckt und ziemlich unvermittelt am Wasser endet. Da sich Aufwärtsströmungen aber auch in Verbindung mit Tiefdrucksystemen, warmen Meeresströmungen oder Auftriebsgebieten über Inseln entwickeln, entstehen Cumuluswolken gelegentlich auch mitten über der See. Und in Äquatornähe, wo die Passatwinde zusammentreffen und feuchte Luft rasch aufsteigt, gibt es häufig schwere Gewitter mit heftigen Regengüssen.

Die graue Decke der Stratuswolken bedeckt den Himmel von Horizont zu Horizont. Während Cumuluswolken das Resultat senkrecht aufsteigender Warmluft durch eine kältere Umgebung sind, entstehen Stratuswolken im allgemeinen dann, wenn Warm- und Kaltluftmassen zusammenstoßen. Dabei gleitet die leichtere Warmluft über die dichtere, bodennahe Kaltluft hinweg und kühlt sich ab, bis ihre Feuchtigkeit zu einer breiten, bleigrauen Wolkenschicht kondensiert. Da die wärmere Luft in der Höhe die Kaltluft am Aufsteigen hindert, bedeutet „Stratus" stets das Fehlen jeglicher vertikaler Luftbewegung. Im Normalfall gibt eine Stratuswolkendecke keinen Niederschlag ab, solange sie niedrig genug ist. Befindet sich die Schicht jedoch in größerer Höhe, können sich Eiskristalle bilden, die dann in Regen übergehen.

Damit man die verschiedenen Stratustypen besser voneinander unterscheiden kann, hat man Howards Nomenklatur nachträglich etwas erweitert. So versteht man unter Nimbostratus Regenwolken, die nicht höher als 1500 Meter liegen. Altostratus oder auch „Mittelschichten" bilden sich zwischen 3000 und 6000

Metern, und Cirrostratuswolken sind eine zarte, federige Schicht, die im allgemeinen in einer Höhe über 6000 Meter erscheint.

Die tiefsten Stratuswolken haben jedoch eine einfachere Bezeichnung: Nebel. Und Nebel ist, da er der Welt des Menschen so nahe kommt, in gewisser Weise die gefährlichste Wolkenart. Immer wieder im Laufe der Geschichte lasen unglückliche Seefahrer, die der Wind gegen eine Felsenküste trieb, ihr Todesurteil in den lautlosen Schwaden, die ihre Schiffe einhüllten. Zwar bezwingen inzwischen moderne elektronische Instrumente sogar den dichtesten Nebel, aber auch heute noch heißt die Parole auf der Kommandobrücke eines Schiffes extreme Vorsicht, wenn die grauen Wände auftauchen.

Zu Beginn der Luftfahrt konnte ein Pilot, der seine Warterunden über einem nebelverhangenen Flugplatz drehte, an der Treibstoffanzeige erkennen, wie lange er noch zu leben hatte. In den Allegheny Mountains von Pennsylvania, wo mehrere parallele Bergketten feuchte, kühle Luft festhalten, kamen in den zwanziger Jahren Postflieger durch Nebel und niedrige Wolken so oft zu Schaden, daß sie den zähen Schichten den sarkastischen Beinamen „Cumulogranit“ verliehen. Eine Flugstrecke zwischen Bellefonte in Pennsylvania und Cleveland in Ohio, die von den Piloten „Höllenstreifen“ genannt wurde, forderte innerhalb der kurzen Zeit von 22 Monaten allein 26 Menschenleben.

Aber auch für moderne Jets mit hochspezialisierten elektronischen Ausrüstungen bleibt der Nebel eine ernste Gefahr. Auch bei der verheerendsten Katastrophe der Luftfahrt im Jahre 1977, als auf einem Flughafen der Kanarischen Inseln zwei Boeing-747 zusammenstießen, trug der Nebel die Hauptschuld.

Dichter Talnebel hüllt dieses Dorf in den österreichischen Alpen am Morgen ein. Feuchtkalte Luft, die während der Nacht auf den Talboden absank, war weiter abgekühlt, so daß der enthaltene Wasserdampf zu Abstrahlungsnebel kondensierte.

Verdunstungsnebel zieht über die Penobscot Bay in Maine. Dieses besondere Phänomen, das man auch Seerauch nennt, tritt bei kaltem Wetter über offenen Gewässern auf, wenn der vom wärmeren Wasser aufsteigende Dampf kondensiert.

Die Kondensation von Wasserdampf zu Nebel erfolgt oft, wenn feuchte Luft direkt mit dem kalten Boden in Berührung kommt und dann abkühlt. Besonders schnell nimmt die Bodentemperatur in den Nächten ab, in denen keine Wolken die Wärmeabstrahlung in den Raum verhindern oder verlangsamen. Unter solchen Umständen kann die Luft in Bodennähe sehr schnell den Taupunkt erreichen: Das Ergebnis ist Abstrahlungsnebel, so genannt, weil er durch Wärmeabstrahlung in den Weltraum verursacht wird.

Eine leichte Brise unterstützt die Nebelbildung. Bei völliger Windstille kommen nicht so viele Luftmoleküle mit der kühlen Erdoberfläche in Berührung. Starker Wind löst den Nebel meist ganz auf, eine Brise dagegen hält die feuchte Luft gut in Bewegung und kann den Nebel hundert Meter hoch und höher treiben. Abstrahlungsnebel entstehen häufig in Senken und abgeschlossenen Tälern – wie im Höllenstreifen –, wo sich gern Kaltluft ansammelt. Besonders dicht ist er nach Sonnenaufgang, wenn die erste Sonnenwärme zu einer schwachen Konvektion führt und die wärmere feuchte Luft unter die Kaltluft in Bodennähe gemischt wird. Gewöhnlich aber läßt das Licht und die Wärme des neuen Tages diese Nebel innerhalb weniger Stunden verdunsten.

Eine andere Art von Nebel entsteht über Seen oder ruhigen Flüssen, wenn Kaltluft über ihr wärmeres Wasser hinwegstreicht. Dabei vermischt sich die erwärmte Luft mit der etwas kälteren Luft darüber, und wenn das Gemisch seinen Taupunkt erreicht, bilden sich dicht über dem Wasserspiegel dichte Schwaden: der Verdunstungsnebel oder „Seerauch“. Das Wasser muß etwa 3° C bis 5° C wärmer sein als die Luft, was vor allem im Frühherbst häufig vorkommt. In den

Polargebieten ist diese Art Dampfnebel als arktischer Seerauch bekannt, weil er über Spalten in der Eisdecke auftritt. Die Wassertemperatur unter dem Eis bewegt sich zwar um den Gefrierpunkt, ist aber immer noch höher als die darüberliegende Luft, und so kondensiert der aufsteigende Wasserdampf auf der Stelle.

Nebel, der durch Abstrahlung oder Verdunstung entsteht, ist im allgemeinen lokal begrenzt, während ein anderer, weithin bekannter Nebel riesige Flächen bedecken kann. Die zähen Massen des sogenannten Advektionsnebels bilden sich, wenn eine feuchte Luftmasse über eine kalte Fläche hinwegstreicht. So fließt im Atlantik vor der Küste Neufundlands die vom Golfstrom erwärmte Luft häufig nach Nordwesten und stößt hier mit dem kalten Labradorstrom zusammen; die Nebel, die dabei in der Nähe der Grand Banks entstehen, gehören zu den undurchdringlichsten auf der ganzen Welt. Vor der kalifornischen Küste treibt feuchte Luft vom offenen Meer über das kalte Wasser des Kalifornienstroms und führt zu jener trägen Nebelwoge, die sich regelmäßig über die Küstenhügel hinwegwälzt und San Francisco unter sich begräbt. Obwohl manche Bewohner diesen Nebel lästig finden, ist seine Feuchtigkeit doch willkommen und lebenswichtig für die berühmten Redwood-Wälder Nordkaliforniens.

Auf dem Festland entstehen die sogenannten Bergnebel, wenn eine langsam dahinziehende Warmluftschicht durch den Anstieg des Geländes allmählich in kühlere Höhen gelangt. Diese Nebel liegen häufig über den oberen Höhen der Gebirge: Der Mount Washington in New Hampshire beispielsweise ist an mindestens 300 Tagen im Jahr in Nebel gehüllt. In den amerikanischen Great Plains entwickelt sich eine besondere Art Bergnebel, wenn südöstliche Winde feuchte Luft aus dem Golf von Mexiko zu den Rocky Mountains wehen. Und eine gewaltige Nebeldecke kann sich über Westkanada oder Nebraska ausbreiten, wenn durch den allmählichen Landanstieg westlich des Mississippi die Luft in Höhen gelangt, in denen ihre Temperatur unter den Taupunkt sinkt.

Die oberste Schicht in Luke Howards Wolkensystem bilden die Cirruswolken. Man sieht sie selten in Höhen unter 6000 Metern, und sie bestehen ganz aus Eiskristallen. Ihre Ausläufer, die an Lockenhaar erinnern, werden von Kristallen hervorgerufen, die aus der Hauptwolke hängen und in der unter ihr herrschenden schwachen Brise hinter ihr hersegeln. Federige Cirruswolken entstehen entweder durch kleinräumige vertikale Bewegung, oder es handelt sich um die oberen Reste einer aufgelösten Gewitterwolke. Eine andere Art – die Cirrostratuswolken – bildet sich, wenn breite Luftschichten langsam in die obere Troposphäre aufsteigen. Cirrocumuluswolken sind auch eine Folge von Konvektion; sie sehen geriffelt aus und entwickeln sich zu den sogenannten Schäfchenwolken. Cirruswolken signalisieren starke Vertikalbewegungen in einiger Entfernung und sind aus diesem Grunde zuverlässige Boten für veränderliches Wetter.

Darüber hinaus gibt es aber auch künstliche Cirruswolken. Wenn ein Düsenflugzeug in großer Höhe durch besonders kalte Luft fliegt, hinterläßt es oft eine Kondensationsspur, den sogenannten Kondensstreifen. Im Normalfall ist die klare Luft, die das Flugzeug durchquert, so kalt, daß keine Wolken entstehen. Die Düsenturbinen stoßen jedoch Wasserdampf aus, der innerhalb von Sekunden gefriert und einen Schweif von Eiskristallen hinter der Maschine bildet. Wie seine natürlichen Geschwister gibt der Kondensstreifen Aufschluß über das Wetter des nächsten Tages. Ist die Luft verhältnismäßig trocken – was für eine Hochdruckzone zutrifft –, dann verschwindet er rasch; wenn sie jedoch viel Feuchtigkeit enthält, kann die helle Fahne eine Stunde oder länger sichtbar bleiben. Ein Kondensstreifen, der sich rasch auflöst, ist daher ein Schönwetterbote, während der, der lange am Himmel steht, auf feuchte Luft hindeutet – vielleicht sogar auf eine hereinströmende Tiefdruckluftmasse und Gewitterfront.

Moderne Atmosphäreforscher haben natürlich eine Reihe von Wolken und andere Phänomene entdeckt und erklärt, die Luke Howard nicht behandelt hat.

Ein kräftiger Wind treibt die zarten Cirruswolkenschleier hoch über der schroffen Felsenlandschaft von Utah dahin. Wenn ein Teil der Eiskristalle, aus denen diese Wolken in großer Höhe bestehen, in ruhigere Luftschichten absinkt, werden sie langsamer und bilden lange, horizontale Streifen.

Eine Lenticulariswolke steht über einem Gipfel im Norden der Pazifikküste. Wird die Luft – die sich hier von rechts nach links bewegt – an einem Berghang in die Höhe gedrückt, kühlt sie sich ab und formt eine Wolke. Jenseits des Gipfels sinkt dann die Luft und erwärmt sich wieder. Dabei zerfällt die Wolke und löst sich schließlich ganz auf.

Eine eigenartige Erscheinung, die er vielleicht nie mit eigenen Augen sah, ist die linsenförmige Lenticulariswolke, die sich oft auf der Leeseite eines Berges zeigt. Diese Wolke stellt den Kamm einer wellenförmigen, unsichtbaren Luftströmung dar, die von einem Gebirge nach oben gelenkt wird. Wenn nun die Luft in die kühleren Bereiche nahe des Berggipfels gelangt, kondensiert ihr Wasserdampf, und die linsenförmige Wolke entsteht. Sinkt die Luft wieder, da sie den Formen der Landschaft folgt, verdunsten die Tröpfchen. Dennoch bleibt die Wolke stationär, weil der Wind weiterhin über den Berg fließt und neuer Wasserdampf kondensiert, der die verdunsteten Tropfen ersetzt.

Es kommt immer wieder vor, daß Beobachter diese großen einzelnen Lenticulariswolken für UFOs halten. Bilden sich kleinere linsenförmige Wolken im Lee der Hauptwolke, wenn die Luft noch ein- oder mehrmals nach oben gelenkt wird, so kann man sich mit einiger Phantasie eine ganze Flotte von fremden Raumschiffen vorstellen. In Wirklichkeit ist die Luft nur wieder bis in Kondensationshöhe aufgestiegen, und die Ausläufer der Wellenströmung erzeugen eine kleine Kette von Lenticulariswolken, die man in den Alpen auch Föhnfische nennt.

Zwei weitere gut bekannte Phänomene der Atmosphäre sind Dunst und Tau. Beide entstehen, wenn die Bedingungen für die Wolkenbildung nicht alle erfüllt sind. Dunst verschleiert den Himmel, wenn zu viele Partikel in der Luft das Sonnenlicht streuen und die Feuchtigkeit der Atmosphäre so niedrig beziehungsweise die Temperatur so hoch ist, daß wenig oder gar kein Dampf um diese Aerosole kondensiert. Bei Windstille löst sich der Dunst lange nicht auf. Seine Farbe sagt etwas über die Beschaffenheit und Größe der Aerosolpartikel aus. Ein bläulicher Schimmer wird oftmals durch eine chemische Verbindung von Terpenen – das sind von Pflanzen ausgeschiedene Kohlenwasserstoffe – und atmosphärischem Ozon erzeugt. Die Blue Ridge Mountains im Osten der Vereinigten Staaten verdanken ihren Namen vermutlich einem solchen Dunstschleier. Ein grauer Farbton kann von größeren Schmutzteilchen, aber auch von Salz und anderen Mineralien herrühren. Entlang der Meeresufer erzeugen Wellenbrecher und Brandung hohe Gischtwolken, und Milliarden von Salzpartikeln bleiben in der Luft zurück, wenn das Wasser verdampft. Der Dunstschleier, der sich dann bildet, kann kilometerweit aufs Meer hinaus reichen.

Tau entsteht ähnlich wie Nebel, wenn Wasserdampf durch eine kalte Oberfläche abgekühlt wird und kondensiert. Die Tropfen setzen sich auf Gras, Laub und anderen bodennahen Objekten ab, wenn keine Vertikalbewegungen die Feuchtigkeit nach oben tragen oder wenn die Luftfeuchtigkeit zu gering ist, um richtigen Nebel zu erzeugen. Gelegentlich trägt auch die Vegetation zur Bildung von Tau bei: Dann verdunstet durch den sogenannten Transpirationsprozeß Feuchtigkeit aus Milliarden von Pflanzenzellen.

Zwar holt man sich bei Tau selbst auf einem gepflegten, kurzgeschorenen Rasen nasse Füße, aber die schimmernden Perlen können mitunter auch überwältigende Schönheit zaubern: den Tau-Halo – auch Glorie oder Heiligenschein genannt. Wenn man am frühen Morgen, solange der Tau noch nicht verdunstet ist, mit dem Rücken zur Sonne steht, kann man gelegentlich einen – häufig mehrfarbigen – Lichtring um den Kopf des eigenen Schattens erkennen.

Als ein Bildhauer und Schriftsteller des 16. Jahrhunderts diesen seltsamen Effekt erstmals beobachtete, sah er darin ein göttliches Zeichen seiner Genialität. Die Wissenschaft von heute betrachtet das Phänomen sachlicher. Man nimmt an, daß der Halo durch Brechung und Reflexion des Sonnenlichts an den winzigen Tautropfen verursacht wird. Das Licht dringt in die Tropfen ein, wird gebrochen und dann von der Tropfenrückseite zum Beobachter hin reflektiert. Ein ähnliches Zusammenwirken von Licht und Feuchtigkeit führt zu einem der prachtvollsten Naturschauspiele, die wir kennen, dem Regenbogen.

Die weitgespannten, farbigen Bögen, die sich am Himmel wölben, wenn Sonnenlicht auf einen Regenschauer fällt, führen seit Jahrtausenden zu Fragen und Betrachtungen, und die Grundzüge ihres Entstehens waren längst geklärt, ehe man die Prozesse der Wolkenbildung voll durchschaut hatte. Bereits im Jahre 1304 kamen dem deutschen Dominikanermönch Theodorich zwei kluge Gedanken zum Regenbogen. Erstens besaß er genügend Vorstellungskraft, um zu erkennen, daß der Schlüssel zum Geheimnis in den einzelnen Regentropfen liegt. Zweitens begriff er, daß beim Entstehen eines Regenbogens nicht nur die Reflexion, sondern auch die Brechung des Lichts eine Rolle spielt. Theodorich benutzte eine mit Wasser gefüllte Glaskugel als Riesenmodell eines Regentropfens. Das meiste Licht wanderte, wie er beobachtete, direkt durch das Gefäß hindurch, ein kleiner Anteil wurde jedoch von der konvexen Außenfläche gebrochen, an der konkaven Innenfläche reflektiert und beim Austritt erneut gebrochen.

Ein weiteres Experiment mit dem Regentropfenmodell zeigte, daß von jeder Blickrichtung aus nur eine Farbe zu sehen war; bewegte sich der Beobachter ein wenig, dann tauchte eine andere Farbe auf. Theodorich erkannte, daß jede der in einem Regenbogen sichtbaren Farben von einer anderen Tropfengruppe kommt; erst die Gesamtheit der Millionen Tropfen, von denen jeder eine bestimmte Farbe an den Beobachter aussendet, läßt den Regenbogen entstehen. Deshalb sehen zwei Leute auch nie genau denselben Regenbogen: Jeder betrachtet eine andere Gruppe von Tropfen aus einem etwas unterschiedlichen Winkel.

Morgentau benetzt eine Blüte, in deren Kelch eine Fliege die Nacht verbracht hat. Wenn ein klarer Nachthimmel zum Absinken der Temperaturen führt, kondensiert die Feuchtigkeit in der Luft und bildet auf Tieren und Pflanzen Tautropfen.

Nach einem Sommergewitter fällt Sonnenlicht auf eine Regenwand und zaubert diesen Regenbogen über der Kakteenwüste nahe Tucson, Arizona. Wie so oft scheint ein schwacher Nebenbogen mit umgekehrter Farbfolge über dem Hauptbogen.

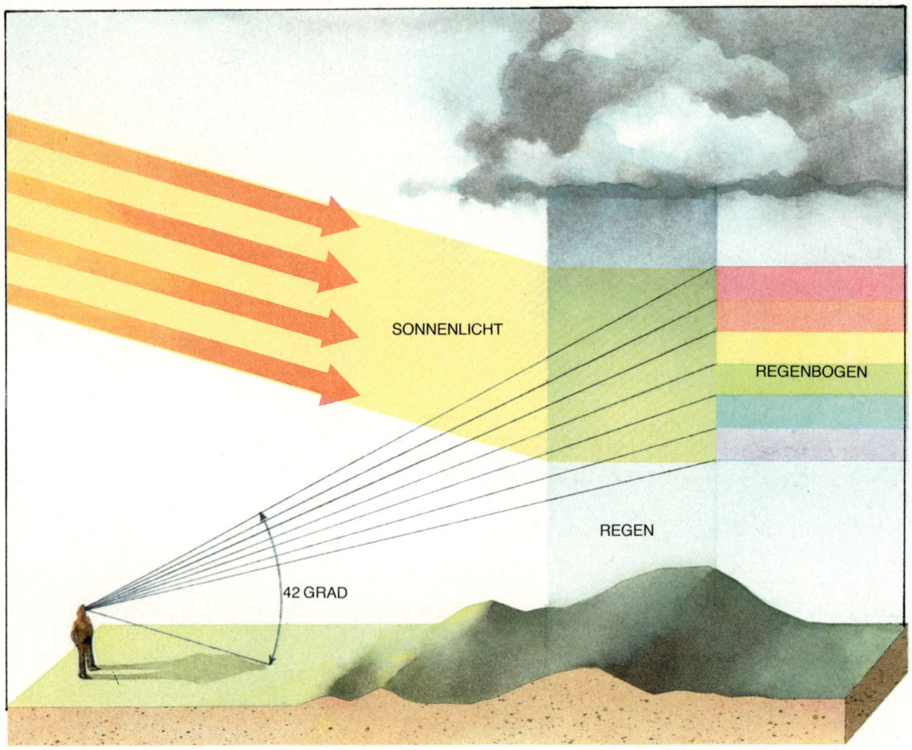

Wenn Sonnenlicht auf einen Regenvorhang fällt, wird es von Millionen Tröpfchen gebrochen und reflektiert und bildet für den Betrachter einen Bogen in allen Farben des Spektrums. Wegen der optischen Eigenschaften des Wassers sieht ein Beobachter einen Regenbogen immer unter einem Winkel von etwa 42 Grad zur Bahn der Sonnenstrahlen.

Als nächstes versuchte Theodorich das Phänomen des Nebenregenbogens zu erklären, der sich manchmal über dem Hauptbogen zeigt. Er wurde seiner Ansicht nach dadurch verusacht, daß Lichtstrahlen knapp über dem unteren Rand eines Regentropfens eindringen und zweimal von der Innenfläche reflektiert werden, ähnlich einer Gewehrkugel, die als Querschläger in einer Stahlschüssel hin und her saust, ehe sie wieder austritt. Der Nebenregenbogen leuchtet nicht so stark wie der Hauptbogen, da ein Teil des Lichts durch die zweite Reflexion verlorengeht. Die doppelte Reflexion ist auch der Grund dafür, daß sich die Farbfolge umkehrt: Beim Hauptbogen ist Rot immer oben beziehungsweise außen, während es beim Nebenbogen unten beziehungsweise innen erscheint.

Theodorichs Erkenntnisse blieben weitgehend unbeachtet, bis sich René Descartes so um das Jahr 1650 ebenfalls mit dem Regenbogen zu beschäftigen begann. Descartes versuchte zu ergründen, weshalb ein Regenbogen immer nur unter einem 42-Grad-Winkel vom Weg der Sonnenstrahlen aus zu sehen war. Wenn ein Beobachter den Blick vom oberen Rand seines Schattens in einem 42-Grad-Winkel zum Himmel wandern läßt, entdeckt er genau dort einen Regenbogen. Nach Experimenten mit einer ähnlichen, mit Wasser gefüllten Kugel, wie Theodorich sie benutzt hatte, ermittelte Descartes mathematisch, daß im Falle von zwei Brechungen und einer Reflexion der 42-Grad-Winkel die Bahn ist, an der die geringste Streuung beziehungsweise die stärkste Bündelung des Lichtes erfolgt.

Isaac Newton entdeckte die Ursache für das Farbspektrum des Regenbogens, als er im Jahre 1666 mit Glasprismen experimentierte. Newton wies nach, daß jede einzelne Farbe des Spektrums ihren eigenen Brechungswinkel besitzt. Wenn Sonnenlicht durch einen Regentropfen fällt, schwächt die Brechung das Licht nicht ab, sondern ordnet es einfach nach Wellenlängen, so daß jede Farbe einen etwas anderen Weg nimmt. Zum Beweis führte Newton ein Experiment durch, das Geschichte gemacht hat: Er nahm ein zweites Prisma, um die einzelnen Farben wieder zu sammeln und zu weißem Licht zu vereinen – und stellte damit erstmals klar, daß Weiß die Summe aller anderen Farben ist.

Später fanden Wissenschaftler außerdem heraus, daß die Größe der Regentropfen die Farbintensität beeinflußt. Wenn Tropfen besonders klein sind, überschneiden sich die Farben ein wenig, so daß die Ränder orange und rosa anstatt rot und violett erscheinen. Bei Nebel sind die Tröpfchen so fein, daß die Farben völlig miteinander verschmelzen und einen weißen Nebelbogen bilden.

Jeder Regenbogen ist das Segment eines imaginären Kreises, dessen Mittelpunkt am oberen Schattenrand des Beobachters liegt. Deshalb sieht man auf der Erde selbst niemals einen vollständigen Regenbogen; ein Regenbogensegment beobachtet man nur dann, wenn die Sonne so niedrig steht, daß der notwendige Winkel zwischen Schatten und Horizont gegeben ist. Allerdings entdeckt man ringförmige Regenbögen manchmal vom Flugzeug aus, und kleinere, nahezu runde Spektren kann man mit dem Strahl eines Gartenschlauchs erzeugen.

Ähnlich wie man bei der Erforschung von alltäglichen Erscheinungen wie Wolken und Regen auf immer größere Komplikationen stieß, je weiter man in ihre Geheimnisse eindrang, so ergaben sich auch beim Studium des Regenbogens ständig neue Fragen. Nachdem die Forscher beispielsweise die Optik normaler Regenbogen ergründet hatten, mußten sie sich mit den schwierigen Sekundärbögen auseinandersetzen. Diese äußerst schwachen Streifen – bis zu vier an der Zahl – tauchen gelegentlich an der Innenseite des Hauptbogens auf. Sie sind das Ergebnis eines komplexen Zusammenwirkens von Lichtwellen, die in parallelen Bahnen vom Gebiet des Regenbogens zum Auge des Betrachters verlaufen. Sind die Wellen nicht in Phase – das heißt, daß der Kamm der einen auf das Tal der nächsten Welle trifft –, dann heben sie einander oft auf, und ihre Farben erscheinen dunkel und verwischt. Befinden sie sich dagegen in Phase, so daß Kämme und Täler jeweils übereinstimmen, wird die Farbintensität verstärkt.

Mag all die Wissenschaft rund um den Regenbogen auch verwirrend erscheinen, so unterstreicht letzten Endes die genaue Kenntnis um sein Entstehen die großartige Pracht, die er entfaltet. Ein leuchtender Regenbogen vor stahlblauen Gewitterwolken ist in jedem Fall ein atemberaubender Anblick, unter dem Gesichtspunkt des Wissens um ihn aber noch sehr viel mehr: ein Zeichen für die erhabenen Rhythmen, die unendlichen Variationen und die bis ins Kleinste reichenden Verflechtungen eines globalen Bezugssystems zwischen Wasser, Licht und Luft, das die Erde und alle ihre Lebewesen umschließt und trägt. Und so haben Wissenschaftler das fertiggebracht, was Shakespeare für ein sinnloses Unterfangen hielt: „Dem Regenbogen eine weitere Farb' verleih'n."

Alle Wolken entstehen aus winzigen Wassertröpfchen oder Eiskristallen, die in der Atmosphäre entstehen, sobald die Luft unter den Taupunkt sinkt. Die Warmluft, die an einem sonnigen Tag in die Höhe strömt, bildet vergängliche Cumuluswölkchen, die an Wattebäusche erinnern. Wird die Luft dagegen entlang einer Warmluftfront in die Höhe gedrückt, entstehen oft Stratuswolken, die sich in Schichten von mehreren hundert Kilometer Länge ausdehnen.

Zahllose Besonderheiten in der Luftzirkulation können die Grundformen der Wolken in Gebilde von geradezu atemberaubender Schönheit und Vielfalt verwandeln. Zieht beispielsweise eine Schicht sich schnell bewegender Luft über eine windstille Zone hinweg, verwandeln sich die Wolken zu mächtigen Wellen oder langgezogenen Streifen. Luft, die über ein Gebirge drängt, kann Lenticulariswolken von verblüffend symmetrischer Form bilden. Bei einem Temperaturunterschied zwischen der Ober- und Unterseite einer flachen Wolkenschicht können Konvektionsvorgänge nicht selten die Wolke in viele kleine, bauschige Zirkulationszellen zergliedern.

Und selbst wenn Wolken zerfallen, können sie noch einmal besonders prächtig aussehen. So strömt manchmal nach einem Gewitter, wenn die stürmischen Aufwinde allmählich abflauen, trockene Luft in die Gewitterwolke. Sie verliert dadurch ihre Feuchigkeit und löst sich in Fetzen mit undeutlichen Amboßkonturen auf.

Konvektionsströme haben dieser dünnen Schicht Altocumuluswolken die Struktur von Wattebäuschen gegeben. Jede einzelne Wolkenflocke ist eine Zirkulationszelle, in der Warmluft von der Basis der Wolke aufsteigt, abkühlt und wieder sinkt.

Cumuluswolken ziehen Schleppen aus Eiskristallen hinter sich her. Die Kristalle in diesen Fallstreifen verdunsten, bevor sie den Boden erreichen.

Die flockenartigen Quellungen dieser Altocumulusschicht verdanken ihr Aussehen starker Konvektion in einer mächtigen Schicht feuchter Luft.

Bänder von Cirrocumuluswolken zeichnen ein Riffelmuster in den Himmel. Starke Winde über der Wolkenschicht bewegen sie wie eine Wasserfläche.

Unter dem hohen Amboß einer Cumulonimbus-Gewitterwolke treten gelegentlich diese beutelartigen Mammatuswolken auf. Sie werden bei schweren Gewittern durch das Abwärtsströmen dichter Luft geformt, die beim Verdunsten zahlloser Wolkentröpfchen abgekühlt und in Bewegung geraten ist.

lusschicht gefrieren unterkühlte Tröpfchen zu Eiskristallfasern. Möglicherweise haben die Vibrationen eines Flugzeugs diese Erscheinung bewirkt.

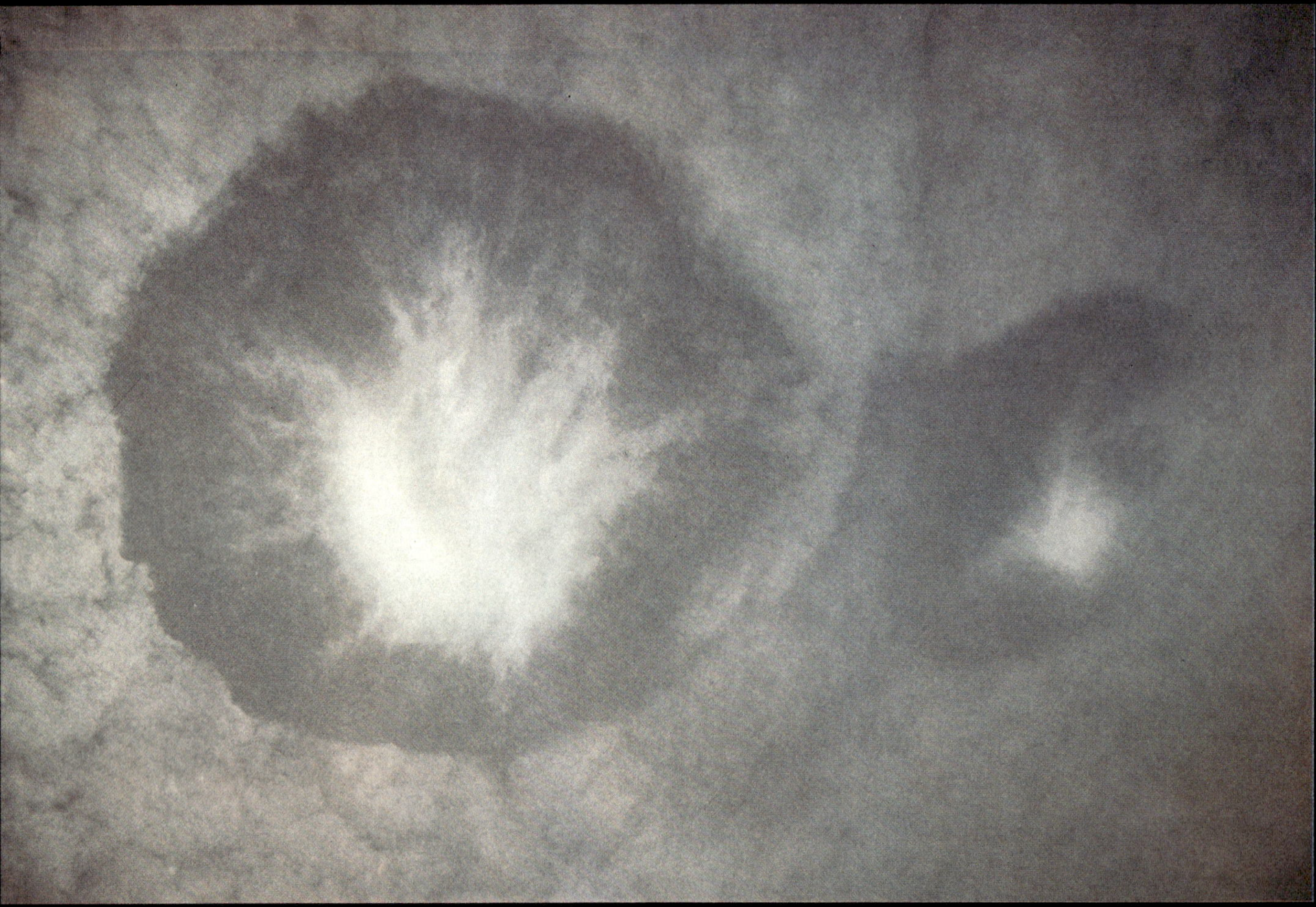

Wenn Eiskristalle aus schnell dahinziehenden Wolken in windstille Schichten absinken und langsamer werden, entstehen diese faserigen Cirruswolken.

Stratocumuluswolken *(rechts)* ziehen als dichte Walzen über den Morgenhimmel. Solche Wolkenformationen werden von der Wellenbewegung einer feuchten Luftchicht ausgelöst, die über ein unregelmäßig geformtes Gebiet hinweggezogen ist, und können sich mehrere Kilometer nach Lee ausdehnen.

Über der Tundra von Alaska ist ein Nachmittagsgewitter niedergegangen. Ein bis zwei Stunden später sprenkeln verstreute Altocumulusreste den Himmel, aber auch sie lösen sich in kurzer Zeit auf.

Kapitel 5

„EIN RUSSIGER, DRECKIGER DAMPF“

Die Atmosphäre ist gewissermaßen von jeher verschmutzt worden. Schließlich setzt sie sich aus ungeheuer vielen Gasen und Teilchen zusammen, von denen manche nützlich, andere dagegen schädlich sind. Lange bevor der Mensch das Feuer entdeckte und damit seinen Beitrag zum Verschmutzungsproblem leistete, war die Luft angefüllt mit Staub- und Meersalzpartikeln, Pollen, Bakterien, dem Rauch und den Gasen von Waldbränden, vulkanischem Auswurfmaterial und zahlreichen anderen Substanzen. Und bis zum heutigen Tag stammen die meisten dieser Materialien aus natürlichen Quellen. „Man hat eine Menge poetischen Unsinn über die gute Land- und Gebirgsluft verzapft“, stellte der Chemieforscher und Schriftsteller Donald Carr einmal fest. Für ihn war die Luft der grünen Hügel und Berge „ein wirrer, duftgeschwängerter Mischmasch“. Er hat nicht ganz unrecht. Im Südosten der Vereinigten Staaten haben beispielsweise die organischen Dämpfe, die von den Hängen aufsteigen, den dortigen Bergen zu ihrem Spitznamen „The Great Smokies“ verholfen. Und im Nahen Osten ruft der Wüstenstaub, der in die Atmosphäre getragen wird, so starke Dunstschleier hervor, daß sich der Himmel rostfarben im Wasser spiegelt und dem größten Gewässer dort den Namen Rotes Meer gegeben hat. Verglichen mit dem Ausmaß an natürlicher Luftverunreinigung erscheint der Zivilisationsschmutz der Gegenwart unbedeutend.

Und doch sind seine Auswirkungen überwältigend. Man weiß inzwischen, daß die starke Zunahme an Schadstoffen aufgrund der gegenwärtigen Industrialisierung weit schlimmere Folgen hat als eine gelegentliche, natürliche Verschmutzung, die den Bewohnern der einen oder anderen Region Atembeschwerden beschert. Die heutigen Schadstoffe bewirken, daß die antiken Skulpturen der Akropolis bröckeln, die ägyptischen Pyramiden zerfallen und die Fische in abgelegenen, scheinbar unberührten Seen sterben. Je weiter sich die Gefahr ausbreitet – über Länder, Kontinente, ja den ganzen Erdball – und je mehr die Wissenschaft über die Zusammenhänge in Erfahrung bringt, desto verwirrender stellt sich das Problem dar. Wenn die Atmosphäre und ein großer Teil des von ihr geschützten Lebens sich bis heute erhalten haben, so verdanken wir das vor allem dem Umfang der gasförmigen Erdhülle sowie ihrer Fähigkeit, Schadstoffe zu neutralisieren und sich von Zeit zu Zeit durch Regen selbst zu reinigen.

Die schlimmsten Luftverschmutzungen der Gegenwart entstehen bei Inversionen, atmosphärischen Bedingungen, die eine natürliche Verteilung der Giftstoffe verhindern. Eine Inversion besteht im großen und ganzen aus einer warmen Luftschicht, die sich in einiger Höhe befindet und das Aufsteigen der bodennahen Luft – und der in ihr enthaltenen Schmutzteilchen – stoppt. Eine Inversionslage tritt ein, wenn eine Gegend, über der im Normalfall schon häufig Nebel liegt, etwa London oder Pittsburgh, unter den Einfluß einer großen, nur zögernd abwandernden Hochdruckluftmasse gerät, die in großen Höhen Warmluft heranführt. Diese Decke kann die darunterliegende Luftschicht tagelang festhalten. Eine Inversions-

Diese durch industrielle Wärme erzeugte Cumuluswolke steht über den Schloten eines Kraftwerks im Westen von Pennsylvania. Sie ist ein anschauliches Beispiel für die Auswirkungen der Technik.

lage entsteht mitunter aber auch durch eine geographische Besonderheit. So kann bodennahe Luft, die durch ein nahes Gewässer abgekühlt wird, von einer Warmluftmasse am Aufsteigen gehindert werden, wenn beide Luftschichten in einem Hügel- oder Gebirgskessel liegen. Das gilt für Los Angeles und eine Reihe weiterer Küstenstädte wie Kapstadt in Südafrika oder Santiago in Chile. Im allgemeinen sorgt eine solche Inversion in Gebieten, die normalerweise ziemlich schwül wären, für gemäßigte, angenehme Temperaturen. Andererseits kann sie natürlich zu einem gefährlichen Anstieg der Luftverschmutzung führen.

Die am häufigsten von Inversionen festgehaltenen anthropogenen Schadstoffe aus Zivilisationsquellen sind Gase sowie winzige Partikel, die Wissenschaftler als Aerosole bezeichnen. Obwohl die meisten Aerosole mikroskopisch klein sind, gelangen jährlich mehr als eine halbe Milliarde Tonnen in die Atmosphäre. Sie sind eine Folge der unvollständigen Verbrennung von fossilen Brennstoffen. Bei jedem unvollständigen Verbrennungsprozeß entweichen Kohlenstoff, Asche, Quecksilber- und Bleipartikel in die Luft. Das trifft praktisch für alle herkömmlichen Verbrennungsvorgänge zu. Die meisten Aerosole befinden sich in den unteren drei Kilometern der Atmosphäre; ihre Konzentration steigt erschreckend an, wenn sie unter einer Inversionsschicht liegen. Extrem große Teilchen, wie Kohlenasche, bleiben vielleicht nur ein paar Minuten in der Luft, ehe sie absinken, andere aber, darunter Blei- und Rauchpartikel, können wochenlang in der Atmosphäre schweben. Manchmal wäscht der Regen sie in die Tiefe, aber die meisten werden vom Wind weitergetragen und setzen sich irgendwann ab, wenn sie auf Bäume, Häuser, Hügel und andere topographische Hindernisse treffen. So kommt es, daß man im allgemeinen an der Unterseite von Blättern eine beinahe ebenso dicke Staubschicht findet wie an der Oberseite.

Nicht alle Aerosole bedeuten eine Gefahr für die Menschen: Die größten von ihnen werden vermutlich durch die hochwirksamen, natürlichen Filter von Mund und Nase abgefangen, und die kleinsten passieren die Lungen, ohne Schaden anzurichten. Es sind die Teilchen mittlerer Größe, Sulfate, Nitrate und Ruß, die das größte Risiko darstellen, da sie sich normalerweise in den engen Luftwegen festsetzen. Dort können sie Bronchialbeschwerden verschlimmern und möglicherweise zu schweren Krankheiten führen.

Doch selbst wenn die meisten Aerosole verbrennen würden, blieben immer noch eine Reihe von Gasen, die unsere Luft verschmutzen. Das Volumen an Industrieabgasen, die jährlich in die Atmosphäre geblasen werden, ist sogar zehnmal größer als das der Aerosole. Das Verbrennen fossiler Brennstoffe erzeugt eine Vielzahl potentiell schädlicher Gase, darunter Kohlendioxid, Schwefeldioxid, Kohlenmonoxid und Stickoxid.

Den größten Anteil hält das Kohlendioxid, eine an und für sich harmlose Verbindung, die für die Vegetation lebenswichtig ist. Die natürliche Produktion von Kohlendioxid überwiegt bei weitem die Emissionen der Industrie. (Jedes atmende Lebewesen atmet Kohlendioxid aus.) Und doch könnte die Mehrbelastung von industriellem CO_2 langfristig eine tiefgreifende Auswirkung auf das globale Klima haben. Dieses allgegenwärtige Gas spielt nämlich eine wichtige Rolle im Temperaturhaushalt der Erde. Aufgrund des sogenannten Glashauseffekts neigt es nämlich dazu, Wärme, die im Normalfall in den Weltraum entweichen würde, auf die Erde zurückzuwerfen. Ein zu großer Kohlendioxidgehalt in der Atmosphäre könnte daher die weltweite Erwärmung hervorrufen.

Stellt Kohlendioxid heute vielleicht die größte Gefahr für die Zukunft dar, so war in der Vergangenheit Schwefeldioxid das Ärgernis Nummer eins. In kleinen Mengen ist Schwefeldioxid, das hin und wieder auch von Vulkanen ausgestoßen wird, ein eher harmloser, natürlicher Bestandteil der Atmosphäre, in den hohen Konzentrationen jedoch, die sich bilden, wenn große Mengen Öl und Kohle verfeuert werden, stellt es ein tödliches Potential dar. (Man hat errechnet, daß bei

Die Mikroskopaufnahmen rechts zeigen in 30-bis 100facher Vergrößerung verschiedene Schmutz- und Schadstoffe der Luft. Manche Proben stammen direkt aus der Luft, manche aus Ablagerungen, die sich in unserer Umwelt angesammelt haben. Der größeren Deutlichkeit wegen wurden die Farben durch einen Polarisationsfilter verstärkt.

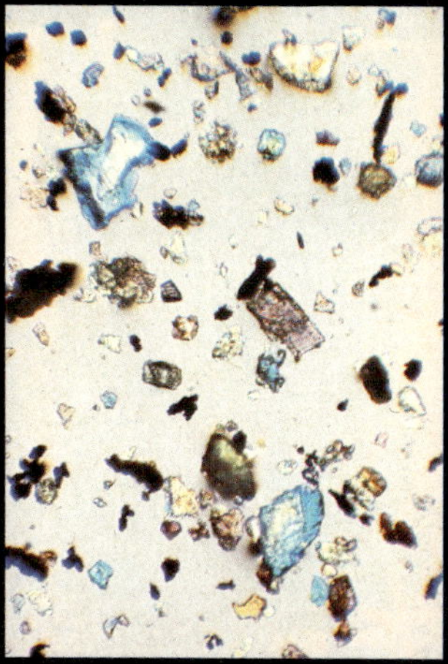
Staub einer Autostraße

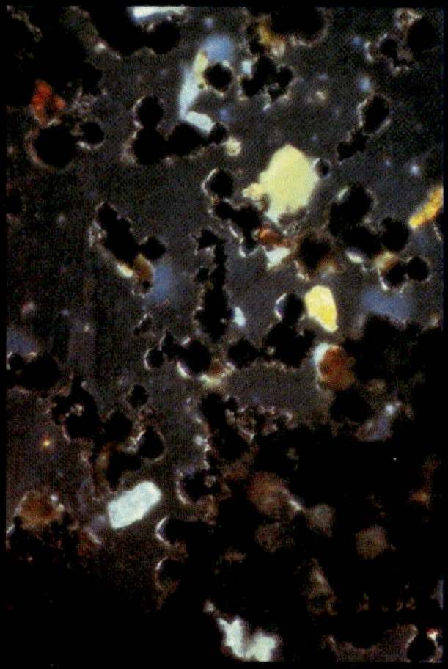
Ölflugasche

Stahlwerkemission

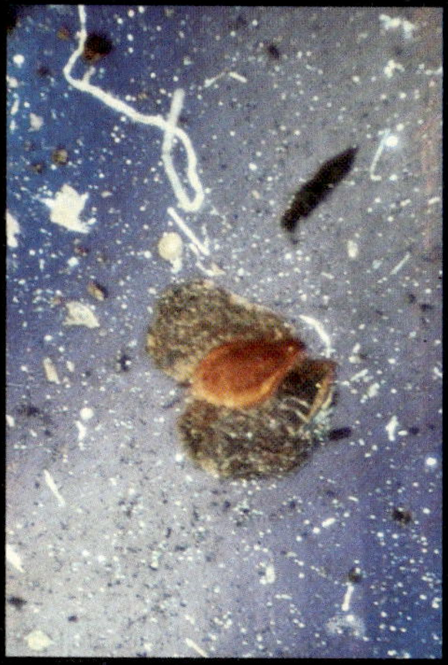
Hofstaub

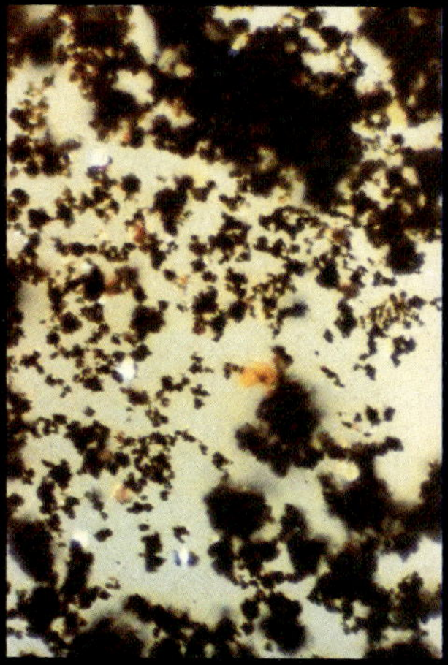
Autoabgase

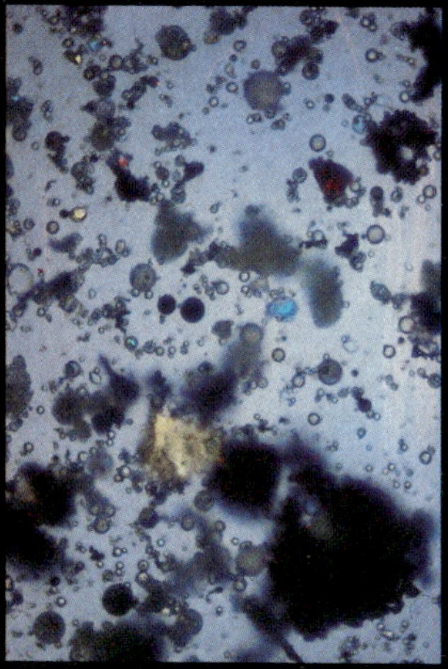
Kohleflugasche

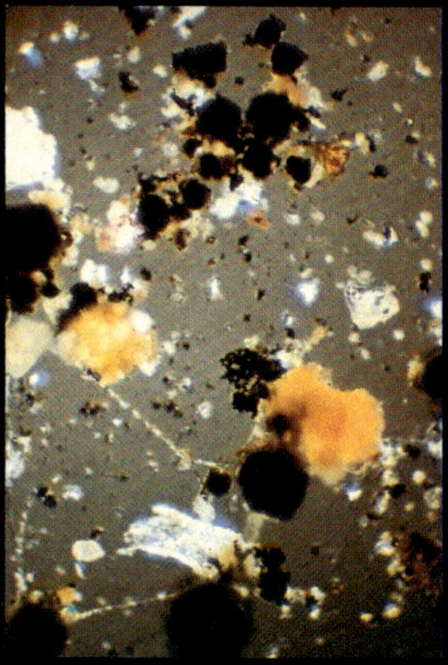
Kraftwerkemission

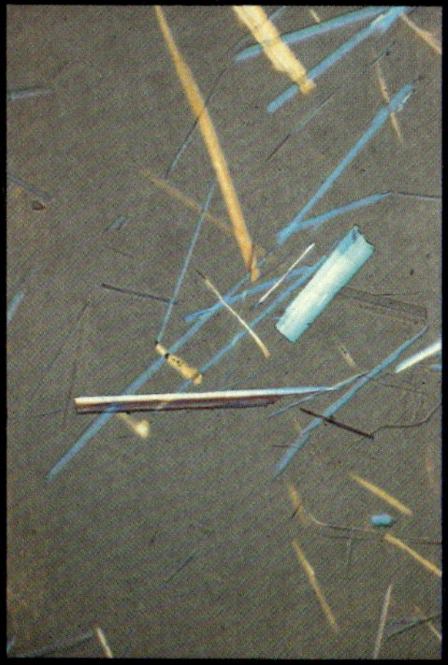
Asbestkristalle

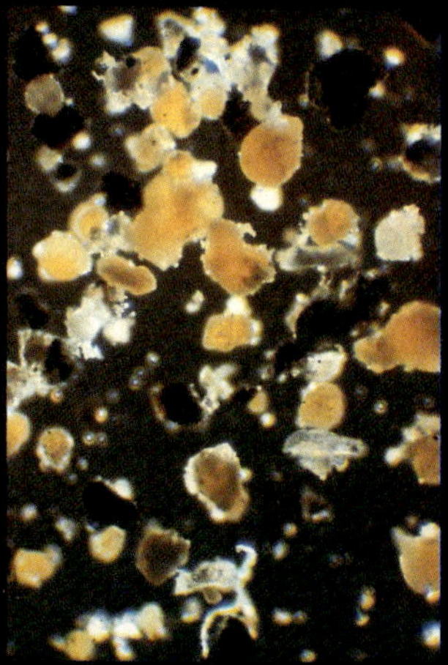
Zementfabrikstaub

Bei einer Eruption des Vulkans Fuego in Guatemala stiegen 1974 mächtige Aschewolken in den Himmel. Wie so viele andere Vulkane trug der Fuego erheblich zur Luftverschmutzung bei. Noch Monate nach dem Ausbruch sorgten die Partikel, die in der Atmosphäre schwebten, in der gesamten nördlichen Hemisphäre für blutrote Sonnenuntergänge.

der Verbrennung von zehn Tonnen Steinkohle eine ganze Tonne Schwefeldioxid anfällt.) Vermischt sich Schwefeldioxid mit Wasser – etwa bei Regen oder Nebel –, dann entsteht Schwefelsäure; diese stark ätzende und äußerst aggressive Flüssigkeit kann Stahl, Kalkstein und Marmor zerfressen und die empfindlichen Gewebe im menschlichen Körper angreifen.

Im England des 12. Jahrhunderts führte das Abholzen der Wälder dazu, daß bei der Produktion von Waren immer mehr Kohle als Brennmaterial verwendet wurde. Die meisten königlichen Untertanen mußten den Gestank als Folge hinnehmen. Aber 1257 weigerte sich Königin Eleanor, die Gemahlin Heinrichs III., auf Schloß Nottingham zu bleiben, weil die Kohlefeuer der Stadt die Luft zu stark verpesteten. Doch wie so oft galt der wirtschaftliche Wohlstand mehr als saubere, frische Luft, und während der nächsten 700 Jahre war Kohlenqualm der beherrschende Faktor der Atmosphäre in England.

Insbesondere im nebligen London beheizten die Leute ihre Häuser mit Kohle, um die klamme Kälte zu vertreiben. Sie ahnten nicht, daß der Nebel teilweise durch eben jene Teilchen entstand, die mit dem Rauch in die Luft gelangten. 1661 veröffentlichte der angesehene Londoner John Evelyn ein Pamphlet mit dem Titel: „*Fumifugium* oder die Lästigkeit von Luft und Qualm über der Stadt London nebst einigen untertänigst eingereichten Abhilfevorschlägen". Er richtete seine Schrift an König Charles II. persönlich. „Sir", begann er, „als ich eines Tages im Palaste Eurer Majestät zu Whitehall wandelte (wo mir gelegentlich die Ehre zuteil wird, mich am Anblick Eurer illustren Gegenwart zu laben, die die Freude Eures Volkes ist), geschah es, daß ein dreister Qualm, der nicht weit entfernt von Northumberland-house und Scotland-yard aufstieg, sich derart bei Hofe ausbreitete, daß alle Räume, Wandelgänge und Plätze davon erfüllt und verpestet waren, und dies in einem solchen Maße, daß kein Mensch den anderen in der Wolke zu erkennen vermochte und ein Ausharren nur bei größtem Unbehagen möglich war." Die meisten Bewohner Londons, so fügte Evelyn hinzu, „atmen nichts als schmutzigen, dichten Nebel, begleitet von einem rußigen, dreckigen Dampf, der die Lungen verdirbt, so daß in dieser Stadt mehr als sonstwo auf der Welt Katarrhe, Husten und Schwindsucht wüten". Mit seiner wohlgesetzten Eingabe hoffte er den König davon zu überzeugen, daß man die Fabriken vor die Tore der Stadt verbannen und in London selbst Bäume und Sträucher anpflanzen sollte, um den Gestank von den Kohlefeuern der Privathäuser zu mindern.

Charles II. unternahm nichts. Der Kohleverbrauch stieg an, und in der Folge kostete der Nebel, der sich sporadisch über der Stadt ausbreitete, immer wieder Dutzende von Menschenleben. Zwar berieten die Verantwortlichen von Zeit zu Zeit über das Problem, aber selbst als man Gesetze zur Einschränkung des Industriequalms erließ, hielt sich kein Mensch daran. England erlebte im Laufe der nächsten 300 Jahre eine wirtschaftliche Blütezeit, und spätere Generationen gewöhnten sich daran, das Problem der Luftverschmutzung mit einem Achselzucken abzutun: „Schmutz bringt Geld!"

Die Industrierevolution brachte England und Europa während des 18. und 19. Jahrhunderts großen Wohlstand, aber parallel dazu stieg die Luftverschmutzung gewaltig an – und mit ihr nahmen die Erkrankungen der Atemwege zu. Viele Ärzte verstanden den direkten Zusammenhang zwischen Luftverschmutzung und einer Reihe schwerer Leiden, doch das wahre Ausmaß der Bedrohung blieb bis in die dreißiger Jahre des 20. Jahrhunderts verborgen.

Am 1. Dezember 1930 legte sich ein dichter Nebel über das belgische Industriegebiet im Tal der Maas. Vier Tage lang hielt eine Inversion die mit Feuchtigkeit angereicherte Luft in der tiefen Senke fest, während der Qualm von Stahlwerken, Glasmanufakturen, Kalkbrennereien, Kraftwerken und Kunstdüngerfabriken den Nebel in ein stickiges Gemisch von Giftgasen verwandelte. Am 3. Dezember litten bereits Tausende von Menschen an Übelkeit und Atemnot, und als sich der Smog am 5. Dezember endlich auflöste, beklagte man neben einer Reihe von Schwerkranken auch 60 Tote. Eine nachträgliche Untersuchung brachte ans Licht, daß der Smog nicht weniger als 30 verschiedene Schadstoffe enthalten hatte. Die gefährlichsten davon waren Schwefeldioxid- und Schwefeltrioxidgase, sowie Flußsäure, ein Abfallprodukt der Eisenhütten.

In der Mitte des 20. Jahrhunderts schienen dann die Strafen für die industrielle Luftverschmutzung Schlag auf Schlag zu folgen. 18 Jahre nach dem Zwischenfall im Maastal ereignete sich eine ähnliche Katastrophe in Donora, Pennsylvania, einer etwa 50 Kilometer südlich von Pittsburgh gelegenen Stadt mit Schwerindustrie. Die Stadt schmiegt sich inmitten sanft geschwungener Hügel in eine Biegung des Monongahela-Flusses. Eine Stahlhütte, ein Werk zur Rohzinkgewinnung und eine Schwefelsäurefabrik hatten sich dort angesiedelt – alles Betriebe mit mit hohen Schadstoffemissionen. Eine Inversion, die sich im Spätherbst des Jahres 1948 ausbreitete, hielt die verschmutzte Luft drei Tage lang fest. Als gegen Ende des dritten Tages endlich Regen fiel und den Smog „fortspülte", waren nahezu 6000 Menschen erkrankt und 20 gestorben.

ATMOSPHÄRISCHE PARTIKEL UND IHRE HERKUNFT

NATÜRLICHE QUELLEN	Millionen Tonnen pro Jahr
Meersalz	1000
Bodenstaub	200
Vulkanausbrüche	4
Waldbrände	3
GESAMT	**1207**

ANTHROPOGENE QUELLEN	Millionen Tonnen pro Jahr
Kohleverbrennung	36
Ölverbrennung	2
Holzverbrennung	8
Müllverbrennung	4
Landwirtschaft	10
Zementherstellung	7
Eisen- und Stahlherstellung	9
Verschiedenes	16
GESAMT	**92**

Obwohl durch die Aktivitäten des Menschen weit weniger Partikel in die Atmosphäre gelangen als durch natürliche Prozesse, sind die Teilchen, für die wir die Verantwortung tragen, oft sehr viel feiner, lagern sich langsamer ab und sind sicher in jedem Fall sehr viel gesundheitsgefährdender.

Zum ersten Mal hatte der Smog seine verheerende Wirkung auf eine größere Stadt gezeigt. Und vier Jahre darauf mußten auch die leidgeprüften Londoner die Rechnung für ihre Kohlefeuer bezahlen.

Es war Mittwoch, der 3. Dezember 1952. Wattewölkchen standen an einem prachtvollen Winterhimmel, und von der Nordsee her vertrieb eine frische Brise den Smog. Die Leute schlenderten durch die Parks und genossen den Sonnenschein. Das schöne Wetter war die Folge eines ausgedehnten Hochdruckgebiets, dessen Kern über Westengland lag.

Am Donnerstagmorgen schob sich die Antizyklone näher an die Hauptstadt heran, das Thermometer fiel, und die Luftfeuchtigkeit nahm merklich zu. Der Wind hatte sich abgeschwächt und auf Nordnordwest gedreht, und in etwa 3000 Meter Höhe standen Wolken, ein sicheres Zeichen dafür, daß dort oben Warmluft zufloß: Eine Inversion war im Entstehen. Hier und da tauchten Nebelnester auf, besonders über der Themse. Rauchgestank verbreitete sich, als Ruß, Abgase und Asche aus den zahllosen Kaminen der Stadt aufstiegen und sich in der Luft ansammelten. Die größeren Schmutzteilchen sanken auf Dächer und Straßen herab.

Als die Londoner am Freitag aufwachten, fanden sie die Stadt in dichten, gelben Smog gehüllt. Um die klamme Morgenkälte zu vertreiben, taten sie das, was sie stets getan hatten. Sie machten Feuer in ihren Kohleöfen oder schalteten ihre Elektroheizungen ein. Die ebenfalls mit Kohle betriebenen Kraftwerke mußten noch mehr leisten als gewöhnlich und bliesen entsprechend mehr Rauch in die belastete Luft. Der Wind flaute ganz ab, und die Smogschicht senkte sich bis auf den Boden. Schon in 100 Meter Höhe war die Luft klar, aber auf den Straßen sah man keinen Meter weit. Die Busse fuhren im Schrittempo, geführt von Schaffnern, die mit brennenden Fackeln den Weg wiesen. Ein Radfahrer hörte dicht vor sich einen heiseren Schrei und wich geistesgegenwärtig zur Seite, als aus dem Nebel unvermittelt ein Schwan auftauchte. Das Tier suchte verzweifelt die knapp einen Kilometer entfernte Themse. Im Laufe des Tages spürten immer mehr Menschen Brennen im Hals und Druck auf der Brust. Wer sich mit dem Fahrrad durch die zähe Brühe wagte, war nach kurzer Zeit rußverschmiert. Der Smog drang allmählich sogar in Häuser, Büros und öffentliche Gebäude vor.

Während der Londoner Smogkatastrophe im Dezember 1952 geht ein Busschaffner mit einer Fackel dem Fahrer voraus. Eine Inversion hielt damals vier Tage lang Nebel und Abgase über der Stadt fest.

Die Londoner hatten gelernt, Krisen dieser Art mit Humor zu tragen. Aber im Laufe des Tages wurde der Smog immer dunkler, und am Samstagmorgen bildete er eine häßliche, schwarzbraune Decke über der Stadt. Zu diesem Zeitpunkt hatten die Schwefelgase bereits verheerenden Schaden angerichtet. Die Kliniken waren überfüllt mit Leuten, die an Atem- oder Herzbeschwerden litten. Alte Menschen mit angegriffener Gesundheit konnten die stickige Luft nicht verkraften und starben. Aber auch die Jüngeren erkrankten.

Auch am Sonntag, dem dritten Tag im Smog, zeichnete sich keine Besserung ab. Hausfrauen entdeckten, daß der in die Häuser eindringende Qualm einen klebrigen, schwarzen Film hinterließ. Die Londoner Flughäfen waren geschlossen, auf der Themse fuhren keine Lastkähne mehr, auf den Straßen keine Wagen. In vielen Gebieten betrug die Sicht nur wenige Meter. Hunderte von Menschen hatten bereits den Tod gefunden, und die Sterberate kletterte weiter. Die überfüllten Krankenhäuser mußten Hilfesuchende abweisen; andere starben auf dem Wege in die Klinik, da die Ambulanzen nur langsam vorankamen. In einem städtischen Leichenhaus gingen die Leichentücher aus, weil so viele Beerdigungen gleichzeitig stattfanden. Die Ärzte hatten Mühe, allen Hausbesuchsterminen nachzukommen, wenn sie ihre Patienten überhaupt erreichen konnten. Ein Arzt, der sich immer wieder im Nebel verirrte, kam auf die Idee, sich von einem blinden Patienten führen zu lassen. Der Mann fand seinen Weg ohne Schwierigkeiten. „Vorsicht, Herr Doktor!" warnte er gelegentlich. „Jetzt kommt eine kleine Stufe!"

Seltsamerweise erteilten offizielle Stellen weder in der Presse noch im Rundfunk Warnungen oder Verhaltensregeln, obwohl das Ausmaß der Katastrophe offenkundig war. Am Montag, dem 8. Dezember, sah man im fahlen Morgenlicht die ersten Anzeichen eines Wetterumschwungs. Ein Tiefdruckzentrum näherte sich, und die Luft geriet in Bewegung. Aber der Nebel wich immer noch nicht. Kinogänger, die an jenem Abend dem Smog zu entkommen versuchten, entdeckten, daß sie nicht einmal die Leinwand sehen konnten, und eine Opernvorführung mußte ausfallen, weil die Sänger den Dirigenten nicht mehr ausmachen konnten.

Am Dienstag schließlich löste sich der Smog auf – nach vier qualvollen Tagen –, und London begann die Opfer zu zählen. An die 4000 vorwiegend ältere Menschen hatten den Tod gefunden, und viele Tausende litten an neuen oder verschlimmerten Erkrankungen der Atemorgane. Der Schock wirkte. Endlich beschlossen die Londoner, der Gefahr der Luftverschmutzung zu begegnen, die schon so lange buchstäblich über ihnen hing. Es gab keine Möglichkeit, Inversionen zu verhindern, aber man konnte die Schadstoffe eindämmen, die in die Luft abgegeben wurden. Bald darauf erließ das Parlament neue, strenge Bestimmungen hinsichtlich des Rauches. Man stellte außerdem Regierungsmittel zur Verfügung, damit sich Privathaushalte und Fabriken auf Brennstoffe mit niedrigerem Schwefelgehalt, etwa Heizöl und Erdgas, umstellen konnten.

1956 mußten die Londoner erneut unter Inversionssmog leiden. Vom meteorologischen Standpunkt aus war diese Inversion noch hartnäckiger als die des Jahres 1952, aber die Zahl der Opfer blieb relativ gering, da die neuen Gesetze bereits in Kraft waren. Ein Jahrzehnt später hatte sich London völlig verwandelt. Einige Leute sagten, es sei um 80 Prozent sauberer geworden. Zum Trocknen aufgehängte Wäsche blieb von Schmutz verschont. Die gereinigten Fassaden der öffentlichen Bauwerke verrußten nicht mehr, und die Todesfälle aufgrund von Bronchial- und Lungenleiden gingen stark zurück.

Auch in vielen Industriestädten der Vereinigten Staaten erließ man Gesetze zur Einschränkung der Luftverschmutzung. Die Ergebnisse waren ähnlich ermutigend. Besonders einschneidende Maßnahmen traf man in Pittsburgh, das nur ein Stück flußabwärts von Donora lag und seit langem den Beinamen „Smoky City“ (rauchige Stadt) hatte. Als die Bürger erkannten, daß die Zukunft ihrer Stadt durch die Schadstoffe in der Luft bedroht war, setzten sie Ende der vierziger und Anfang der fünfziger Jahre ein Modernisierungsprogramm durch. Im Mittelpunkt des Programms stand die Smogbekämpfung. Schon nach wenigen Jahren hatte sich die Luft von Pittsburgh deutlich verbessert.

Es schien, als ließe sich die Luftverschmutzung mit Hilfe vernünftiger Gesetze ohne weiteres in Schranken halten, was sich aber als Trugschluß erwies. In Wirklichkeit hatte man lediglich ein Symptom dieser schlimmen Zivilisationskrankheit kuriert – und selbst das nur vorübergehend.

Das wahre Ausmaß der mißlichen Situation sollte sich am Beispiel von Los Angeles zeigen, wo geradezu ideale Voraussetzungen für das dramatische Wachstum einer neuen Generation von Schadstoffen herrschten. Das Wetter in der Region von Los Angeles wird durch den Ostrand eines Hochdrucksystems bestimmt, das meist zwischen Hawaii und Kalifornien über dem Pazifik liegt. Die Luftmasse hat einen Durchmesser von etwa 3500 Kilometern und führt ständig warme Äquatorialluft auf die Vereinigten Staaten zu. Wenn sie sich der Küste nähert, wird ihre Unterseite, die im allgemeinen 150 bis 300 Meter vom Erdboden entfernt ist, durch den Ozean abgekühlt. So hat die Luft, die vom Meer hereinströmt, bereits eine Inversion hinter sich: Sie ist unten kalt und oben warm. Dieses Phänomen kennt man im übrigen seit langem. Als der spanische Entdecker Juan Rodriguez Cabrillo 1542 erstmals in das Becken von Los Angeles kam, stellte er fest, daß der Rauch von Indianerfeuern nur etwa 100 Meter aufstieg und sich dann horizontal ausbreitete. Er nannte die heutige San Pedro Bay die „Bucht der Rauchfeuer“.

In den meisten Gebieten entlang der kalifornischen Küste wird nun diese niedrige Kaltluftschicht, die Meteorologen als maritime Grenzschicht bezeichnen, von der aus dem heißen Landesinnern aufsteigenden Luft verdrängt. Los Angeles dagegen wird von den Bergen der San-Gabriel- und der San-Bernardino-Kette eingekesselt. Sie schützen die Inversionen und sorgen dafür, daß sie lange stabil bleiben. Bis ins 20. Jahrhundert hinein hatte diese Wetterlage keinerlei bedrohliche Auswirkungen. Das Gebiet war groß genug, um alle Schadstoffe zu verkraften, und oft genug trieb ein horizontaler Landwind die verschmutzte Luft gegen Abend aufs Meer hinaus. Der erste richtige Smog zeigte sich während des Zweiten Weltkriegs. Die Bewohner sahen die Ursache sofort in den Industriebetrieben und Raffinerien der Stadt, die mit Hochdruck für die Kriegsrüstung arbeiteten. Ende der vierziger Jahre begann ein Feldzug zur Eindämmung der Industrieabgase, und diese Ursache der Luftverschmutzung wurde behoben. Aber der Smog ließ sich nicht vertreiben.

Neben der sichtbaren Dunstglocke traten verschiedene andere rätselhafte Phänomene auf. So litten die Einwohner an Smogtagen an Bindehautentzündungen, und die einheimischen Farmer verzeichneten Ernteeinbußen, die ihrer Meinung nach mit dem Smog in Zusammenhang standen. In den frühen fünfziger Jahren beauftragte die Verwaltungsbehörde von Los Angeles dann den Biochemiker und Pflanzenphysiologen Arie Jan Haagen-Smit vom California Institute of Technology, nach der Ursache der Pflanzenschäden zu forschen.

Haagen-Smit erkannte sofort, daß die Hauptbeeinträchtigung, ein öliger Glanz an der Unterseite der Blätter, nichts mit den Auswirkungen bekannter Industriegifte, wie Schwefeldioxid, zu tun hatte. Anfangs behandelte er Testpflanzen mit großen Dosen organischer Stoffe, die man in der Luft nachgewiesen hatte. Als ihn das nicht weiterbrachte, wandte er sich erneut den Industrieschadstoffen zu. Diesmal experimentierte er mit Stickoxiden und Kohlenwasserstoffen auf Erdölbasis, die man bei der chemischen Analyse von Luftproben entdeckt hatte.

Auch die Bedampfung mit Stickoxiden und ausgewählten Kohlenwasserstoffgasen brachte zunächst kaum Erfolg, aber Haagen-Smit erkannte bald, daß ein wichtiger Bestandteil fehlte, der das Wetter in Los Angeles mitbestimmte: Sonnenschein. Also bestrahlte er die Testpflanzen im Labor mit ultraviolettem Licht. Nach nur wenigen Stunden zeigten sich Schäden, die, wie der Forscher schrieb, „nicht von jenen an den ‚Smogpflanzen' zu unterscheiden waren".

Haagen-Smit gelang es, das Endprodukt der chemischen Reaktion zu identifizieren: Es war Ozon, das hochaktive, dreiatomige Sauerstoffmolekül. Zum Beweis führte er einen einfachen Gegenversuch durch. Da allgemein bekannt war, daß Ozon die Bestandteile von Gummi angreift, bog der Professor ein paar Gummistreifen zurecht und setzte sie dem Los-Angeles-Smog aus. Im Normalfall dauert es etwa 45 Minuten, bis sich an den Biegestellen des Gummis die ersten Spannungsrisse zeigen. Unter dem Einfluß von Smog und ultraviolettem Licht jedoch hatten die Gummistreifen bereits nach sechs Minuten die ersten Sprünge. Nur eine enorm hohe Konzentration von Schadstoffen – etwa das Zehnfache der normalen – konnte dieses Ergebnis erklären.

Los Angeles litt in der Tat unter einer neuen Form von Smog, der genaugenommen gar keiner war, weil weder Rauch noch Nebel eine Rolle spielten. Er stellte jedoch genau die gleiche Gefahr dar wie der Smog, der London oder Donora gelähmt hatte. Und sein Ursprung war, wie man an den im Experiment verwendeten Kohlenwasserstoffen auf Mineralölbasis erkannte, das amerikanische Statussymbol schlechthin – das Automobil. Das chemische Detektivspiel, das die geliebten Benzinkutschen (sowie die Erdölraffinierien, aus denen der Treibstoff kam) als Täter entlarvte, bahnte den Weg zu völlig neuen Erkenntnissen über die Entstehung und Wirkung von Schadstoffen in der Luft.

Es war eine Heidenarbeit, die Leute davon zu überzeugen, daß ein Zusammenhang zwischen Ozon und ihren Straßenkreuzern bestand, weil zwar Stickoxid, jedoch beileibe kein Ozon aus den Auspuffrohren drang. Aber Haagen-Smit, der bald in ganz Amerika „Dr. Smog" hieß, hatte nachgewiesen, daß Sonnenlicht bei

Eine natürliche Falle für verschmutzte Luft

Gelegentlich werden die Auswirkungen der Luftverschmutzung durch eine atmosphärische Besonderheit verstärkt, die man unter dem Namen Inversionswetterlage kennt. Sie tritt auf, wenn eine Warmluftschicht über der tiefer gelegenen Kaltluft liegt. (Inversion bedeutet Umkehrung – hier die Umkehrung des Normalfalles, bei dem die Temperatur mit der Höhe abnimmt.) Wenn aufsteigende Luft an diese Warmluftdecke stößt, stoppt das ihren Auftrieb. Die Luftschichten werden nicht mehr richtig durchmischt, und die Schadstoffkonzentration in der Kaltluft nimmt erheblich zu.

Die dauerhaftesten Inversionen treten auf, wenn ein Warmluftvorstoß in der Höhe unter Hochdruckeinfluß gerät. In manchen Städten tragen auch geographische Besonderheiten dazu bei, daß sich häufig lang anhaltende Inversionen bilden. Augenentzündungen durch den beißenden Smog gehören dann regelmäßig zum Alltag.

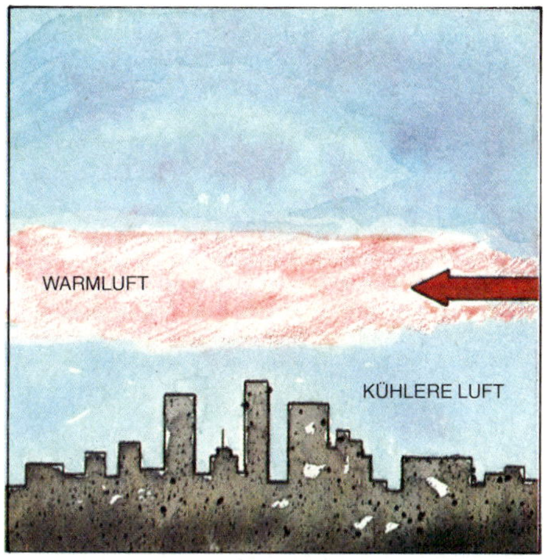

Eine Warmluftschicht, die ein langsam dahinziehendes Hochdrucksystem *(roter Pfeil)* über Hartford in Connecticut geschoben hat, hält die kühlere verschmutzte Luft in Bodennähe fest. Nur eine Dampfsäule hat so starken Auftrieb, daß sie aus der Kaltluft in die Warmluftschicht einbrechen kann *(rechts)*.

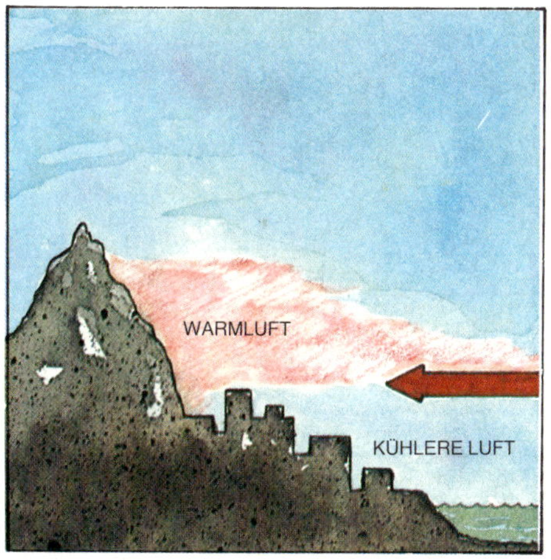

Vom Pazifik abgekühlte Luft, die in das Becken von Los Angeles strömt, wird oft durch die Gebirgszüge der Umgebung und wärmere Luft in der Höhe festgehalten. Die andauernde, tiefliegende Inversion führt zu dem berüchtigten Smog über dieser Stadt.

Vor dem Sonnenuntergang nehmen sich die Dampfschwaden dieser Ölraffinerie in Edmonton, Alberta, besonders düster und bedrohlich aus. In Wirklichkeit sind viele Schadstoffe, die von Raffinerien ausgestoßen werden, unsichtbar.

der chemischen Umwandlung eine entscheidende Rolle spielt, und die Skeptiker ließen sich überzeugen, als Wissenschaftler rund um die Uhr Messungen im Freien vornahmen: Sie fanden heraus, daß der Ozongehalt tagsüber in der Tat Spitzenwerte erreichte, während er nachts stark absank. Der grundsätzliche Verlauf der chemischen Reaktionen, die zum Smog führen, wurde damit bestätigt.

Nicht alle Bestandteile der Luft werden in einem Benzinmotor verbrannt. Während Sauerstoff nahezu vollständig verbrennt, bleibt Stickstoff, die zweite große Komponente in der Atomsphäre, übrig. In der extremen Hitze der Zylinder verbindet sich ein Teil des Stickstoffs mit unverbranntem Sauerstoff zu Stickoxid, einem farblosen, schwach giftigen Gasmolekül, das ein Stickstoff- und ein Sauerstoffatom enthält. Bliebe dieses Gas unverändert in der Atmosphäre, würde es wenig Schaden anrichten. Abes es nimmt in der Luft ein weiteres Sauerstoffatom auf und verwandelt sich in Stickstoffdioxid, ein giftiges, rötlichbraunes Gas.

Die ultraviolette Strahlung der Sonne wird vom Stickstoffdioxid sofort absorbiert und spaltet von jedem Molekül ein Sauerstoffatom ab, so daß erneut Stickoxid entsteht. Die Sauerstoffatome, die bei dieser Reaktion frei werden, verbinden sich mit dem normalen, zweiatomigen Sauerstoff der Luft zum dreiatomigen Ozonmolekül. Gefördert wird diese Reaktion von den Kohlenwasserstoffen – unverbrannten oder teilweise verbrannten Benzindämpfen –, die aufgrund chemischer Reaktionen die Ozonbildung beschleunigen. Solange der Motor läuft, wird ununterbrochen neues Stickoxid erzeugt, und die Kohlenwasserstoffanteile der Auspuffgase tragen zur Bildung von Ozon bei.

Die Ozonbildung kommt im allgemeinen bei Einbruch der Dunkelheit zum Stillstand, aber der Abend bringt nicht unbedingt ein Ende der Luftverschmutzung. Auch ohne die Umwandlung durch ultraviolettes Licht kann nämlich Stickstoffdioxid in größeren Mengen alle möglichen Bronchialleiden einschließlich Emphyseme hervorrufen. Ozon allerdings wirkt um das Fünfzehnfache stärker. Untersuchungen haben gezeigt, daß schon eine winzige Menge dieses Gases zu Kopfschmerzen, Schwindel, Übelkeit und Konzentrationsstörungen führen kann; ist man dem Ozon über längere Zeit ausgesetzt, so muß man unter anderem mit Schäden der Atemorgane und Impotenz rechnen.

1960 erließ Kalifornien die in ganz Amerika ersten Gesetze gegen eine Luftverschmutzung durch Autoabgase. Sämtliche Neuwagen mußten zur Verminderung der Schadstoffemission mit speziellen Systemen ausgerüstet werden, die die unverbrauchten Gase aus dem Auspuff zurück in die Zylinder saugten und im Motor verbrannten. Dieses Recycling verminderte den Ausstoß von Kohlenmonoxid und unverbrannten Kohlenwasserstoffen. Zusatzgeräte, die man später in die Auspuffanlage einbaute, führten zu einer weiteren Herabsetzung der Schadstoffemission. Der katalytische Konverter beispielsweise, den man 1975 einführte, wandelt Auspuffgase in unschädliche Substanzen, wie Stickstoff, Kohlendioxid und Wasser, um. Die amerikanische Bundesregierung folgte Kaliforniens Beispiel im Jahre 1963 mit der ersten von mehreren Clean Air Acts, die ähnliche Maßnahmen für ganz Amerika zur Folge hatten.

Nach Inkrafttreten der neuen Gesetze nahmen die Schadstoffemission von Neuwagen zwar ab, aber zwei Faktoren verhinderten eine wesentliche Verbesserung der Luftqualität. Zum einen stieg die Zahl der Autos auf den Straßen ständig an; zum anderen wurden viele der gefährlichen Gase und Teilchen, die man aus den Autoabgasen eliminiert hatte, auch bei Industrieprozessen frei. Der Gesamtausstoß des Ozon erzeugenden Stickstoffdioxid schien ein paar Jahre lang gleichzubleiben. Nach 1975 aber vermerkte man erneut einen leichten Anstieg.

Neben Ozon erzeugenden Gasen strömen durch die Auspuffanlagen eine Menge anderer Gifte, so auch das Kohlenmonoxid. Geringe Mengen Kohlenmonoxid werden immer vom laufenden Motor produziert. Jedoch im Stau, wenn die Automotoren unrationell arbeiten, steigen die Werte beträchtlich. Aber selbst in

Diese schematischen Darstellungen zeigen eine Einrichtung zur Filterung der Emissionen eines Kohlekraftwerks. Zunächst werden die Rauchgase durch eine Abscheidungsanlage geleitet *(oben links)*, die elektrisch geladene Flugaschepartikel auf geerdeten Platten sammelt. Durch Berieselung mit Kalkwasser wird anschließend der größte Teil der Schwefeldioxiddämpfe ausgesondert *(unten links)*.

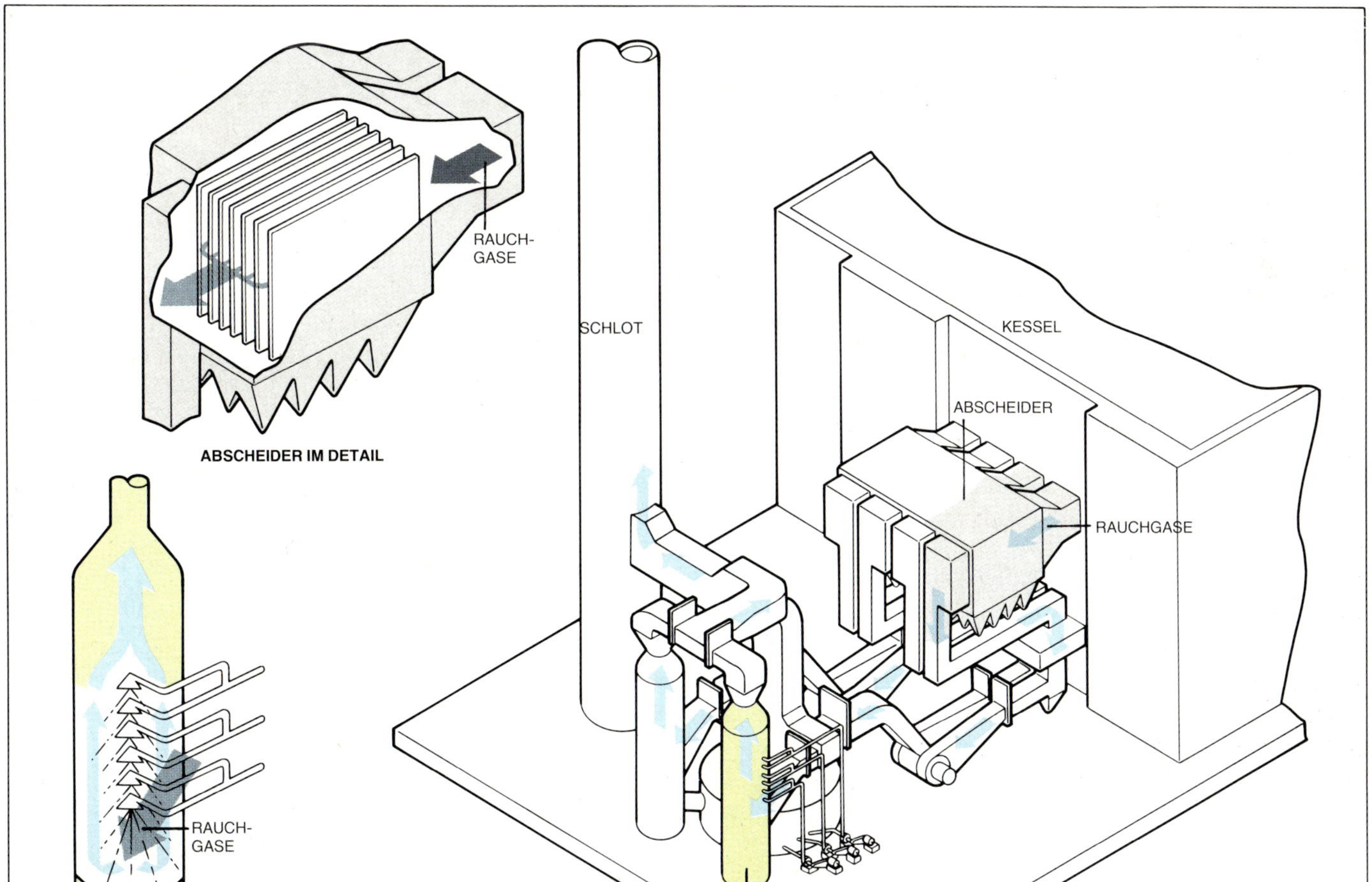

diesem Fall löst sich ein großer Teil des Gases auf, ohne Schaden anzurichten. Nur wenn eine Inversion die Verteilung verhindert oder die Konzentration durch starken Verkehr zunimmt, kann Kohlenmonoxid zu einer Gefahr werden. Da es sich teilweise an das Hämoglobin im menschlichen Blutkreislauf anlagert und so den Transport von Sauerstoff im Blut beeinträchtigt, stellen größere Mengen des Gases eine ernste Gefahr für die Gesundheit dar. Messungen haben gezeigt, daß seit Einführung der Abgaskontrollgesetze im Jahre 1972 der Kohlenmonoxidgehalt in amerikanischen Städten um ein Drittel zurückgegangen ist.

Ein weiterer Schadstoff bei Autoabgasen ist Blei, das man jahrzehntelang als Benzinzusatz verwendete, um das Klopfen des Motors herabzusetzen und seine Leistung zu erhöhen. Beim Verbrennen von bleihaltigem Benzin entweichen Millionen winziger Bleipartikel in die Luft. Diese Teilchen sind so klein, daß sie mit den Windsystemen der Erde gewaltige Strecken zurücklegen können; sogar im Schnee der Polargebiete ließ sich eine beträchtliche Bleimenge nachweisen. Zu viele Bleipartikel in der Luft können schädlich sein, weil sie über die Lunge in den Blutkreislauf gelangen und die roten Blutkörperchen zersetzen. Außerdem greifen Bleipartikel die Zellen des Magen-Darm-Traktes und das Zentralnervsystem an und verursachen bei Kindern Gehirnschäden. Der amerikanische Kongreß erkannte die Gefahr und verabschiedete ein Gesetz, das ab 1975 bleifreies Benzin für alle Neuwagen vorschrieb. Auch die Bleiemissionen der Industrie wurden durch den Einbau spezieller Filter in den Fabrikschloten herabgemindert. Wiederum jedoch hob die Gesamtzunahme an Kraftfahrzeugen und Industriebetrieben diese potentiellen Verbesserungen auf. In den siebziger Jahren stieg die Bleiemission von 118 000 Tonnen jährlich auf insgesamt 180 000 Tonnen an.

Und inzwischen drohte bereits die nächste Art der Luftverschmutzung. Wieder stand Ozon im Mittelpunkt, diesmal aber galt die Besorgnis weniger der Überproduktion des Gases in Bodennähe als seiner Vernichtung in der Stratosphäre. In einem Bereich von etwa 10 bis 50 Kilometern über der Erde schirmt das Ozon der Stratosphäre das gefährliche kurzwellige UV-Licht ab. Immerhin ist die ultraviolette Strahlung, die bis zu uns durchdringt, noch kräftig genug, um unsere Haut zur Bildung von Schutzpigmenten – der Sonnenbräune – anzuregen. Ist die Strahlendosis allerdings zu stark, kann das Hautgewebe geschädigt werden. Am häufigsten kommt es dabei zu einem schmerzhaften Sonnenbrand, doch gibt es auch Fälle von Hautkrebs. Man hat geschätzt, daß beim Abbau von nur einem Prozent stratosphärischem Ozon manche Formen von Hautkrebs bis zu vier Prozent zunehmen könnten. Die Besorgnis ist deshalb so groß, weil Ozon nur einen winzigen Teil der oberen Atmosphäre ausmacht – etwa 0,005 Prozent vom Gesamtvolumen der Stratosphäre – und selbst ein geringer Abbau ernste Folgen haben könnte.

Leider kann das überschüssige Ozon, das in Bodennähe indirekt durch die Autoabgase erzeugt wird, nicht ohne weiteres die Ozonschicht der Stratosphäre ergänzen. Ozon ist eine äußerst instabile Substanz, und die Wissenschaft nimmt an, daß es beim Aufsteigen in die Stratosphäre zerfällt. So wird das Gas unabhängig in jeder der beiden Atmosphäreschichten neu gebildet und auch wieder abgebaut.

Deutliche Warnungen über die potentielle Gefahr des Ozonabbaus in der Stratosphäre hörte man erstmals zu Beginn der siebziger Jahre, als mehrere Nationen gleichzeitig die Überschallflugzeuge kommerziell zu nutzen begannen. Manche Wissenschaftler sahen schlimme Folgen für den Fall voraus, daß die Düsentriebwerke große Mengen an Stickstoffoxiden direkt in die Stratosphäre, durch die man die Flugrouten plante, abgeben sollten. Eines dieser Gase, das Stickoxid (ein Atom Stickstoff und ein Atom Sauerstoff), reagiert leicht mit dem dreiatomigen Ozon und bildet Stickstoffdioxid sowie ein normales, zweiatomiges Sauerstoffmolekül. Das Stickstoffdioxid bindet dann ein „freies“ Sauerstoffatom und erzeugt zweiatomigen Sauerstoff sowie – erneut – Stickoxid. Dieser Zyklus setzt sich, wie man annahm, im wahrsten Sinn des Wortes endlos fort. In ersten

Schätzungen sagte man vorher, daß eine Flotte von 500 Überschallverkehrsmaschinen, deren Flugrouten in etwa 20 Kilometern Höhe verliefen, das Ozon der Stratosphäre in fünf Jahren um ungefähr 16 Prozent verringern würde. Dennoch setzten Frankreich, Großbritannien und die Sowjetunion ihre Pläne durch und begannen, Überschallflugzeuge regelmäßig verkehren zu lassen.

Zum Glück deuteten später angestellte Studien darauf hin, daß Unterschallflugzeuge genug Ozon erzeugen könnten, um den Ozonabbau in der Stratosphäre wieder wettzumachen. Zu Beginn der achtziger Jahre mehrten sich die Beweise, daß Normalflugzeuge, die sich nahe der Tropopause bewegten, in der gleichen Weise Ozon erzeugen wie die Autos in Bodennähe und daß ein Teil davon in aller Regel bis in die Stratosphäre aufsteigt.

Doch während die erste Kritik an der Theorie des Ozonschwunds durch Flugzeuge laut wurde, drohte der Ozonschicht bereits eine neue Gefahr – durch die Spraydose. Beinahe über Nacht erlangte dieser scheinbar harmlose Gebrauchsgegenstand den Status einer Weltuntergangsmaschine: Das Treibgas, das in den meisten dieser Dosen verwendet wurde, ist eine chemische Verbindung namens

Ein Betankungsflugzeug und vier Düsenjäger ziehen in etwa 9000 Meter Höhe Kondensstreifen über den Himmel. Die wolkenartigen Bänder bilden sich, wenn der Wasserdampf der Flugzeugabgase kondensiert. Sie enthalten auch Stickoxide und könnten daher die Ozonschicht ganz erheblich gefährden.

Chlorfluorkohlenwasserstoff, die man seit Jahrzehnten auch in der Kühlgeräte- und Klimatechnik benutzt und die besser unter der Handelsbezeichnung Freon bekannt ist. Dieses Mittel ist für den Menschen unschädlich und geht mit anderen Substanzen nicht ohne weiteres eine Verbindung ein. Aber gerade die chemische Trägheit wurde plötzlich zum Problem.

Wenn Chlorfluorkohlenwasserstoff in der Luft freigesetzt wird, steigt er allem Anschein nach einfach durch die Troposphäre auf und gelangt völlig unverändert in die Stratosphäre. Laborversuche, die man 1973 durchführte, legten den Schluß nahe, daß danach ein einfacher chemischer Prozeß abläuft, dessen einzelne Stufen man sich folgendermaßen vorstellt: Durch die intensive Bestrahlung mit UV-Licht zersetzt sich die Verbindung in der Stratosphäre und bildet Chloroxid; dieser Stoff wiederum dient als Katalysator bei der Umwandlung von Ozon in gewöhnlichen zweiatomigen Sauerstoff; beim Abbau von Ozon in normale Sauerstoffmoleküle wird das Chlor frei; es spaltet weitere Ozonmoleküle und verbindet sich schließlich mit Wasserstoff zu Wasserstoffchlorid, das in die Troposphäre absinkt und mit dem Regen in die Tiefe gespült wird.

EIN VERHÄNGNISVOLLES AUF UND AB

In den meisten Fällen bleiben Schadstoffe nicht lange in der Atmosphäre. Ruß- und Ascheteilchen sinken im allgemeinen bereits in der Troposphäre ab oder werden innerhalb weniger Wochen durch Niederschläge ausgewaschen. Ein Großteil der Gase wird in einem Zeitraum von zwei bis vier Monaten chemisch umgesetzt oder durch Feuchtigkeit absorbiert. Die Schadstoffe, die in die Stratosphäre eindringen, können dort allerdings jahrelang erhalten bleiben.

Vor allem die starken Aufwinde am Äquator, ein Teil der Hadley-Zellen-Zirkulation, die die Passatwinde erzeugt, tragen die Spurengase und Schwebeteilchen in die Stratosphäre. Zu den bedrohlichsten Substanzen, die auf diesem Wege die Tropopause (den Oberrand der untersten Schicht der Atmosphäre) passieren, gehören die Chlorfluorkohlenwasserstoffe – ein Sprühdosen-Treibmittel – sowie Stickstoffoxydul, das von chemisch gedüngten Feldern aufsteigt oder bei der Öl- und Kohleverbrennung frei wird. Beide Stoffe könnten nach Ansicht vieler Wissenschaftler das lebenswichtige Ozon in der Stratosphäre zerstören.

Den größten Anteil an der Verschmutzung der Stratosphäre haben jedoch Vulkane: Eine große Eruption, bei der schwefeldioxidhaltige Aschewolken bis zu 20 Kilometer in die Höhe geschleudert werden, kann eine ganze Hemisphäre in einen Partikelschleier hüllen, der die Sonneneinstrahlung schwächt und die Temperaturen senkt.

Befinden sich die Schadstoffe erst einmal in großer Höhe, bleiben sie auch lange Zeit dort. Während in der Troposphäre das Wettergeschehen und vertikale Luftströmungen für eine ständige Umwälzung der Luft sorgt, wird die Stratosphäre lediglich durch ein einziges Zirkulationssystem gereinigt: Starke Ost-West-Winde treiben die Luft der Stratosphäre rund um den Erdball. Gleichzeitig trägt eine schwache Horizontalströmung das Ozon wie auch die Schadstoffe langsam den Polen entgegen. In den mittleren Breiten bringen Höhenwinde einen Teil der Luft aus der Stratosphäre in die Troposphäre zurück, und der Rest der Luft sinkt über den kalten Polargebieten ab, wo sich schließlich die Schadstoffe ablagern.

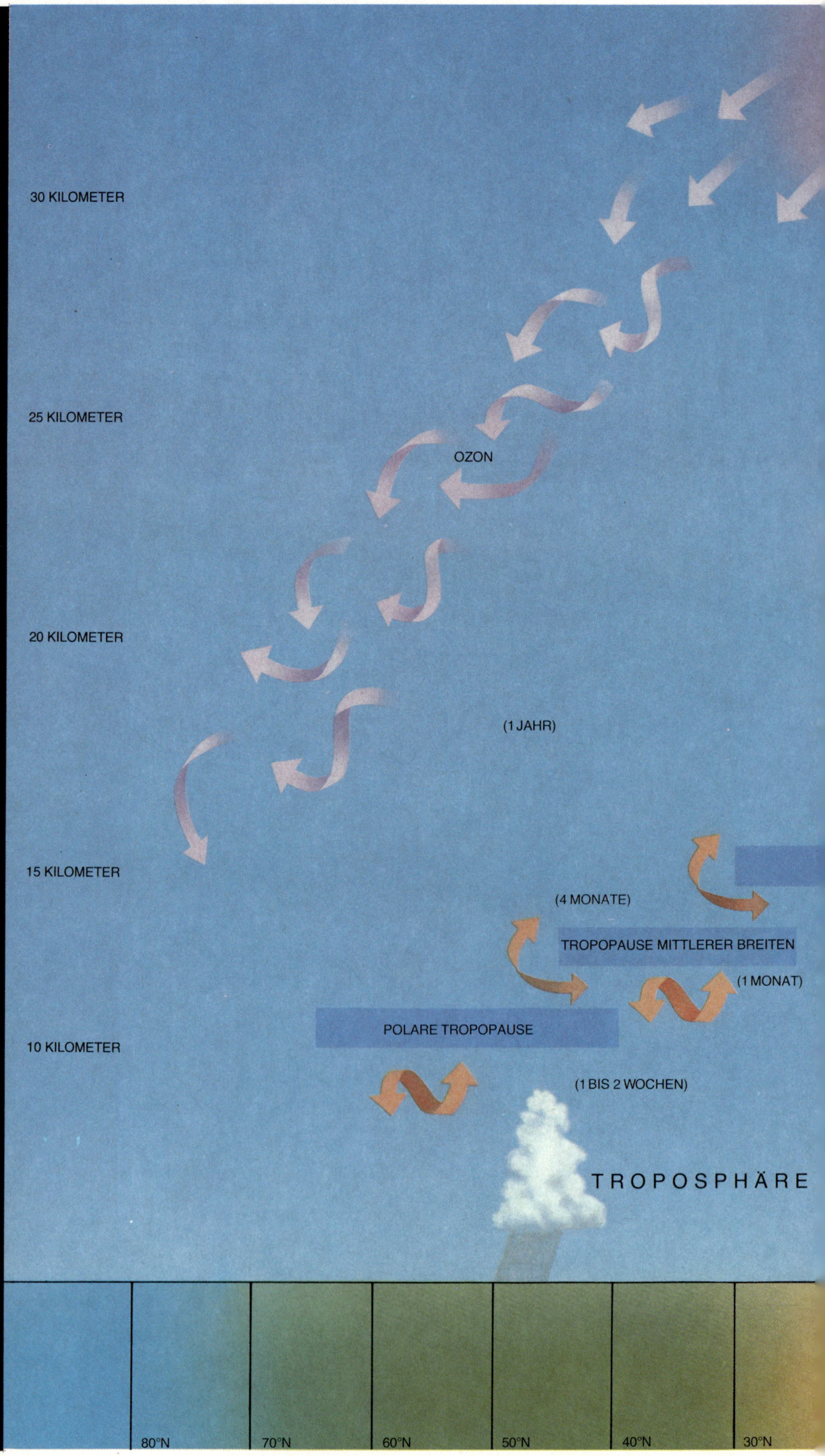

Ein Querschnitt der Atmosphäre von Pol zu Pol zeigt, auf welche Weise die Luft in der Troposphäre und Stratosphäre zirkuliert und Ozon sowie Schadstoffe verteilt. Die Zahlen in Klammern geben an, wie lange die feinen Partikel in den verschiedenen Höhen bleiben, ehe sie zur Erde zurücksinken.

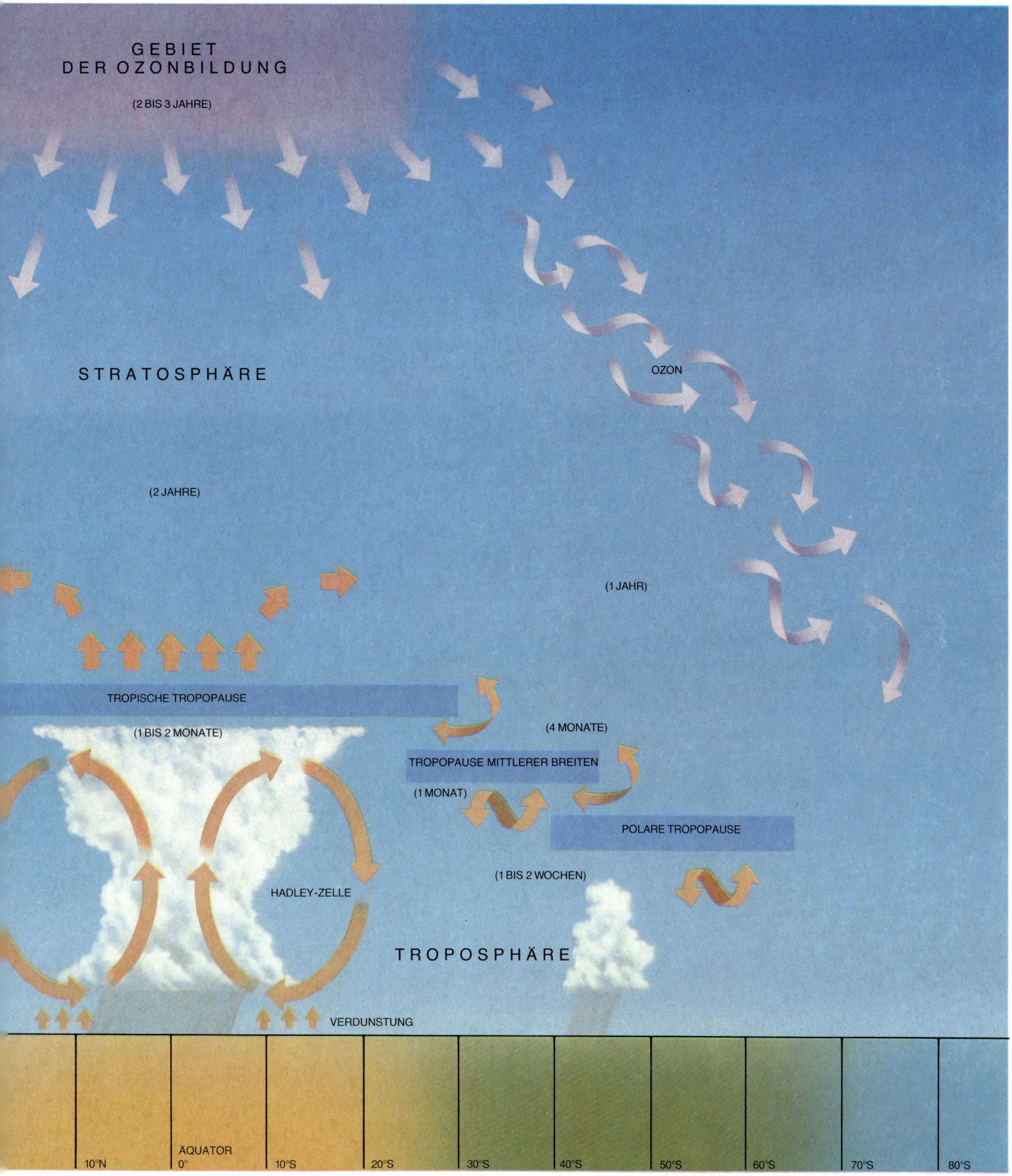
GEBIET
DER OZONBILDUNG
(2 BIS 3 JAHRE)
STRATOSPHÄRE
OZON
(2 JAHRE)
(1 JAHR)
TROPISCHE TROPOPAUSE
(1 BIS 2 MONATE)
(4 MONATE)
TROPOPAUSE MITTLERER BREITEN
(1 MONAT)
POLARE TROPOPAUSE
(1 BIS 2 WOCHEN)
HADLEY-ZELLE
TROPOSPHÄRE
VERDUNSTUNG
10°N
ÄQUATOR
0°
10°S
20°S
30°S
40°S
50°S
60°S
70°S
80°S

Nicht alle Wissenschaftler waren mit dieser Erklärung einverstanden. Einige vertraten die Ansicht, daß zu viele variable Größen im Spiel seien und man deshalb die Laborergebnisse nicht einfach auf die Atmosphäre übertragen könne. Andere fanden das Tempo, mit dem die Reaktionen ablaufen und die Ozonschicht zerstören sollten, übertrieben. Bis zur Klärung der Sachlage schränkte Amerika als einziges von all den Ländern, in denen Spraydosen verwendet werden, den Gebrauch von Chlorfluorkohlenwasserstoff als Treibmittel stark ein; inzwischen haben die Hersteller in den USA die Erfahrung gemacht, daß freier Stickstoff und Kohlendioxid einen guten Ersatz bieten.

Während man sich noch ausgiebig mit Spraydosen-Treibmitteln befaßte, wurde bereits eine weitere potentielle Gefahr für die Ozonschicht entdeckt. Studien der siebziger und frühen achtziger Jahre ergaben, daß indirekt auch die von Farmern eingesetzten Düngemittel das Ozon in großen Höhen zerstören können. Stickstoffoxydul oder Lachgas, das von Bakterien aus den stickstoffangereicherten Düngern gelöst wird, entweicht in die Luft und steigt in die Stratosphäre auf. Dort zerlegt ultraviolettes Licht die Verbindung in Stickstoff und Sauerstoff und leitet damit chemische Reaktionen ein, die letzten Endes dem Ozon ein Sauerstoffatom entziehen und es zu normalem Sauerstoff mit zweiatomigen Molekülen reduzieren. Auch in diesem Fall sind sich die Wissenschaftler nicht darüber einig, welche Düngemittel Stickstoffoxydul freisetzen und wie groß der verursachte Schaden ist. Schätzungen des National Center for Atmospheric Research in Boulder, Colorado, aus dem Jahre 1982 deuteten jedoch darauf hin, daß der Ozonabbau durch Lachgas bis zum 21. Jahrhundert stark zunehmen könnte.

Das schlimmste Schreckgespenst der Luftverseuchung steigt allerdings in Form jenes Rauchpilzes auf, der zum Symbol des nuklearen Zeitalters geworden ist. Zu den unvorstellbaren direkten Schäden, die bei einem Atomkrieg entstünden, käme die Radioaktivität in der Luft, die sich mit ziemlicher Sicherheit weltweit als todbringend erweisen würde. Da radioaktiver Niederschlag mehrere Jahre in der Stratosphäre erhalten bleiben kann, hätten die Windsysteme unseres Planeten Zeit genug, ihre tödliche Fracht auf alle Kontinente zu verteilen. Ein bedrückendes Beispiel, wie die atmosphärische Zirkulation radioaktives Material verbreiten kann, gibt es aus dem Jahr 1964. Damals ging ein amerikanischer Satellit, dessen Reaktor mit Plutonium-238 betrieben wurde, durch einen Defekt über dem Indischen Ozean in Flammen auf. Die radioaktive Verseuchung, die dabei entstand, konnte später in beiden Hemisphären nachgewiesen werden.

Da die meisten radioaktiven Teilchen Halbwertzeiten von vielen Jahren haben, kann man kaum vorhersagen, wo und wann eine Schädigung der Atmosphäre auftreten wird. In Rochester im Staate New York entdeckte man beispielsweise durch Strahlung getrübtes Filmmaterial. Als Quelle der Strahlung entpuppte sich die Gelatine, die zur Filmherstellung verwendet und aus den Knochen argentinischer Rinder gewonnen worden war. Diese Tiere wiederum hatten Gras von Weideland gefressen, das vom radioaktiven Niederschlag der Atomversuche im Südpazifik und in Sibirien verseucht war.

Seit 1963, als die Vereinigten Staaten, Großbritannien und die Sowjetunion übereinkamen, keine oberirdischen Atomwaffentests mehr durchzuführen, ist die radioaktive Verseuchung der Atmosphäre drastisch zurückgegangen. Doch es gibt genügend andere Schadstoffe, die mit dem Wind in die entlegensten Gebiete verteilt werden und dort ihre Opfer finden. Ein Phänomen, das Ende der sechziger Jahre traurige Berühmtheit erlangte, ist der saure Regen.

Die Hauptschuldigen im Falle des sauren Regens waren zwei bekannte Abfallprodukte fossiler Brennstoffe, nämlich Schwefeldioxid und Stickoxid. Beide Substanzen, die sich in den Abgasen von Kraftwagen, Kraftwerken, Schmelzhütten und anderer Schwerindustrie befinden, verbinden sich sofort mit Wasserdampf zu

Auf dem Photo *(rechts)* erscheint die Luft über den hohen Schloten eines Kohlekraftwerks in Tennessee völlig rein. Die Aufnahme entstand, nachdem man durch zusätzliche Filteranlagen die sichtbaren Schadstoffemissionen eingedämmt hatte. Durch ein UV-Filter *(oben)* sah man allerdings, daß das Schwefeldioxid – eine Hauptursache des sauren Regens – auch weiterhin aus den Schornsteinen quoll.

verdünnten Säuren. Schwefel- und Salpetersäuretröpfchen sammeln sich im Wolkeninnern und regnen schließlich ab. 1978 brachte ein Unwetter im Westen von Pennsylvania einen Regen, der sauer wie Zitronensaft war. Ein derart hoher Säuregehalt kann die Fischbestände in Seen vernichten und Wäldern erschreckend schweren Schaden zufügen.

Die Ironie des Schicksals will es, daß der saure Regen und seine Auswirkungen teilweise auf die neuen Gesetze zur Reinerhaltung der Luft zurückzuführen sind. So machte man den Fabriken zur Auflage, ihre Schlote möglichst hoch zu bauen, damit die Schadstoffe von den Wohngegenden ferngehalten wurden. Obwohl das lokal tatsächlich zu einer Verbesserung der Luftqualität führte, wurden die Abfallprodukte lediglich auf bisher unverseuchte Regionen verteilt. So stößt beispielsweise der etwa 400 Meter hohe Schornstein einer Nickelhütte im kanadischen Ontario Tausende von Tonnen Schwefeldioxid aus, die mit dem Wind über ganz Ostkanada und den Nordosten der Vereinigten Staaten verteilt werden.

Sowohl in Europa als auch in Nordamerika sind die verheerendsten Schäden durch sauren Regen in Gebirgsgegenden entstanden, an deren Hängen die Wolken in kühlere Höhen aufsteigen und abregnen. Da solche Naturgebiete im allgemeinen schwer zugänglich sind, dauerte es lange, bis man die Verheerung überhaupt entdeckte. Als im Jahre 1968 ein schwedischer Bodenspezialist namens Svante

Odén die Auswirkungen von saurem Wasser auf Seen, Böden und Wälder von Skandinavien untersuchte, war er derartig entsetzt, daß er die Industriezentren in England und Mitteleuropa der „chemischen Kriegsführung" beschuldigte. Seine harten Worte riefen die Wissenschaftler auf den Plan, und spätere Studien bestätigten im großen und ganzen Odéns Theorie, daß Industrieabgase die Schuld an der rasch zunehmenden Bedrohung der Natur trügen.

Anfang der achtziger Jahre hatten sich Tausende von skandinavischen Seen, die einst Lebensraum von zahllosen Forellen gewesen waren, in praktisch tote Gewässer verwandelt. Schon bald nach der Veröffentlichung von Odéns Bericht entdeckten amerikanische Forscher im mittleren Westen der Vereinigten Staaten ähnliche Symptome in den Abwindregionen der großen Industriestädte. Und im Nordosten Amerikas sowie im Osten Kanadas wurden ganze Fischbestände vom sauren Regen vernichtet. Überprüfungen ergaben, daß der Niederschlag in diesen Gebieten zwischen 10- und 30mal saurer war als normaler Regen. In den Adirondack Mountains im Nordosten des Staates New York ergaben Untersuchungen, daß der Säuregehalt während der letzten 50 Jahre um das 40fache zugenommen hatte. Übrigens leiden die Seen im Osten der Vereinigten Staaten weit

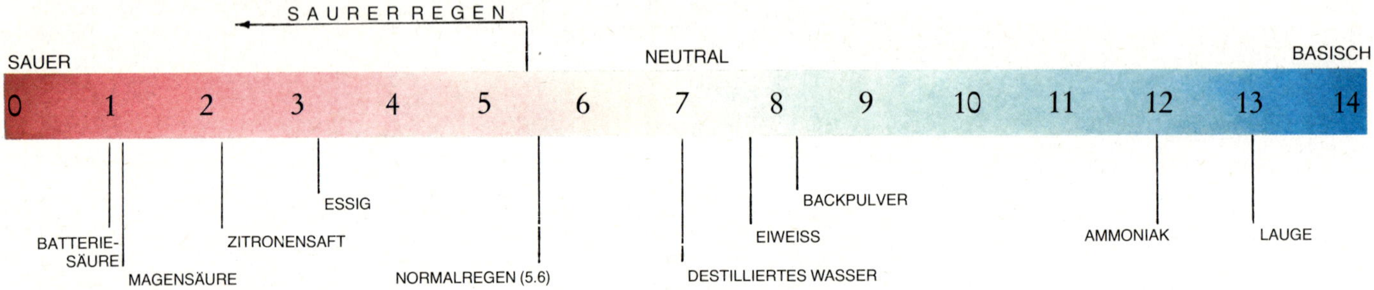

Die pH-Wert-Skala, auf der die kleinsten Zahlen den stärksten Säuren und die größten Zahlen den stärksten Basen zugeordnet sind, zeigt an, in welchem Verhältnis saurer Regen zu verschiedenen anderen Substanzen, darunter auch normalem Regen, steht. Wenn der pH-Wert des Wassers in Seen und Flüssen stark unter 5 absinkt, verenden die meisten Fische.

stärker unter dem sauren Regen als im Westen, denn die Humusdecke ist dünn und liegt über undurchlässigem Granitgestein, das die Säure weder absorbiert noch abbaut. In den Weststaaten dagegen kompensieren alkalische Kalksteinschichten den erhöhten Säuregehalt; die Seen sind dadurch geschützter.

In den bedrohten Gebieten östlich der Industriezentren entsteht vor allem im Frühjahr großer Schaden, wenn Säuren, die sich den ganzen Winter über im Schnee angesammelt haben, plötzlich mit dem ersten Schmelzwasser in die Seen fließen. Die Fische leiden dann nicht nur unter dem erhöhten Säuregehalt, der ihre Kiemen entzündet; Aluminiumoxide, die von dem sauren Wasser aus dem Boden geschwemmt werden, führen zu starken Reizungen. Im allgemeinen schützen sich die Tiere dagegen mit einem Schleimfilm, aber oft genug setzt eine Überreaktion ein. Dann verstopft der Schleim die Kiemen, und die Fische ersticken. Nicht weniger gefährliche Metalle, die aus dem Boden oder den Seesedimenten gelöst werden, sind Quecksilber, Blei und Kupfer. In hoher Konzentration können sie Salamandereier zerstören, Frösche töten und viele Bakterienstämme vernichten. Auch Phytoplankton (mikroskopisch kleine Seepflanzen) stirbt mitunter ab. So bedeutet eine kristallklare Wasseroberfläche in vielen Fällen, daß ein See kein Leben mehr enthält. „Das sieht aus wie das Ideal eines unberührten Gewässers", meinte ein Forscher. „Ich habe in einigen dieser Seen getaucht und wirklich nichts außer ein paar Wasserkäfern gefunden."

Die Auswirkungen auf die Vegetation außerhalb der Seen lassen sich weniger leicht erkennen. Laborexperimente zeigen, daß manche Pflanzen durch sauren Regen stark geschädigt werden. Andererseits gibt es auch Anzeichen dafür, daß bestimmte Baumarten um so üppiger gedeihen – zumindest eine Zeitlang. In einer Studie, die zu Anfang der achtziger Jahre in Deutschland durchgeführt wurde,

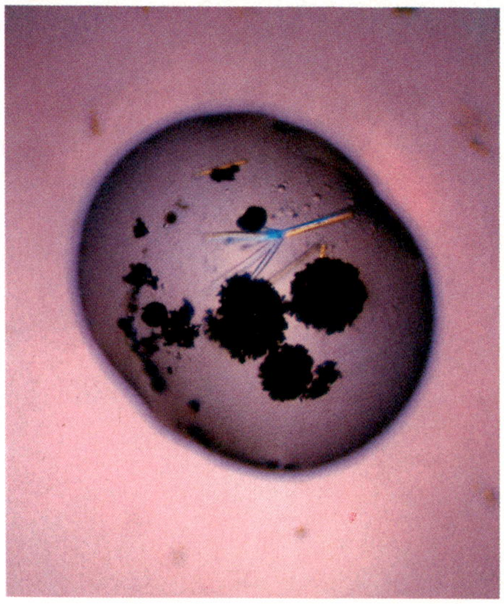

In diesem Laborversuch mit saurem Regen verraten nadelartige Sulfatkristalle, daß in einem Wassertropfen Schwefelsäure vorhanden ist. Er enthält außerdem Flugasche und gelöstes Schwefeldioxid.

heißt es, daß dieser beobachtete Wachstumsschub trügerisch ist, weil saurer Regen die Bäume in drei Stufen angreift: Anfangs wirkt der Anteil an Säure möglicherweise als eine Art Dünger. Er fördert jahrzehntelang das Baumwachstum bis zu dem Zeitpunkt, da die Säuren andere wichtige Bodennährstoffe zersetzt haben. Nach etwa 40 Jahren sauren Regens verarmt der Boden, und die Bäume wachsen langsamer. Danach verbinden sich die Sulfate des sauren Regens mit den im Erdreich vorkommenden Metallen, insbesondere mit Aluminium, und zeigen eine verheerende Wirkung. Das im Grundwasser gelöste Aluminiumsulfat verhindert die Zellteilung in den Wurzeln, und schließlich hört der Baum zu wachsen auf. Die Wurzelschäden machen die Bäume außerdem anfällig für eine Vielzahl von Erregern, und über kurz oder lang geht der dahinsiechende Baum an Krankheiten und Giften zugrunde. In der Studie stand auch, daß der saure Regen zwischen 1976 und 1981 allein in Bayern über 1500 Hektar Forst vernichtet hatte und 80000 Hektar Waldland bereits starke Schäden aufwiesen.

Obwohl man bis zu Beginn der achtziger Jahre keine direkten Zusammenhänge zwischen dem sauren Regen und Erkrankungen des menschlichen Organismus feststellen konnte, schienen zumindest einige indirekte möglich. In Schweden beispielsweise entdeckte man, daß der höhere Säuregehalt von Brunnenwasser oft zur Korrosion der kupfernen Rohrleitungen führt. Man glaubt, daß zumindest in einem Fall der starke Kupfergehalt im Brunnenwasser Darmstörungen hervorrief. Und eine Schwedin sah zu ihrem Entsetzen, daß sich ihr blondes Haar nach dem Waschen mit kupfersulfathaltigem Wasser grün verfärbt hatte.

Für das Problem des sauren Regens gibt es keine Patentlösung. Da sich die Schadstoffquellen oft in großer Entfernung von den erkrankten Wäldern befinden, ist es ungeheuer schwierig, die direkt Verantwortlichen auszumachen. Die Industriebetriebe, die im Verdacht stehen, den sauren Regen mit zu verursachen, weisen jede Schuld von sich und wehren sich dagegen, die Schadstoffemissionen mit teuren Zusatzgeräten herabzumindern. Erschwerend kommt hinzu, daß Stickoxid, ein Hauptverursacher des sauren Regens, sowohl in Industrie- wie in Autoabgasen zu finden ist. Außerdem verbreiten sich Schadstoffe über die Grenzen hinweg, und eine verwirrende Gesetzgebung macht es verhältnismäßig leicht, immer wieder vorgeschriebenen Kontrollen zu entgehen.

In Japan allerdings hat man auf diesem Sektor beträchtliche Fortschritte erzielt. Die japanische Regierung erließ 1968 strenge Kontrollbestimmungen hinsichtlich des Schwefeldioxidausstoßes und unterstützte die Industriebetriebe bei der Umstellung auf Brennstoffe mit niedrigem Schwefelgehalt. 1975 waren die Schwefelemissionen bereits auf die Hälfte herabgesunken, und zu Beginn der achtziger Jahre hatte eine nochmalige Verschärfung der Gesetze Japan zum Vorbild und Vorreiter für alle anderen Nationen gemacht.

Wenn man überhaupt einen Gewinn aus den Problemen mit dem Smog, der Bedrohung der Ozonschicht und dem sauren Regen ziehen kann, dann vielleicht die Einsicht, daß Luftverschmutzung längst keine regionale oder nationale Angelegenheit mehr ist. Die Kohle- und Ölfeuer, die unsere moderne Zivilisation vorantreiben, können nicht mehr ohne katastrophale soziale und wirtschaftliche Folgen gedrosselt werden. Dennoch werden Tag für Tag die unvorhergesehenen und gesundheitsschädigenden Folgen deutlicher, die der Fortschritt des 20. Jahrhunderts nach sich zieht. Und obwohl die Wissenschaft die dünne Lufthülle, die unsere Erde schützt, immer gründlicher erforscht, scheint die Atmosphäre noch eine Menge Überraschungen und Rätsel in sich zu bergen.

EIN LUFTANGRIFF AUF ALTE KUNSTSCHÄTZE

„Die vergangenen 40 Jahre haben mehr Schaden an den Kunstschätzen der Akropolis angerichtet als die gesamten 2400 Jahre davor." Diese düstere Einschätzung der Situation in Athen gilt auch überall da, wo Skulpturen des Altertums neben Industrie und Autoverkehr bestehen müssen.

In Athen und auf der ganzen Welt verpesten Fabriken, Ölheizungen und Automotoren die Luft mit Schwefeldioxid und Stickoxid, bis sie nicht nur eine Gefahr für die Lebewesen, sondern auch für hartes Gestein darstellen. Regen reinigt die Luft, aber das geschieht, indem er die schädlichen Gase zu Salpeter- und Schwefelsäure umwandelt. Der saure Regen, der dabei entsteht, greift den Marmor der Akropolis an und verwandelt ihn in eine bröckelige Masse, die rasch zerfällt. Auch in anderen europäischen Städten können die Kunstdenkmäler aus Kalk- und Sandstein oder Marmor dem ätzenden Regen nicht standhalten.

Die Säuren vollbringen ihr Zerstörungswerk sogar ohne die Hilfe des Regens. Nicht nur der Morgentau auf den Steinen kann mit der aggressiven Luft reagieren, sondern auch die Feuchtigkeit, die vom Erdboden in eine Skulptur oder Fassade aufsteigt. Oft verbinden sich auch Gips und Ruß zu einer harten, schwarzen Kruste, unter der das Gestein weiter zerfressen wird.

Mitte der siebziger Jahre äußerten Kunstkenner in ganz Europa große Besorgnis über das Ausmaß des Schadens. Die Statuen am Mailänder Dom zerbröckelten, und auf der Akropolis waren Figuren der Parthenon-Reliefs, die sich zehn Jahre zuvor noch deutlich vom Hintergrund abgehoben hatten, wie ausradiert.

Neben lokalen Maßnahmen gegen die Luftverschmutzung setzte man radikale Mittel ein, um die gefährdete Kunst zu retten: Manche Skulpturen der Akropolis wurden durch Zementkopien ersetzt und eingelagert. In Italien wendet man modernste Restaurierungstechniken an, um den Zerfall der Kunstwerke zu bremsen und sie gegen künftige Schäden zu schützen. Aber selbst die restaurierten Bauwerke wird man immer wieder reinigen müssen, weil die verschmutzte Luft unserer Industriegesellschaft auch weiterhin aggressiv bleibt.

Hoch über Athen erhebt sich die Akropolis mit dem 2400 Jahre alten Parthenon, belagert von den Schadstoffen der Luft, die aus Fabrikschornsteinen, Häuserkaminen und Auspuffanlagen strömen und die alten Bauwerke und Skulpturen bedrohen.

Dieser Engel an der Fassade des Mailänder Doms *(ganz oben)* ist zwar teilweise vor Witterungseinflüssen geschützt, weist jedoch eine mit Taubenkot vermischte Korrosionsschicht auf. Der Minotaurus *(oben)* wird zwar vom Regen gewaschen, aber das saure Naß zernagt unerbittlich den Stein.

Auf einem Fries an der Westseite des Parthenon bäumt sich dieses Pferd auf. Die Flecken und Löcher, die seinen Leib verunzieren, geben stumm Zeugnis von der zersetzenden Kraft des sauren Regens.

Ein heilender Lehmumschlag bedeckt eine veneziani-
sche Statue aus dem 16. Jahrhundert. Der Lehm entfernt Schmutzablagerungen von der Oberfläche und bindet die Feuchtigkeit, welche die Figur besonders anfällig für ätzende Gase gemacht hat.

In der Markuskirche von Venedig streicht ein Restaurator eine mit Lösungsmittel getränkte Zellulosepaste auf Reliefs aus dem 13. Jahrhundert *(oben links)*. Die Paste wird mit Metallfolie bedeckt und wirkt 12 Stunden ein. Wenn man sie abzieht, nimmt sie den Schmutz mit, und zum Vorschein kommen herrliche Details sowie der rote Untergrund, der jahrhundertelang verdeckt gewesen war.

Diese Aufnahme entstand 1975 während der Restaurierung der San-Petronio-Kirche in Bologna. Die bereits gereinigte und mit einem farblosen Kunstharz versiegelte rechte Seite der Fassade hebt sich kraß gegen die noch unbehandelten Teile ab.

Kapitel 6

DAS KLIMA DER ZUKUNFT

Forscher des Goddard Institute for Space Studies in New York City suchen aufmerksam ein Computer-Rasterbild mit den Vegetationszonen der Erde nach Hinweisen auf ihre Auswirkungen auf das Klima ab.

Während der siebziger Jahre wurde das Wetter in verschiedenen Regionen der Welt plötzlich unberechenbar. Bittere Kälte drang vom Nordpol nach Süden vor, und arktisches Packeis trieb bis in gemäßigte Breiten, wo es eine Gefahr für die Schiffahrt bildete. Teile der Sowjetunion litten unter der schlimmsten Dürre seit Jahrhunderten, während in den Getreideanbaugebieten Amerikas und Kanadas heftige Frühjahrsregen die Saat vernichteten. In Indien und in dem Streifen südlich der Sahara, der Sahelzone, blieb jahrelang der gewohnte Regen aus; die Folge waren Hungersnöte, die über 200 000 Menschenleben kosteten. Die Winter 1976/77 und 1977/78 brachten dem Osten der Vereinigten Staaten mörderische Kälte und Unmengen von Schnee. Sogar in Miami schneite es, und im März 1978 wütete ein Schnee-Hurrikan über Boston, der in 24 Stunden beinahe 70 Zentimeter Neuschnee brachte. Zum erstenmal seit Menschengedenken froren im Jahre 1979 sämtliche Großen Seen in Nordamerika völlig zu. Europa, so erklärte eine EG-Kommission, die eine große Klima-Studie veröffentlichte, habe im Laufe der vergangenen 15 Jahre den kältesten Winter seit 1740, den trockensten Winter seit 1743 und die schlimmste Dürre seit 1726 erlebt – aber auch den mildesten Winter seit 1843 und den heißesten Monat seit 300 Jahren.

Angesichts der ringsum purzelnden Rekorde bekamen viele Leute den Eindruck, daß mit dem Weltwetter eine merkwürdige und vielleicht sogar drastische Veränderung vorging. Manche sprachen vom Beginn einer länger währenden globalen Abkühlung, die vielleicht sogar in eine neue Eiszeit führen würde. Andere dagegen glaubten an eine entgegengesetzte Tendenz und sahen ein weltweites Ansteigen der Temperaturen vorher. Beide Entwicklungen wären natürlich von weit mehr als nur theoretischer Bedeutung. Selbst verhältnismäßig geringe Veränderungen der Durchschnittstemperatur können die Wachstumsperiode und damit den Ernteertrag der Anbaupflanzen verändern. Langfristige Temperaturwechsel hätten auch eine veränderte Energienutzung zur Folge. Sowohl die Nahrungsmittel- als auch die Brennstoffversorgung stellen innerhalb der Wirtschaft der einzelnen Länder wie zwischen den verschiedenen Ländern potentielle Konfliktursachen dar. Aus diesem Grunde kann die Einbeziehung des Klimas in Planungen für die Zukunft von entscheidender Wichtigkeit sein.

Während der lebhaften Diskussion um die diversen beängstigenden Aussichten beurteilten die Klimatologen – das sind Wissenschaftler, die sich mit Langzeitveränderungen des Wettergeschehens befassen – die krassen Witterungsunterschiede in den siebziger Jahren bemerkenswert gelassen. Zum einen besaßen sie genügend Daten über das Klima der Vergangenheit und wußten daher, daß es immer wieder im Laufe der Erdgeschichte Wechsel zwischen Trockenheit und Regenperioden oder zwischen Hitzewellen und Schneestürmen gegeben hatte. Die Klimatologen sind sich im großen und ganzen sogar darüber einig, daß wir in den letzten 80 Jahren eine außergewöhnlich milde Periode ohne alle meteorologischen Extreme erlebt

Mit Hilfe eines Stereomikroskops entschlüsselt William J. Robinson von der University of Arizona Klimadaten aus Baumringen. Die dünnen Wachstumsringe *(zwischen den Pfeilen)* im Querschnitt einer Douglasfichte wurden durch eine Dürreperiode zwischen 1276 und 1299 n. Chr. verursacht.

Ein Bohrkern, den man in 90 Meter Tiefe aus dem Pazifikboden nahe Mexiko holte, gibt wertvolle Hinweise auf das Klima vor etwa 100 000 Jahren. Jeweils ein heller und ein dunkler Streifen stellen die Sedimente eines Jahres dar: Die hellen Schichten sind die Überreste von Mikroorganismen, die in der trockenen Jahreszeit nahe der Meeresoberfläche gediehen; die dunklen deuten auf Schlamm hin, der während der Regenperiode ins Meer gespült wurde.

haben und daß die Erde nun wieder zu einem „normalen“ Verhalten zurückkehrt; das heißt, es wird wohl – wie in den siebziger Jahren – unerfreulich oft zu launenhaften und sehr spürbaren Wetterumschwüngen kommen.

Während der Ära milder Witterung, die etwa um 1890 begann, war das Klima der Erde wärmer und stabiler als alles, was die Menschheit seit nahezu einem Jahrtausend erlebt hatte. Das wiederum führte zu der weitverbreiteten Annahme, daß sich das Klima kaum ändere. Diese Fehleinschätzung beruhte zum Teil darauf, daß man wenig über die langfristigen Klimaveränderungen der Vergangenheit wußte. Genaue Messungen zu den Wetterverhältnissen gab es erst ab dem 17. Jahrhundert, als die wichtigsten Instrumente erfunden waren. Und auch dann blieben die Daten noch jahrzehntelang äußerst lückenhaft.

Dennoch fand die moderne Klimatologie Mittel und Wege, Temperaturen und globale Regenverteilung der fernen Vergangenheit zu ermitteln. Anhaltspunkte lieferten historische Protokolle über Weinernten, die jährliche Kirschblüte in Japan oder das Anwachsen beziehungsweise Zurückweichen von Wüsten und Alpengletschern. Außerdem untersuchte man die Jahresringe bestimmter amerikanischer Kiefern (*Pinus aristada*), die bis zu 5000 Jahre alt sind, führte chemische Analysen von Eiskernen durch, die aus der Tiefe der grönländischen und antarktischen Eisdecke stammten, prüfte Blütenstaubspuren im Sedimentgestein und die Überreste mikroskopisch kleiner Organismen aus dem Meeresboden und erforschte die Schlick- und Lehmschichten, die sich im Laufe der Jahrhunderte auf dem Grund von Binnenseen gebildet haben.

Aus dieser Fülle von Daten haben die Wissenschaftler ein Muster wiederholter und extremer klimatischer Fluktuation zusammengesetzt; in den vergangenen 700 000 Jahren gab es sieben Eiszeitalter, unterbrochen von den milderen Perioden der Zwischeneiszeiten. Im Moment befindet sich die Erde in einer Zwischeneiszeit, die vor etwa 11 000 Jahren begann. Während dieser Spanne pendelte das Klima des öfteren zwischen Abschnitten mit mäßiger Kälte und Wärme hin und her, die die verschiedenen Teile der Erde zu verschiedenen Zeiten beeinflußten und prägten. Eine Warmperiode, das sogenannte Große Klimatische Optimum, hatte seinen Höhepunkt etwa 4000 v. Chr. und wurde von kühleren Jahrtausenden abgelöst. Die nächste Warmperiode begann ungefähr im Jahre 500 v. Chr. und dauerte mehr als 1500 Jahre (obgleich man zwischen 700 und 800 n. Chr. einen kleineren Kälteeinbruch verzeichnete). Europa erlebte von 800 bis 1250 n. Chr., als sich die Erwärmung fortsetzte, das Kleine Klimatische Optimum.

Es war das Zeitalter der Wikinger. Die nordischen Seefahrer fielen nicht nur in Nordeuropa ein, sondern dehnten ihre Territorialmacht bis nach Island und Grönland aus. Man ist heute sogar der Meinung, daß Männer wie Leif Erikson noch weiter nach Westen vordrangen und in Amerika landeten. Grönland erhielt seinen

Namen, als die Küsten tatsächlich noch grün waren und die nordischen Siedler Hafer, Gerste und Roggen anbauen konnten. Die Kolonie wuchs, bis sie an die 3000 Siedler auf 280 Höfen umfaßte. Im Kleinen Klimatischen Optimum war es so warm, daß man in England Wein erntete, der es angeblich durchaus mit den Weinen in Frankreich aufnehmen konnte.

Gegen 1250 gingen die milden Tage des Kleinen Klimatischen Optimums langsam, aber sicher zu Ende. Englands Wetter wurde so rauh, daß keine Trauben mehr gediehen, und auf dem Kontinent mußte man die Weingärten von Bergkuppen auf die tieferen, windgeschützten Hänge verlegen. Lange Abschnitte feuchtkalten Wetters leiteten eine ausgedehnte Kälteperiode ein, und das besonders regnerische Jahrzehnt zwischen 1310 und 1320 brachte großes Elend über England und ganz Europa. In manchen Jahren waren die Weizenernten so spärlich, daß den Bauern nicht einmal genug Körner für die nächste Frühjahrsaussaat blieben. Aus diesem Grunde stieg der Preis für Weizen auf das Dreifache, und in manchen Teilen Englands fielen zwei Drittel der Bevölkerung dem Hunger und den damit verbundenen Krankheiten zum Opfer.

Inzwischen häuften sich die Eisschollen um Island und behinderten die Durchfahrt nach Grönland. Bald kamen überhaupt keine Schiffe mehr zu den grönländischen Kolonisten, und die Siedlung verkam. 1492 äußerte der Papst seine Besorgnis darüber, daß seit 80 Jahren kein Bischof mehr seine Gemeinde in Grönland besucht hatte; er wußte nicht, daß die letzten Siedler bereits gegen 1450 den Tod gefunden hatten. Als ein dänischer Archäologe 1921 einen nordischen Friedhof an der grönländischen Küste auszugraben begann, entdeckte er makabre Spuren der zunehmenden Kälte. Die ältesten Gräber lagen tief im Boden, während die späteren Ruhestätten flacher angelegt waren. Allem Anschein nach hatte sich die Dauerfrostzone nach oben verschoben, und es war den Siedlern nicht mehr gelungen, sie mit ihren primitiven Werkzeugen zu durchdringen. Die jüngsten Gräber – an die 500 Jahre alt – befanden sich fast an der Oberfläche. Im Jahre 1921 war auch diese Schicht durch den Dauerfrost hart und starr geworden.

Die Kälte, die Grönland in eine kalte Öde verwandelt hatte, suchte auch manche Gebiete auf dem europäischen Festland im 15. Jahrhundert heim. Der Temperaturabfall war nicht dramatisch – er lag im Durchschnitt 0,5 bis 1° C unter den Werten von 1200 – aber die Winter wurden länger und härter, und die kühlen Sommer verabschiedeten sich rasch. Diese Klimaperiode sollte mehr als 300 Jahre dauern und erhielt später den Namen Kleine Eiszeit.

Da die Ernten oftmals durch Frosteinbrüche im Frühherbst geschädigt oder ganz vernichtet wurden, reichten die Nahrungsmittel in manchen Jahren nicht mehr aus, und Hungersnöte forderten einen schrecklichen Tribut. Wie es um jene Zeit ausgesehen haben mag, vermitteln die Bilder des flämischen Malers Pieter Bruegel d. Älteren. Wolkenverhangene Winterlandschaften, Schlittschuhläufer auf zugefrorenen Kanälen und Jäger, die sich einen Weg durch hohe Schneewehen bahnen, bestimmen seine Gemälde. Die Eisschollen trieben immer weiter nach Süden; irgendwann im 14. Jahrhundert sprang von einer Scholle, die bis zu den Faröer-Inseln 400 Kilometer nordwestlich von Schottland gelangt war, ein Eisbär an Land. Die Themse fror während der Kleinen Eiszeit sechsmal so oft zu wie im Kleinen Klimatischen Optimum. Heinrich VIII. nutzte eine dieser Gelegenheiten im Jahre 1536 zu einer Schlittenfahrt auf der Themse von London nach Greenwich. In den Alpen schoben sich die Gletscher talwärts und begruben oft Häuser unter sich. Noch im 18. Jahrhundert übte die Kleine Eiszeit ihr strenges Regiment aus. So wurde während des amerikanischen Unabhängigkeitskriegs die englische Flotte einmal durch Eis im Hafen von New York festgesetzt; und Kanonen konnte man von Staten Island quer durch den zugefrorenen Hafen nach Manhattan rollen.

Auch an Asien ging die Kleine Eiszeit nicht vorrüber. Im 10. Jahrhundert legte sich die Kälte über Japan und China, wo sie bis zum 14. Jahrhundert blieb. Mitte des 14. Jahrhunderts stieß sie dann ins europäische Rußland vor und erfaßte von da im 15. Jahrhundert Mittel- und Westeuropa. Weshalb diese großräumige Klimaveränderung langsam rund um den Erdball wanderte, anstatt sich vom Pol über die gesamte nördliche Hemisphäre nach Süden zu schieben, ist den Klimatologen bis heute ein Rätsel geblieben.

Die Daten aus der südlichen Hemisphäre sind spärlich, aber es scheint, als sei das Packeis der Antarktis gelegentlich sogar ein Stück auf dem Rückzug gewesen, während sich die Kälte der Arktis ausbreitete. Dadurch entstand die Vermutung, daß die Klimatrends der beiden Hemisphären gegenläufig sein könnten, das heißt, daß sich eine erwärmt, während die andere unter Kälte leidet. Es gibt jedoch keinerlei schlüssige Beweise für diese These. Im Gegenteil, andere Forschungsergebnisse deuten darauf hin, daß die beiden Halbkugeln ähnliche Klimawechsel erleben, wobei die Südhemisphäre dem Norden jeweils um ein bis zwei Jahrtausende im Klimageschehen voraus ist.

Ganz langsam, zunächst kaum merklich, begann die Kälte nachzulassen. Im Laufe des 19. Jahrhunderts stiegen dann die Durchschnittstemperaturen in den nördlichen gemäßigten Breiten um 0,5 bis 1° C an. Der Gletscher des französischen Alpendorfs Argentière, der sich bis in die Straßen der Gemeinde vorgeschoben hatte, kam gegen 1850 zum Stillstand und trat bald darauf den Rückzug an. Die landwirtschaftlichen Anbauperioden wurden länger, und das arktische Packeis wich nach Norden zurück. Die Tendenz zu milderem Wetter hielt bis zum Zweiten Weltkrieg an. Es mag ein Zufall sein oder auch nicht, daß wir gleichzeitig den Höhepunkt des westlichen Imperialismus erlebten, ähnlich wie das Kleine Klimatische Optimum mit der Blütezeit der Wikinger zusammenfiel. Auf der ganzen Welt schnellten die Bevölkerungszahlen in die Höhe, weil üppige Ernten die Nahrungsnot ganz erheblich minderten.

Auf diesem Gemälde von Abraham Hondius aus dem Jahre 1677 vergnügen sich die Bewohner von London auf der zugefrorenen Themse. Im 17. Jahrhundert, als die sogenannte Kleine Eiszeit ihren Höhepunkt erreichte, fror der Fluß insgesamt zehnmal zu.

Die dramatische Wirkung einer langsamen, aber steten Erwärmung sieht man am Rückzug des Argentière-Gletschers in den Alpen. Ein Stich *(oben links)* zeigt den Gletscher im Jahre 1855. Auf dem Photo, das 110 Jahre später entstand *(oben rechts)*, erkennt man den Gletscher nur noch in der Ferne.

Etwa um die Mitte des 20. Jahrhunderts begannen die Temperaturen der Nordhemisphäre langsam wieder zu fallen. Zwischen 1940 und 1965 kühlte sich die Nordhalbkugel im Durchschnitt um etwa 0,3° C ab, und die Wassertemperatur des Nordatlantischen Ozeans sank stetig in der Zeit von 1951 bis 1972. In manchen Gebieten der Vereinigten Staaten war diese Tendenz noch stärker ausgeprägt; die mittleren Temperaturen fielen im Sommer um 0,5 bis 1° C und im Winter um 2 bis 2,5° C. Im Jahre 1974 beendeten die Klimatologen George und Helena Kukla eine siebenjährige Studie über die Arktis anhand von Wetterkarten und Satellitenaufnahmen. Sie hatten herausgefunden, daß sich die Schnee- und Packeisschicht der Nordhemisphäre in jedem der drei letzten Jahre früher gebildet und eine größere Fläche bedeckt hatte als in den vier ersten Jahren der Beobachtung.

Die Kuklas mutmaßten, daß die meteorologischen Extremwerte, die Europa und Nordamerika Anfang der siebziger Jahre erlebt hatten, in Verbindung mit dem Schneezuwachs stehen könnten: Wenn das polare Gebiet im Verhältnis zum Äquator kälter wird, neigt seine Kaltlufthülle dazu, sich weiter nach Süden auszudehnen als normalerweise, und entwickelt an ihren Rändern stärker ausgeprägte Wellen. Diese vorgeschobenen Kaltluftmassen lenken die oberflächennahen Westwinde der mittleren Breiten weiter nach Süden ab, und dadurch wiederum entstehen, wie eine Reihe von Klimatologen festgestellt haben, klimatische Veränderungen. Jerome Namias von der Scripps Institution of Oceanography stellte die Theorie auf, daß die kalten Winter, die Amerika während der siebziger Jahre erlebt hatte, mit einem hartnäckigen, südwärts gerichteten Strom polarer Kaltluft in Zusammenhang stehen könne. Ein anderer Forscher, Reid A. Bryson von der University of Wisconsin, vertrat die Ansicht, daß ein ähnliches Veränderungsmuster auch die Schuld an der verheerenden Dürre trug, die Ende der sechziger Jahre die afrikanische Sahelzone heimsuchte.

Selbst in günstigen Jahren reicht die Regenmenge im Sahel kaum für Ackerbau und Viehzucht aus. Der afrikanische Monsun, der vom Südatlantik über die Küstenländer hereinzieht, bringt im allgemeinen das verzweifelt ersehnte Naß bis zu den ausgedörrten Sandgebieten im Sahel, so wie der indische Monsun den Gebieten südlich des Himalaya Wasser bringt. Aber Ende der sechziger und Anfang der siebziger Jahre kam mehrere Jahre nacheinander kein Regen in der Sahelzone an; während des gleichen Zeitraums schwächte sich der indische Monsun ab, und China erlebte Mißernten. Nach Brysons These blieb der afrikanische Monsun aus, weil die über Afrika nach Süden abgelenkten Westwinde eine große Antizyklone verdrängt hatten, die einen wichtigen Faktor für das dortige Klima darstellt. Das trockene Hochdrucksystem befindet sich im allgemeinen über der Sahara. Wenn der Monsun auf den Südrand der Antizyklone trifft, kondensiert seine Feuchtigkeit und fällt als Regen über der Sahelzone. Wird jedoch die Antizyklone nach Süden verschoben, wie das um 1970 geschah, dann gibt der Monsun seine Feuchtigkeit ab, ehe er die Sahelzone erreicht.

Die meisten Klimatologen teilen Brysons Ansicht, daß ein Zusammenhang zwischen dem Verlauf der Westwinde und der Dürre im Sahel besteht. Nach Brysons Theorie läßt sich dieser Ablauf – polare Kaltluft, die eine stärkere Südablenkung der Westwinde erzeugt – auch als Grund für Klimawechsel der Vergangenheit anführen, beispielsweise für jene Veränderung, die sich gegen 1250 fast überall auf der Nordhemisphäre bemerkbar machte und in deren Verlauf die nordischen Siedlungen auf dem immer kälter werdenden Grönland eingingen. Die Dürre, die etwa zur gleichen Zeit die nordamerikanischen Ebenen östlich der Rocky Mountains heimsuchte, kann ebenfalls eine Folge der nach Süden abgelenkten Westwinde gewesen sein. Man nimmt an, daß sie über diese Region hinwegwehten und dabei feuchte, nach Norden ziehende Tropenluft stoppten.

Aber die Westwinde sind ebenso wie sinkende Polartemperaturen nur Mittler und nicht Verursacher eines Klimawechsels. Weshalb kam es überhaupt zu einer Abkühlung am Pol? Bryson äußerte die Vermutung, daß die Dürre im Sahel – und sogar die globale Abkühlungstendenz, die sich erst in jüngster Zeit wieder umgekehrt hat – letzten Endes durch Aerosole ausgelöst worden sei. Er meinte, daß kleine Partikel in der Atmosphäre, insbesondere zivilisationsbedingte Schadstoffe und vulkanische Asche, einen großen Teil der ankommenden Sonnenenergie abfingen, aber nicht verhinderten, daß die Wärme der Erde immerzu in den Weltraum entweicht. Auf diese Weise wird der Wärmehaushalt der Erde verändert. Die meisten Klimatologen begegnen dieser These allerdings mit Skepsis. Es gibt ihrer Ansicht nach einfach nicht genügend Beweise dafür, daß die Dürre im Sahel durch Aerosole verursacht wurde.

Die Wissenschaft teilt die möglichen Ursachen eines Klimawechsels in zwei Kategorien: in diejenigen, die von der Erde ausgehen – wie etwa Vulkantätigkeit –, und diejenigen, die von Kräften jenseits der Atmosphäre – etwa der Sonne – herrühren. Unter den möglichen Ursachen der ersten Gruppe bereitet der sogenannte Glashauseffekt den Experten besondere Sorgen. Der Glashauseffekt beruht auf dem Verhalten von zwei atmosphärischen Gasen, Kohlendioxid und Wasserdampf, gegenüber solarer und terrestrischer Strahlung. Beide Gase sind im großen und ganzen durchlässig für kurzwellige Strahlen, zu denen auch ultraviolettes und sichtbares Licht zählt, aber sie absorbieren die langwellige infrarote Strahlung.

Der größte Teil der Strahlung, die von der Sonne auf der Erde ankommt, besteht aus sichtbarem Licht; es durchwandert das Kohlendioxid und den Wasserdampf der Atmosphäre und erwärmt die Erdoberfläche. (Die extrem kurzwellige Sonnenstrahlung wird weitgehend vom Sauerstoff oder Ozon der oberen Atmosphärebereiche absorbiert.) Die Erde strahlt eine große Menge der aufgenommenen Energie ab – allerdings im langwelligen Infrarotbereich. Diese Infrarotstrahlung entweicht teils in den Weltraum, teils wird sie aber auch vom Kohlendioxid und Wasserdampf der Atmosphäre absorbiert. Die erwärmte Atmosphäre wiederum sendet weitere infrarote Strahlung aus – einen Teil zurück zur Erde und den Rest in den Raum. Das empfindliche Gleichgewicht zwischen Strahlungsgewinn und -verlust in der Atmosphäre hängt hauptsächlich von der Konzentration der beiden Gase ab. Der vorhandene Wasserdampfgehalt ist allem Anschein nach konstant geblieben, seit die Wissenschaft in der Lage war, ihn zu messen. Beim Kohlendioxidgehalt dagegen sieht die Sache ganz anders aus.

Kohlendioxid wird durch eine Reihe von natürlichen Prozessen freigesetzt, beispielsweise durch das Verbrennen und Verrotten von Pflanzen und das Atmen von Mensch und Tier. (Menschen und Tiere nehmen Sauerstoff aus der Luft auf und atmen Kohlendioxid aus, während Pflanzen Kohlendioxid aufnehmen und Sauerstoff ausscheiden.) Analysen von Luft, die von Gletschereis umschlossen war, deuten darauf hin, daß sich die Konzentration von Kohlendioxid in der Atmosphäre über Jahrtausende hinweg kaum verändert hatte.

Seit dem 19. Jahrhundert jedoch nimmt das Gas in unserer Atmosphäre ständig zu. Mit dazu beigesteuert hat sicherlich das Roden der Wälder, die dem vermehrten Bedarf an Bau- und Brennholz und Ackerland weichen mußten. Auch durch Verbrennen und Verrotten von Holz wurde Kohlendioxid freigesetzt; und es gab immer weniger Bäume, die das Gas absorbieren konnten. Ein zusätzlicher Faktor war der wachsende Verbrauch an fossilen Brennstoffen. Heutzutage, da die Industrie- und Autoabgase ständig zunehmen, steigt auch die Kohlendioxidkonzentration in der Atmosphäre rasch an. Nach wissenschaftlichen Schätzungen ist sie zwischen 1880 und 1980 um etwa 20 Prozent gewachsen, und man glaubt, daß sie bis zum Jahre 2000 um weitere zehn Prozent und im nachfolgenden Jahrzehnt noch einmal um zehn Prozent steigen wird.

Die Zunahme von Kohlendioxid führt aller Voraussicht nach zu einer noch stärkeren Absorption infraroter Strahlung in der Atmosphäre – und damit zu einer noch stärkeren Erwärmung. Aber es herrscht keine Einigkeit darüber, wie sich dieser Vorgang auf die globalen Temperaturen auswirken wird. Manche Wissenschaftler sind der Ansicht, daß wir schon zu Beginn des 21. Jahrhunderts mit einem Anstieg von etwa 1° C rechnen müßten und daß die Werte danach noch steiler in die Höhe klettern könnten. Sie setzen dabei voraus, daß kein anderer Faktor den Glashauseffekt ausgleicht. Andere Berechnungen weisen allerdings einen weit geringeren Temperaturanstieg auf.

Die Ozeane könnten sich als wichtiger Faktor im Klimageschehen erweisen. Sie absorbieren noch mehr Kohlendioxid als Bäume und andere Grünpflanzen (die heutzutage vielleicht üppiger gedeihen, weil ihnen mehr Kohlendioxid zur Verfügung steht). In der Vergangenheit konnten die Ozeane offenbar 45 Prozent oder noch mehr des atmosphärischen Kohlendioxids absorbieren. Allerdings verläuft dieser Prozeß nicht geradlinig: Ein Temperaturanstieg würde nicht nur die Aufnahmefähigkeit der Ozeane für Kohlendioxid mindern, sondern gleichzeitig die Verdunstung beschleunigen und somit den Wasserdampfgehalt in der Atmosphäre erhöhen. Der Glashauseffekt könnte sich demnach sogar verstärken – vermutlich aber nicht sofort: Es würde ein bis zwei Jahrzehnte dauern, bis sich ein Temperaturanstieg in den oberen Schichten der Ozeane bemerkbar machte. Deshalb kommt es unter Klimatologen meist auch zu hitzigen Debatten, wenn es darum geht, den mäßigenden Einfluß der Ozeane abzuschätzen.

Trotz weitverbreiteter Besorgnis über den Glashauseffekt haben die Wissenschaftler keinen unwiderlegbaren Beweis dafür, daß der Anstieg von atmosphärischem Kohlendioxid die Erde nun in der Tat erwärmt. Alle Vorhersagen gründen sich auf Laborstudien und Computermodelle. Aber ein Mangel an schlüssigen Beweisen, meinte ein Klimatologe, „bedeutet nicht, daß die Theorie falsch ist".

Die ungeheuren Schwierigkeiten beim Abschätzen von langfristigen Klimatrends sieht man besonders gut am Beispiel der Wolken und ihrer Wirkung auf die Erde: Je nach Typus können sie die Temperatur an der Erdoberfläche entweder ansteigen oder absinken lassen. Federige Cirrusschleier beispielsweise blocken relativ wenig Sonneneinstrahlung ab, halten jedoch die Wärmeabstrahlung der Erde zurück und tragen so zu einer Erhöhung der Bodentemperaturen bei. Tiefhängende Stratuswolken dagegen können sich genau umgekehrt auswirken: Da Stratuswolken mehr Sonneneinstrahlung reflektieren und aufgrund ihrer Eigenwärme durchlässig für die abgestrahlte Erdwärme sind, halten sie tagsüber die Erdoberfläche kühl.

Ähnlich unsicher zeigen sich Klimatologen, wenn es um die Beurteilung atmosphärischer Schadstoffe im Zusammenhang mit Klimavorhersagen geht. Große Teilchen wie Staub oder Rauch haben wenig Einfluß auf die langfristige Klimaentwicklung, da die meisten Schadstoffe nur in die unteren Troposhäre-

Eine Hochburg der Atmosphäreforschung

Hoch oben in Boulder, Colorado, führt das National Center for Atmospheric Research (NCAR) einen mit schweren wissenschaftlichen Geschützen unterstützten Angriff auf die Geheimnisse der Erdatmosphäre. Das NCAR, das 1960 von einer Gruppe amerikanischer Universitäten gegründet wurde und von der National Science Foundation finanziert wird, setzt Satelliten, Höhenballone und Forschungsflugzeuge ein und unterhält ein weltweites Netz von Außenstationen, um jeder Bewegung der Atmosphäre auf die Spur zu kommen.

Fast alle Daten, die von den verschiedensten Quellen kommen, landen früher oder später beim großen Koordinator – einem gewaltigen Computer, der in der Lage ist, 80 Millionen Operationen in der Sekunde durchzuführen. Der herausragende Vorteil des Computers besteht darin, daß er mit mathematischen Modellen atmosphärischer Phänomene arbeitet. Wenn die Wissenschaftler beispielsweise den Grundablauf eines Gewitters eingespeichert haben, können sie die veränderlichen Daten – etwa die Windgeschwindigkeit oder die Feuchtigkeit – eingeben, und der Rechner zeigt die Auswirkungen dieser neuen Bedingungen auf einem Bildschirm auf.

Die Forscher des NCAR haben dem Supercomputer beigebracht, sowohl in die Vergangenheit als auch in die Zukunft zu schauen. Bei einem Experiment bildete der Computer das globale Klima während der Dinosaurier-Epoche ab. Dazu setzte er die neuesten Erkenntnisse der Plattentektonik ein und ermittelte, daß die Meeresflächen einst größer gewesen sind, das heißt, sie speicherten mehr Sonnenenergie und trugen dazu bei, daß die Temperaturen höher waren. Bei einem anderen Experiment schuftete der Computer 60 Stunden lang, um eine ungefähre Vorhersage der Klimatrends für die nächsten zehn Jahre zu treffen.

Schon von außen merkt man dem Hauptquartier des National Center for Atmospheric Research (NCAR) in Boulder, Colorado, an, daß hier mit den Techniken des Raumzeitalters gearbeitet wird.

Der Umweltforscher und Chemiker Patrick Zimmerman beobachtet eine Termitenkolonie. Seine Untersuchungen haben gezeigt, daß bei den Verdauungsvorgängen der Termiten mehr Kohlendioxid an die Atmosphäre abgegeben wird, als das heute beim Verbrauch von fossilen Brennstoffen der Fall ist.

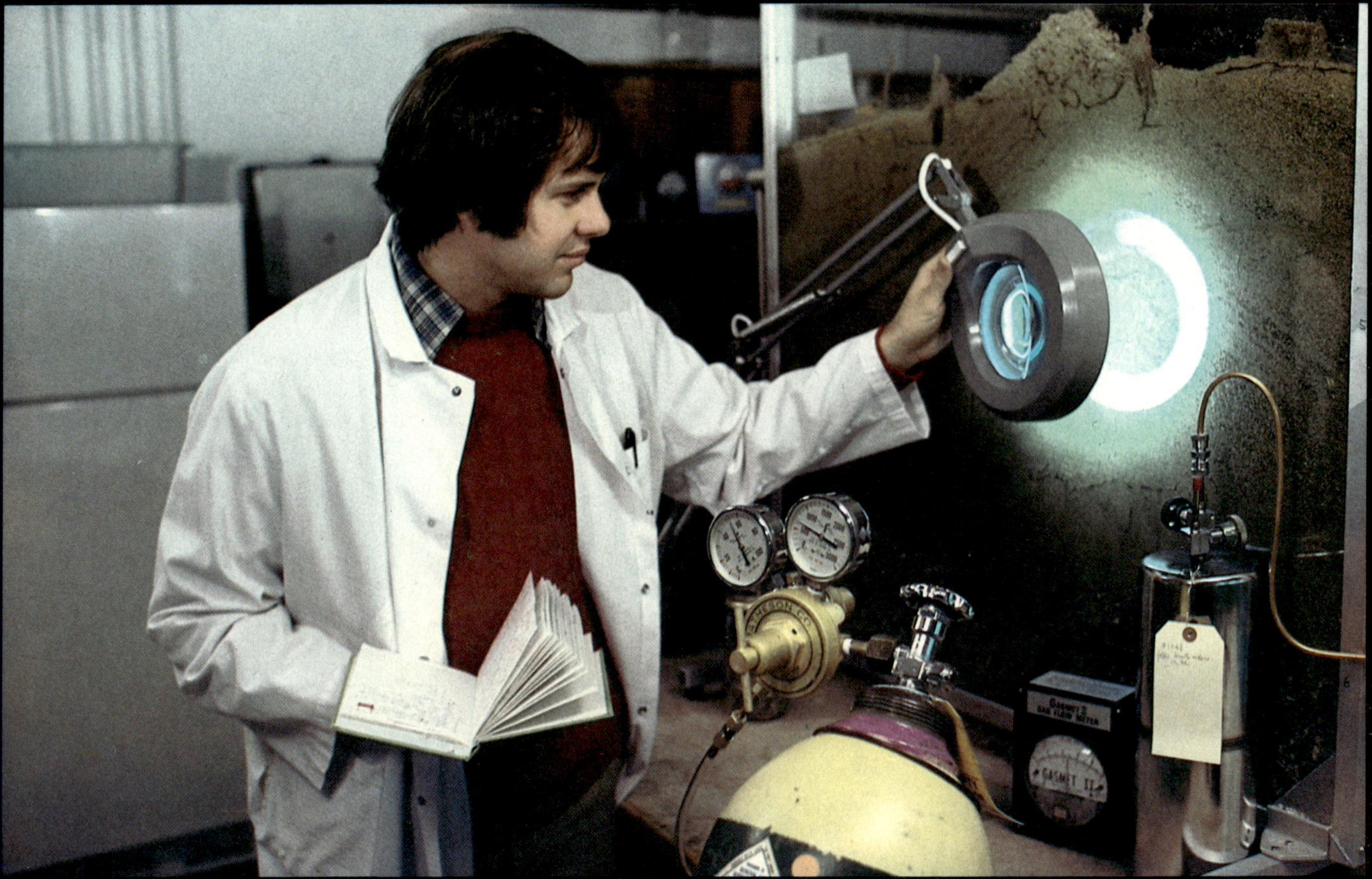

Eine Weltwetterkarte des NCAR-Computers simuliert die atmosphärische Zirkulation eines einzelnen Tages. Die Isobaren – das sind Linien gleichen Luftdrucks – bezeichnen Hoch- und Tiefdruckgebiete. Die leuchtenden Flächen stellen Wolken dar.

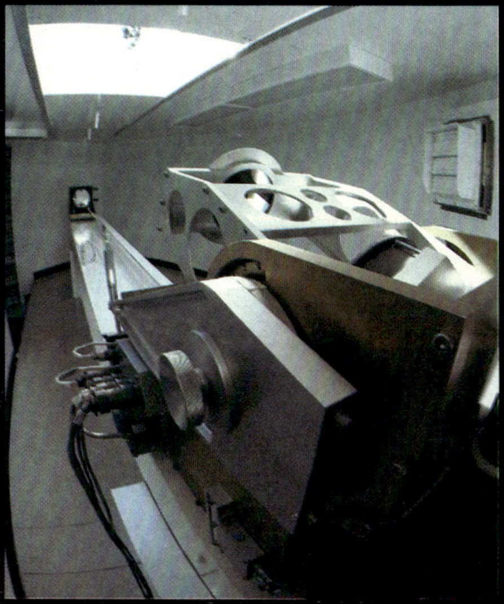

Ein Spezialteleskop des NCAR-Höhen-Observatoriums mißt jeden Mittag den Sonnendurchmesser, damit man ein Schrumpfen oder Ausdehnen sofort feststellen kann. Das Instrument kann Abweichungen bis zu 135 Kilometer (bei einem Sonnendurchmesser von 1,4 Millionen Kilometer) aufspüren.

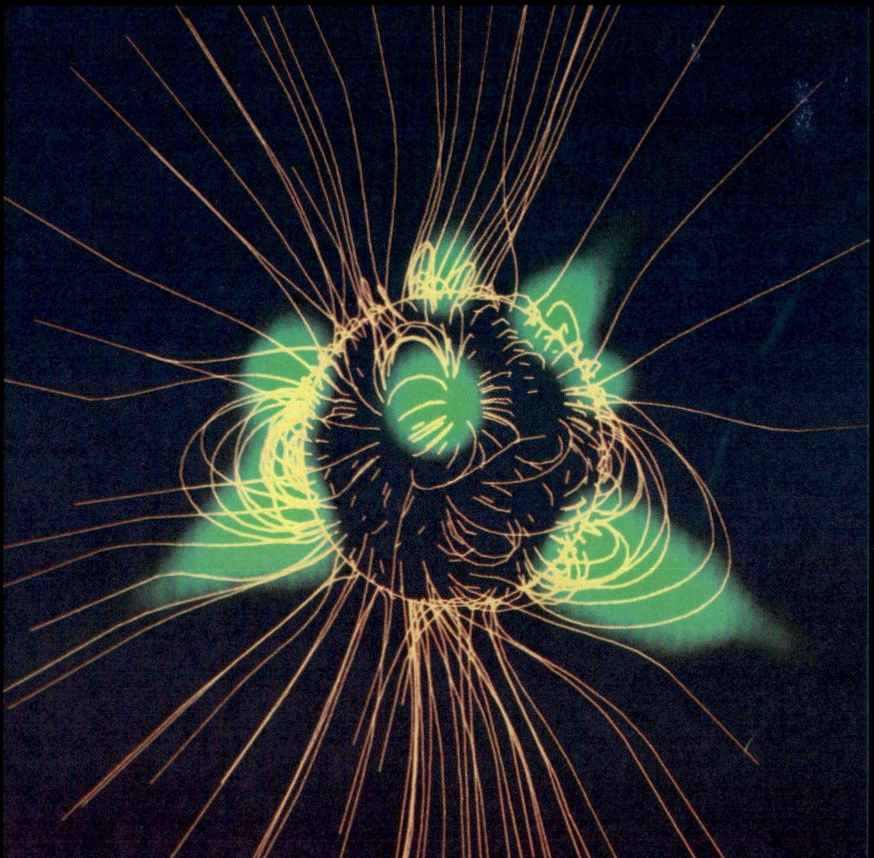

Die Computersimulation einer Sonnenfinsternis zeigt die Korona der Sonne *(grün)* und die Magnetfeldlinien, die sich um ihre Oberfläche winden oder in den Weltraum abstrahlen. Solche Modelle geben den Wissenschaftlern Klarheit über die Beziehung zwischen Magnetfeldern und der Atmosphäre.

schichten aufsteigen und rasch wieder zur Erde sinken. Bei sehr kleinen, kolloidalen Teilchen, den sogenannten Aerosolen, sieht die Sache dagegen anders aus. Gerade weil sie so klein sind, schweben sie länger in der Atmosphäre, und der Wind trägt sie oft in weit entfernte Gebiete. Auf diese Weise beeinträchtigen sie meist große Areale. Während sich die gröberen Partikel bereits nach Stunden oder spätestens nach einigen Tagen absetzen, bleiben Aerosole wochenlang in der oberen Troposphäre und sogar Monate oder Jahre in der Stratosphäre.

Ob die Aerosole der Troposphäre die Erdoberfläche abkühlen oder erwärmen, hängt von ihrer Größe, Form und chemischen Zusammensetzung sowie von ihrem Absorptionsvermögen ab. Die Aerosole der Stratosphäre dagegen kühlen die Erdoberfläche im allgemeinen ab, da die Wärme, die sie durch Absorption aufnehmen, in so großen Höhen keine Auswirkung mehr auf die Bodentemperaturen hat. Noch läßt sich nicht genau vorhersagen, wann oder ob Aerosole zivilisatorischen Ursprungs eine Rolle bei Klimaveränderungen spielen werden.

Einig ist sich die Wissenschaft darin, daß vulkanische Aerosole in der Atmosphäre eine Abkühlung bewirken können. Die dichten Wolken aus Staub, Asche und Gasen, die bei Vulkanausbrüchen aufsteigen, dringen oftmals bis in die Stratosphäre vor, wandern dort rund um die Welt und reflektieren die Sonnenwärme, die im Normalfall die Erde erwärmen würde, jahrelang in den Weltraum. Der britische Klimatologe Hubert Lamb hat Daten gesammelt, nach denen eine verstärkte Vulkanaktivität häufig mit Kälteperioden zusammenfällt. Er stellte beispielsweise fest, daß sich die Vulkaneruptionen zwischen 1500 und 1900 häuften – jener Zeitspanne also, die in etwa der Kleinen Eiszeit entspricht.

Aber die Langzeitwirkungen großer Eruptionen auf das Klima sind ebenfalls umstritten. Nach jahrelangen umfangreichen Studien kam der russische Klimatologe M. I. Budiko zu dem Ergebnis, daß ein heftiger Ausbruch mit einer besonders dichten Wolke die direkte Sonneneinstrahlung auf der Erde ein oder zwei Jahre lang um etwa zehn Popzent vermindern könnte. Unter Berücksichtigung der Zirkulation und Dissipation von Energie durch die Atmosphäre und der Tatsache, daß Landmassen und Wasserflächen die Wärme verschieden stark absorbieren oder reflektieren, errechnete Budiko, daß ein derartiger Ausbruch die Temperaturen rund um die Welt bis zu 0,5°C vermindern könnte. So glaubt man beispielsweise, daß der Ausbruch des Agung auf Bali im Juli 1963 dazu führte, daß in den Tropen die Durchschnittstemperatur um etwa 0,5° C sank.

Einige Klimatologen halten es für denkbar, daß eine lange Serie von Eruptionen eine neue Eiszeit einleiten könnten, aber bis jetzt findet diese These nur geringe wissenschaftliche Unterstützung. „Es gibt keinen Beweis dafür", stellt der Meteorologe Stanley Gedzelman fest, „daß Vulkanausbrüche je zu längeren Klimaveränderungen geführt haben. Das wäre nur der Fall, wenn die vulkanische Aktivität gegenüber dem vorigen Jahrhundert um das Zehnfache ansteigen würde."

Auf der Suche nach jenen Kräften, die langfristige Klimaveränderungen auslösen könnten, wenden sich viele Forscher von der Atmosphäre und ihren komplexen, normalerweise selbstregulierenden Prozessen ab und untersuchen den Einfluß, den die Sonne oder die Wechselbeziehung zwischen Erde und Sonne auf das Klima haben könnte. Schließlich erhält die Atmosphäre ihre gesamte Energie von der Sonne, und es wäre denkbar, daß größere Klimawechsel nur dann auftreten, wenn diese Energieversorgung schwankt. Man nennt die gesamte Strahlungsmenge, die von der Sonne auf die Erde gelangt, Solarkonstante; diese Bezeichnung drückt die seit langem bestehende Überzeugung aus, daß sich die Sonneneinstrahlung nie ändert. Erst Ende des 19. Jahrhunderts mehrten sich die Anzeichen, daß das nicht stimmt. Den Hinweis lieferten die Sonnenflecken.

Diese dunklen Stellen auf der Sonnenoberfläche, von denen man heute weiß, daß es sich um eine vorübergehende Intensivierung des Sonnenmagnetfelds handelt,

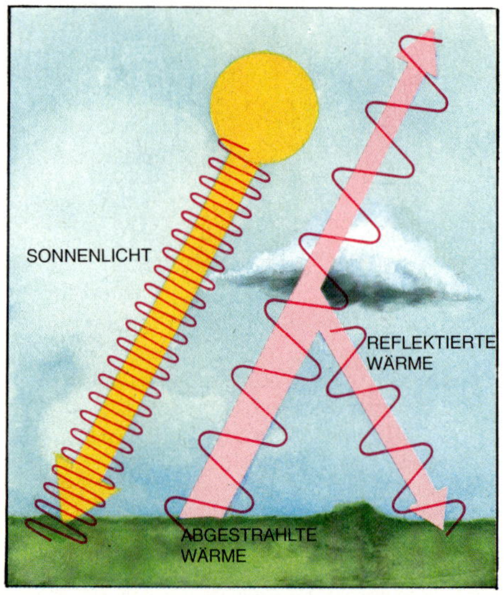

Der hier in vereinfachter Form dargestellte Glashauseffekt tritt auf, wenn Kohlendioxid und Wasserdampf in der unteren Atmosphäre die Wärme zurückhalten, die im Normalfall von der Erdoberfläche in den interplanetaren Raum abgestrahlt wird.

Diese Tabelle zeigt deutlich den steten Anstieg von Kohlendioxid in der Luft (PPM bedeutet Teile pro einer Million). Die Messungen wurden auf einer Station für Atmosphäreforschung auf Hawaii durchgeführt. Der Kohlendioxidgehalt innerhalb eines Jahres schwankt sehr stark, da Pflanzen das Gas während der Wachstumsperiode aufnehmen und im Herbst und Winter wieder freisetzen.

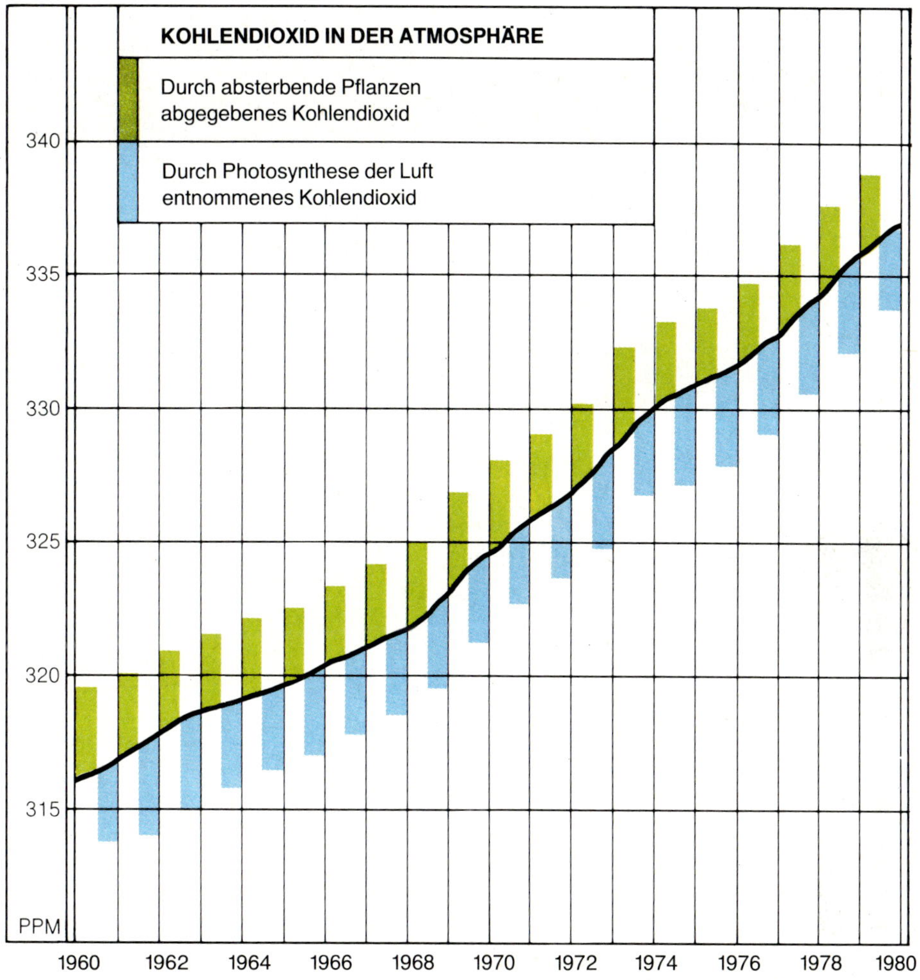

dienten Galilei im Jahre 1611 zur Berechnung der Sonnenrotationsgeschwindigkeit und waren bereits Jahrhunderte zuvor beobachtet worden. Aber bis in die Mitte des 19. Jahrhunderts wußte man nur, daß die Eruptionen etwa alle elf Jahre einen Höhepunkt erreichten. Dann beschäftigte sich der britische Astronom E. Walter Maunder mit alten Aufzeichnungen über das Auftreten von Sonnenflecken und entdeckte dabei, daß in einem Zeitraum von 70 Jahren – zwischen 1645 und 1715 – nahezu keine Sonnenflecken beobachtet worden waren. Vor und nach dieser Periode hatte man sie dagegen regelmäßig gesichtet. Die Arbeit, die Maunder über diese merkwürdige Lücke schrieb, blieb weitgehend unbeachtet, bis der amerikanische Klimatologe John Eddy im Jahre 1976 darlegte, daß diese Periode, die er das Maunder-Minimum nannte, mit einem besonders kalten Abschnitt der Kleinen Eiszeit zusammengefallen war.

Andere Forscher entdeckten bald noch mehr Spuren für eine Verbindung zwischen Sonnenfleckenzyklen und Klimaveränderungen. Sie fanden heraus, daß es im Grunde genommen zwei Sonnenfleckenzyklen gibt: Während die Flecken etwa alle elf Jahre ein Häufigkeitsmaximum erreichen, wechselt die Polarität des solaren Magnetfelds jedoch regelmäßig alle 22 Jahre. Die Jahresringe von Bäumen, die in Zeiten spärlicher Regenfälle besonders schmal sind, verrieten den Klimatologen, daß auf den großen Ebenen des amerikanischen Westens etwa alle 22 Jahre eine Dürre geherrscht hatte. Andere Experten entdeckten, daß der Wasserspiegel des Victoria-Sees in Afrika in einer Spanne von knapp 50 Jahren synchron mit dem Elfjahresrhythmus gestiegen und gesunken war. Ende der zwanziger Jahre jedoch riß die Wechselbeziehung, die eventuell zwischen Sonnenflecken und Wasserspie-

Eine Sonneneruption aus flammenden Gasen schießt 600 000 Kilometer in den interplanetaren Raum hinaus. Vorausgegangen ist ein Aufblähen der Sonnen-Korona, das sich in dieser Photomontage erkennen läßt. Wenn Korona-Ausbrüche das Magnetfeld der Erde erreichen, lösen sie magnetische Stürme aus.

gel bestanden hat, ganz plötzlich und überraschend ab: Von da an hielt sich der Victoria-See nicht mehr an die Elfjahresphasen.

Fachleute halten es für möglich, daß die Sonnenflecken zu Klimaveränderungen führen – allerdings wissen sie nicht, auf welche Weise. Raumschiffe in erdfernen Umlaufbahnen haben die Bestätigung erbracht, daß eine erhöhte Fleckenaktivität den Sonnenwind beeinflußt, jenen steten Strom elektrisch geladener Teilchen, die von der Sonne ausgesandt werden. Die meisten dieser Teilchen prallen am Magnetschild der Erde ab, aber einigen gelingt es, in die obere Atmosphäre einzudringen, wo sie mit Gasmolekülen zusammenstoßen und das schimmernde Schauspiel der Polarlichter erzeugen. Anfang der fünfziger Jahre entdeckte der amerikanische Meteorologe Walter Orr Roberts einen Zusammenhang, den man damals als zu weit hergeholt abtat: Wann immer die Nordlichter ungewöhnlich hell am Winterhimmel über Alaska strahlten, führten die Tiefdruck-Sturmsysteme in jenem Gebiet zu besonders heftigen Unwettern. Andere bestätigten seine Beobachtung, aber nach 1973 trat das rätselhafte Phänomen nicht mehr auf. Man hat bis heute keine Erklärung dafür gefunden.

Ein weiterer extraterrestrischer Faktor, der möglicherweise von großem Einfluß auf das Klima ist, wirkt so langsam, daß er geringfügige Änderungen wie etwa eine Dürre oder auch die Kleine Eiszeit nicht hervorrufen könnte. Experten nehmen jedoch an, daß er die Ursache für die größere Eiszeit oder jahrtausendelangen Warmperioden sein könnte. Ein jugoslawischer Geophysiker namens Milutin Milanković hat in den zwanziger Jahren die These aufgestellt, daß Veränderungen in den Wechselbeziehungen zwischen Erde und Sonne tiefgreifende klimatische Veränderungen einfach dadurch auslösen könnten, daß die Menge und geographische Verteilung der Sonneneinstrahlung variiert.

Milanković stellte fest, daß die Erde, während sie sich um die Sonne und sich selbst dreht, sowohl ihre Bahn als auch ihre Lage etwas verändert. Die Bahn geht in einem Zeitraum von etwa 93 000 Jahren von einem fast runden Kreis in eine starke Ellipse über und dann wieder in einen Kreis. Der Neigungswinkel der Erde zu ihrer Erdbahnebene, der Ekliptik – von der die Jahreszeiten abhängen –, wächst in 41 000 Jahren von etwa 22 Grad auf über 24 Grad an und fällt wieder auf seinen Ausgangswert zurück. Außerdem taumelt der Erdball wie ein Kreisel, der allmählich an Schwung verliert, um die eigene Achse, und auch das in einem bestimmten Zyklus: Eine vollständige Taumelbewegung umfaßt 25 800 Jahre. Schwankt der Abstand zwischen Sonne und Erde oder der Winkel, in dem die Strahlung an bestimmten Punkten der Erde auftrifft, so verändert sich auch die Menge der Sonnenenergie, die bestimmte Breiten zu bestimmten Jahreszeiten erreicht.

Inzwischen häufen sich die Daten, die die wichtige Rolle, die Milanković diesen Zyklen zugedacht hat, stützen. So entdeckten beispielsweise Wissenschaftler des Lamont-Doherty Geological Observatory in New York, daß Unterschiede im Sauerstoff und in der Verteilung der Reste von winzigen Meereslebewesen – die man in Sedimentproben vom Grunde des Indischen Ozeans gefunden hatte – auf periodische Klimaveränderungen großen Ausmaßes hindeuten. Die Bohrkernschichten lassen darauf schließen, daß einige dieser Schwankungen alle 23 000 Jahre stattgefunden haben, andere alle 41 000 Jahre und wieder andere etwa alle 100 000 Jahre. Man kann sich kaum vorstellen, daß diese Übereinstimmung mit den Perioden der Bahnschwankungen ein reiner Zufall ist.

Da es sich um insgesamt drei Faktoren handelt – Erdbahn, Ekliptik und Achsenbewegung –, läßt sich nur äußerst schwer berechnen, wie sie sich in ihrer Wirkung überschneiden oder aufheben. Und selbst wenn man sie einzeln betrachtet, ist ihr Einfluß auf das Klima nicht leicht vorherzusagen. Die Ekliptikneigung beispielsweise prägt eher den Unterschied zwischen Winter und Sommer als die Durchschnittstemperaturen der Erde. Während der jüngsten 10 000 Jahre hat sich der Neigungswinkel verringert, ein Prozeß, der theoretisch zu wärmeren Wintern und kühleren Sommern führen müßte. Wärmere Winter würden für die Polgebiete stärkeren Schneefall bedeuten; kühlere Sommer hätten zur Folge, daß Jahr für Jahr weniger von dem angesammelten Schnee schmelzen und damit immer mehr Gletschereis entstehen würde. Dies könnte nach einer entsprechenden Zeit zu einem beträchtlichen Anwachsen der polaren Eisdecken und schließlich zu einem neuen Eiszeitalter führen. Trotz Unsicherheiten über manche Details im Ablauf sind viele Klimatologen überzeugt, daß das Milanković-Modell die wiederkehrenden Eiszeiten während der letzten Million Jahre unserer Erdgeschichte weitgehend erklärt. Und wenn das Modell stimmt, wird die Erde eine neue Eiszeit erleben, vielleicht schon innerhalb der nächsten paar Jahrtausende.

Ob die Erde nun in den nächsten Jahrzehnten wärmeren oder kälteren Zeiten entgegengeht, läßt sich nicht mit der geringsten Sicherheit vorhersagen. Nachdem die Temperaturen von den vierziger bis Mitte der sechziger Jahre weltweit gesunken waren, stiegen die Durchschnittswerte anschließend wieder leicht an. In den gleichen Jahren, in denen George und Helena Kukla ein Anwachsen des arktischen Eises beobachteten, wich das antarktische Packeis zurück. Viele Klimatologen sind der Ansicht, daß der verstärkte Glashauseffekt im Laufe des nächsten halben Jahrhunderts oder einer sogar noch längeren Zeit unabhängig vom jeweiligen Klimatrend wohl jede Abkühlung ausgleichen wird.

Zwei der angesehensten Fachleute in den Vereinigten Staaten – William W. Kellogg und Stephen H. Schneider vom National Center for Atmospheric Research in Boulder, Colorado – sind zu dem Schluß gekommen, „daß der Einfluß unserer Zivilisation vermutlich zu einer Erwärmung der Erde führen wird und die weltweite Klimaveränderung durchaus schon um die Jahrhundertwende größer

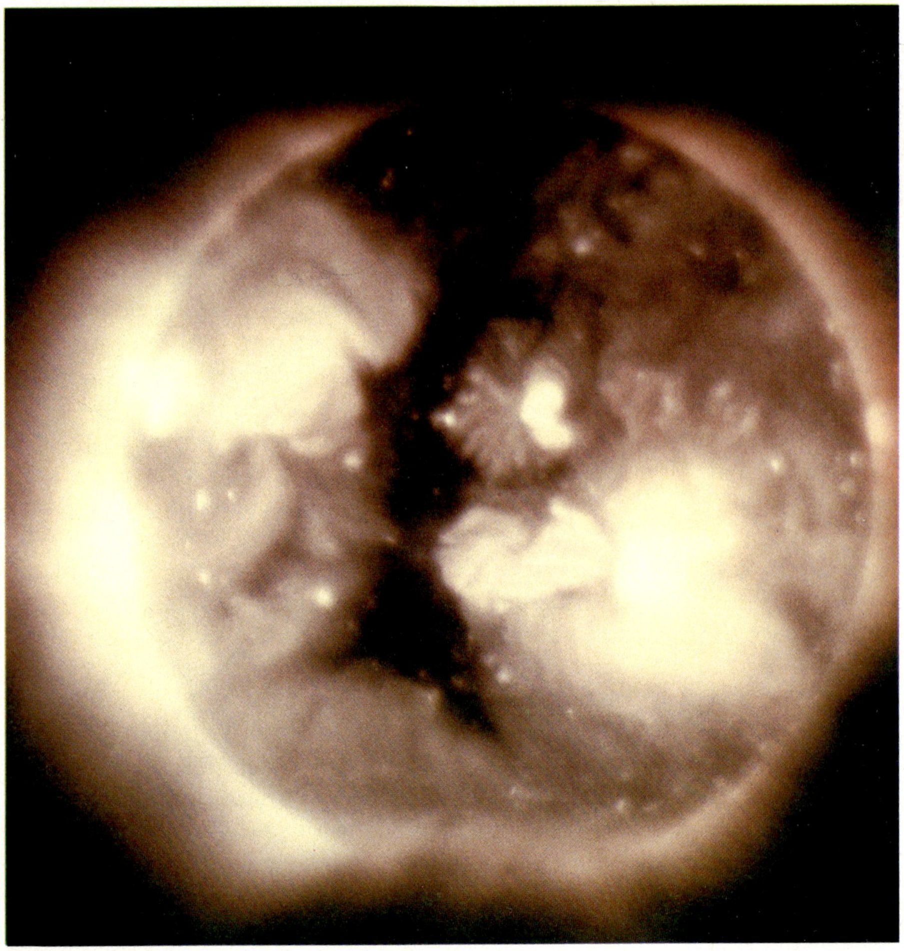

Die dunklen Flecken auf diesem Röntgenbild der Sonne sind Löcher von geringer Dichte in der Sonnen-Korona. Aus den Öffnungen schießt der unsichtbare Strom geladener Teilchen, den wir als solaren Wind oder Sonnenwind bezeichnen.

sein könnte als alle natürlichen Klimawechsel, die die Erde in den letzten 1000 Jahren oder sogar darüber hinaus erlebt hat. Das wird in vielen Gebieten die Wachstumsperioden verlängern und die Niederschlagsverteilung ändern – manchmal zum Vorteil, manchmal zum Nachteil." William Elliott von der National Oceanic and Atmospheric Administration drückte es weniger formell aus: „Müßte ich eine Vorhersage bis zum Jahre 2025 treffen, so würde ich sagen, daß es dann wärmer sein wird als heute. Aber ich kann mich natürlich auch täuschen."

Obwohl noch viele Fragen offen sind, haben die neuen Erkenntnisse um die Vorgänge in der Atmosphäre dazu geführt, daß man Verfahren und Methoden entwickelt, mit denen man hofft, das Klima kontrollieren zu können. Solche Projekte haben zwar im allgemeinen lobenswerte Ziele, wie etwa höhere Ernteerträge, aber sie bergen sowohl für die Natur als auch für die Zivilisation die Gefahr unvorhersehbarer Schäden, die man nicht wiedergutmachen kann. „Ehe wir uns darin sonnen, daß es uns immer besser gelingt, die Natur unseren Zwecken unterzuordnen", schreibt Stephen Schneider, „sollten wir uns vor Augen halten, daß die Atmosphäre, die Ozeane, die Landmassen, der Schnee und die Eisfelder – die Hauptbestandteile des Klimasystems – gemeinsam das Klima bestimmen. Die Kräfte, die Wind und Regen auf einem Gebiet der Erde erzeugen, sind in unterschiedlichem Maße mit den Kräften anderer Gebiete verknüpft, eine Beziehung, die Meteorologen als Fernwirkungen bezeichnen. Jeder Ort der Erde ist durch das Klimasystem in gewissem Grade mit allen anderen verbunden." Deshalb, so meinte Reid Bryson, könnte das Sinken der Temperaturen am Nordpol ein Ausbleiben des Monsuns in Afrika und Indien sowie gleichzeitig eine Dürre in Nordafrika und endlose Regengüsse in Europa zur Folge haben.

Gute Beispiele dafür, wie der Mensch die Fernwirkungen der Erde zu stören vermag, bieten einige gigantische Bauprojekte der jüngeren Zeit. Um in Sibirien die gnadenlose Kälte zu mildern und zugleich die niedrigen Erträge eines großen Teils der Getreideanbaugebiete zu verbessern, faßte die Sowjetregierung den Plan, die beiden großen, ins Nordpolarmeer mündenden Ströme Ob und Jenissej zu stauen und mehrere große Bewässerungsreservoirs für die landwirtschaftlichen Nutzungsflächen zu schaffen. Diese künstlichen Binnenmeere sollten, wie man sich vorstellte, zugleich die trockenen, kalten Steppenwinde erwärmen und mit Feuchtigkeit anreichern. Höhere Temperaturen und mehr Regen hätten dann womöglich die öde Steppe in fruchtbares Land verwandelt. Man beabsichtigte zudem, einige andere Flüsse in Nordrußland zu regulieren und einen Teil ihres Wassers ins Kaspische Meer zu leiten, das seit langem verlandet und allmählich einen so hohen Salzgehalt hat, daß der russische Kaviar gefährdet ist.

Abgesehen von den gewaltigen Kosten des Projekts deckten einige Analysen ernste Probleme auf: Die veränderte Temperatur und Luftfeuchtigkeit würde womöglich das sibirische Hochdrucksystem verschieben, das einen starken Einfluß auf das Wetter in China und großen Teilen Südasiens ausübt. Durch eine Kettenreaktion wären dann nicht nur die jährlichen Monsunregen in Asien, sondern auch die Wetterverhältnisse im weit entfernten Kalifornien und New York betroffen. Außerdem könnte der Abzug des Süßwassers von zwei großen Strömen die Bildung von Meereseis erschweren, da der verstärkte Salzgehalt den Gefrierpunkt der arktischen Gewässer herabsetzen würde. Eine kleinere Eisdecke würde nach Ansicht einiger Klimatologen die Temperatur und Feuchtigkeit in der Arktis derartig stark anheben, daß es zu einem Anstieg der jährlichen Schneemenge käme – mit weiteren unvorhersehbaren Auswirkungen. Viele sowjetische Wissenschaftler halten diese Einwände jedoch für unbegründet und beharren darauf, daß dieses Projekt, sollte es je durchgeführt werden, nur für das Wetter der Sowjetunion Konsequenzen hätte.

Ein weiterer von Rußland vorgeschlagener Plan – den der sowjetische Staatschef Leonid Breschnew im Jahre 1974 angeblich sogar mit Präsident Gerald Ford bei einem Treffen in Wladiwostok diskutierte – war der Bau eines Dammes durch die Beringstraße zwischen Sibirien und Alaska. Anfangs schien der Gedanke verlokkend. Wenn das warme Wasser des Pazifiks nicht mehr mit dem kalten Nordpolarmeer vermischt und abgekühlt würde, erwärmten sich vielleicht Sibiriens Ostküsten, die im Winter stillgelegten Häfen blieben eisfrei, und die Landwirtschaft könnte sich nach Norden ausdehnen. Aber man würde die Veränderungen sicherlich noch in großer Entfernung spüren. Wenn der Damm den Pazifik abriegelte, müßte sich das eisige Wasser des Nordpolarmeeres wahrscheinlich einen neuen Weg suchen; vielleicht flösse es über die Spitze Nordamerikas und die kanadische Ostküste entlang, wo es den ohnehin schon eiskalten Labradorstrom weiter abkühlen und die Anbauperioden der kanadischen Küstenprovinzen so verkürzen würde, daß man den Ackerbau wohl aufgeben müßte.

Die Planer beabsichtigten, den warmen Golfstrom nach Norden in das Nordpolarmeer zu leiten, wo er das Polareis schmelzen sollte. Niemand weiß genau, welche Auswirkungen das Schmelzen des Eises auf die Klimaverhältnisse hätte, aber man kann sich leicht vorstellen, was mit dem Klima von England oder Skandinavien geschähe, wenn der Golfstrom seinen gewohnten Nordostkurs verlassen würde.

„Im Moment sind sich die meisten Meteorologen einig, daß bereits eine geringfügige Erwärmung der Arktis das Wetter und Klima auf der ganzen Welt verändern würde“, schrieb der Meteorologe und Autor Louis J. Battan 1969. „Leider kann niemand vorhersehen, in welcher Weise es sich ändern wird. Werden die Wüsten erblühen und die Sümpfe austrocknen? Oder werden die Sümpfe noch feuchter und die Wüsten noch ausgedehnter sein? Werden die Anbaugebiete der Welt mehr oder weniger Regen und Schnee erhalten, und zu welchen Zeiten wird es regnen oder schneien? Werden die Meere ansteigen und die tiefergelegenen Städte der Erde überfluten? Werden die Veränderungen der allgemeinen Zirkulation eine neue Eiszeit einleiten? Niemand kennt heute die Antworten auf diese Fragen und die vielen anderen, die unweigerlich mit ihnen verbunden sind. Solange wir aber im dunkel tappen und keine Lösung wissen, sollten wir besser nicht an der Atmosphäre unseres Planeten herumflicken.“

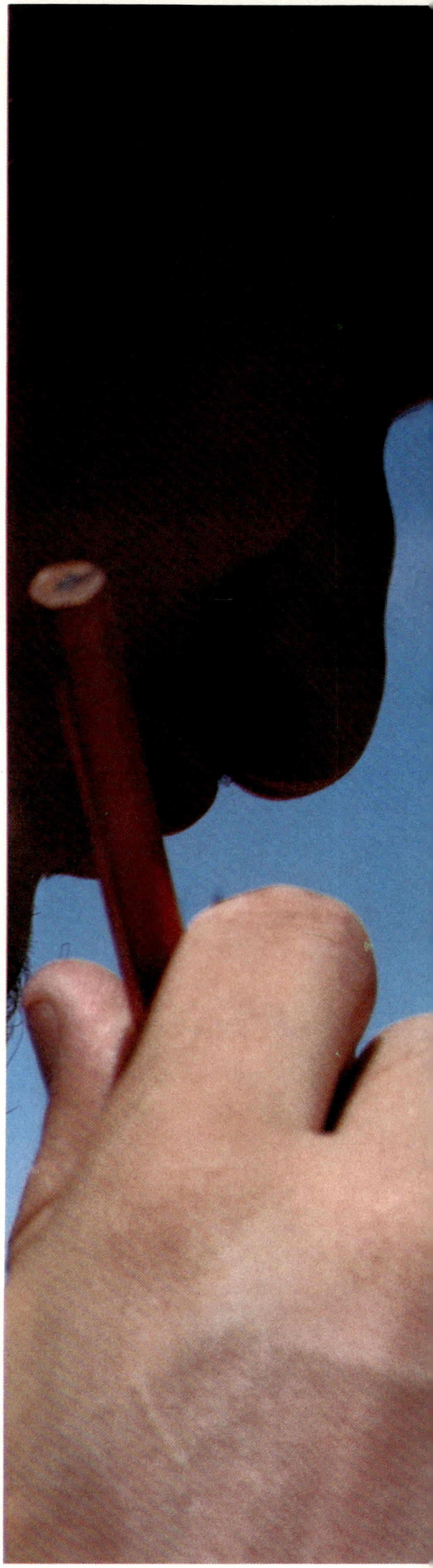

Wie ein moderner Magier, der eine Kristallkugel betrachtet, beobachtet ein Forscher auf einer australischen Wetterstation eine Parheliometer-Aufzeichnung, die dazu beitragen könnte, klimatische Trends darzulegen. Die Sonnenstrahlen werden durch die Glaskugel gebündelt und auf geeichten Karten aufgefangen, die sich in ihrem Innern befinden.

DANKSAGUNGEN

Die Herausgeber sind folgenden Personen für ihre freundliche Hilfe bei der Vorbereitung dieses Buches zu Dank verpflichtet: **In der Bundesrepublik Deutschland:** Berlin – Dr. Roland Klemig und Heidi Klein, Bildarchiv Preußischer Kulturbesitz; Wolfgang Streubel, Ullstein Bilderdienst; Bonn – Dr. Helmut Kraus, Direktor, Inge Lockwood, Meteorologisches Institut der Universität; Heidelberg – Dr. Hermann Schildknecht, Direktor, Institut für Organische Chemie der Universität Heidelberg. **In Frankreich:** Boulogne-Billancourt – Jacques Dettwiller, Presseattaché, Météorologie Nationale; Paris – Maxime Préaud, Kurator, Bibliothèque Nationale; Comte Louis de Chabrol; Gérard Bascher, Éditions de l'Illustration; Pierre Berthon und Bruno Jammes, Institut de France; Marthe de Rohan-Chabot; Lucien Scheler; Saint-Maurdes-Fossés – Guy Penazzi, Institut National d'Astronomie et de Physique. **In Griechenland:** Athen – Komitee für die Restaurierung der Akropolis. **In Großbritannien:** Bracknell, Berkshire – The National Meteorological Office; R.A.S. Ratcliffe, Royal Meteorological Society; Glasgow – Dr. D.A.R. Simmons; The Isle of Wight – R. K. Pilsbury; London – Francis Dunkels, British Museum Library, Institute of Geological Sciences; Celina Fox, Museum of London; I. M. McCabe, Library, Royal Institution of Great Britain; Library, The Royal Society; Martin Andrewartha und Martin Evans, Science Museum; Kathryn Carver, Science Museum Library. **In Italien:** Bologna – Ottorino Nonfarmale; Raffaela Rossi Manaresi, Centro „Cesare Gnudi" per la Conservazione delle Sculture all'Aperto; Florenz – Mara Miniati und Franca Principe, Istituto e Museo di Storia della Scienza; Mailand – Carlo Ferrari da Passano, Veneranda Fabbrica del Duomo; Rom – Giovanni Urbani, Direktor, und Rita Cassano, Istituto Centrale del Restauro; Vatikanstadt – Hochw. George Coyne, Direktor, Specola Vaticana; Venedig – Margherita Asso, Superintendentin, und Mario Piana, Soprintendenza per i Beni Ambientali e Architettonici; Maria Teresa Rubin de Cervin, Direktorin, und Tiziana Cipelleti, UNESCO. **In Japan:** Tokio – Dr. Takasi Oguti, Geophysikalisches Forschungslabor, Universität Tokio. **In den Niederlanden:** Leyden – Prentenkabinet, Universität Leyden. **In den USA:** Alabama – (Huntsville) Dr. Valerie Neal, Essex Corporation; Alaska – (Fairbanks) Al Belon, Charles S. Deehr und Glenn Shaw, Geophysical Institute, University of Alaska; Arizona – (Tucson) Dr. Louis J. Battan, Professor of Atmospheric Sciences, University of Arizona; California – (El Monte) Dr. Eric Lemke; (Pasadena) California Institute of Technology; (Studio City) Margaret Brunelle; Colorado – (Boulder) Joan V. Frisch, Dr. Douglas Hoyt, Dr. William W. Kellogg, Dr. Gordon Newkirk und Dr. Stephen H. Schneider, National Center for Atmospheric Research (NCAR); Dr. Ronald Holle, Office of Weather Research and Modification, National Oceanic and Atmospheric Administration (NOAA); (Fort Collins) Dr. Elmar Reiter, Atmospheric Sciences Department, Colorado State University; (Golden) Robert Noun, Solar Energy Research Institute; District of Columbia – Dr. John C. H. Wang, Federal Communications Commission (FCC); Dr. George Esenwein und Dr. Robert D. Hudson, Environmental Observation Division, Dr. John Lynch und Dr. Michael Wiskerchen, Office of Space Science and Application, National Aeronautics and Space Administration (NASA); Dr. Francis Johnson, National Science Foundation; Bruce H. Needham, Chief, Satellite Data Services Branch, und Dr. Vince Oliver, NOAA; Robert Werner, Weather Service Forecast Office; Hawaii – (Hilo) Dr. Kinsell Coulson und Dr. Thomas de Foor, Mauna Loa Observatory, NOAA; Illinois – (Champaign) Dr. Wayne M. Wendland, Head, Climatology Section, Illinois Department of Energy and Natural Resources; Iowa – (Iowa City) Dr. James A. Van Allen, Department of Physics and Astronomy, University of Iowa; Maryland – (Annapolis) Greg Harlin und Rob Wood, Stansbury, Ronsaville, Wood Inc.; (Bowie) I'Ann Blanchette; (Gaithersburg) Carol Schwartz; (Greenbelt) Nelson W. Spencer, Chief, Laboratory for Planetary Atmospheres, und Dr. Jay Zwally, Ice Research Section, Goddard Space Flight Center, NASA; (Potomac) Fred Bigio; (Rockville) Dr. James Angell, Dr. William Elliott, Research Meteorologists, Dr. Lester Machta, Director of Air Resources Laboratories, und Dr. J. Murray Mitchell, Senior Research Climatologist, NOAA; (Silver Spring) Walt Cottrell, Public Affairs Office, NOAA; Massachusetts – (Cambridge) Randall Dole, Dr. Edward Lorentz und Dr. Reginald Newell, Department of Meteorology and Physical Oceanography, Massachusetts Institute of Technology; Michigan – (Kalamazoo) Dr. Philip Micklin, Department of Geography, Western Michigan University; New Hampshire – (Gorham) Greg Gordon, Mount Washington Observatory; New Jersey – (Princeton) Dr. Abraham H. Oort, Geophysical Fluid Dynamics Lab, NOAA; New York – (Albany) Dr. Roger J. Cheng, Atmospheric Sciences Research Center; (Palisades) Dr. William Donn, Lamont-Doherty Geological Observatory; North Carolina – (Raleigh) Dr. Ellis Cowling, School of Forest Resources, North Carolina State University; (Research Triangle Park) Dr. Kenneth L. Demerjian, Division of Meteorology Environment Science Laboratory, Environmental Protection Agency (EPA); Ohio – (Cleveland) Daron Boyce, Great Lakes Ice Forecaster, National Weather Service; Oklahoma – (Bartlesville) Mr. und Mrs. Donald E. Carr; Pennsylvania – (Maytown) Ken Townsend; (University Park) Dr. Lynn Carpenter, Ionospheric Research Laboratory, Dr. Alistair B. Fraser, Professor of Meteorology, und Dr. John Olivero, Associate Professor of Meteorology, The Pennsylvania State University; Virginia – (Alexandria) Walter Hilmers, Jr.; (Vienna) Kathy Rebeiz; Wisconsin – (Milwaukee) Dr. Robert Greendler, Professor of Physics, University of Wisconsin.

Besonders nützliche Quellen für Informationen und Zitate in diesem Buch waren: *The Atmosphere* von Richard A. Anthes, John J. Cahir, Alistair B. Fraser und Hans A. Panofsky, Charles E. Merrill, 1981; *World of the Wind* von Slater Brown, Bobbs-Merrill, 1961; *The Edge of Space* von Richard A. Craig, Doubleday, 1968; *The Science and Wonders of the Atmosphere* von Stanley David Gedzelman, John Wiley & Sons, 1980; "The Global Circulation of Atmospheric Pollutants" von Reginald E. Newell, *Scientific American,* Januar 1971.
Das Register wurde von Gisela S. Knight erstellt.

BIBLIOGRAPHIE

Bücher

Anthes, Richard A., Cahir, John J., Fraser, Alistair B., und Panofsky, Hans A.: *The Atmosphere.* Charles E. Merrill, 1981
Battan, Louis J.:
Cloud Physics and Cloud Seeding. Doubleday, 1962
The Unclean Sky. Greenwood Press, 1980
Beer, Tom: *The Aerospace Environment.* Springer Verlag, Berlin 1976
Bentley, W. A., und Humphreys, W. J.: *Snow Crystals.* Dover Publications, 1962
Bernarde, Melvin A.: *Our Precarious Habitat.* W. W. Norton, 1970
Blumenstock, David I.: *The Ocean of the Air.* Rutgers University Press, 1959
Boyer, Carl B.: *The Rainbow: From Myth to Mathematics.* Thomas Yoseloff, 1959
Breuer, Georg: *Air in Danger. Ecological Perspectives of the Atmosphere.* Übersetzt von Peter Fabian. Cambridge University Press, 1980
Brown, Lloyd: *The Story of Maps.* Little, Brown, 1949
Brown, Slater: *World of the Wind.* Bobbs-Merrill, 1961
Bryson, Reid A., und Murray, Thomas J.: *Climates of Hunger: Mankind and the World's Changing Weather.* University of Wisconsin Press, 1977
Calder, Nigel: *The Weather Machine.* Viking Press, 1974
Carr, Donald E.:
The Breath of Life. W. W. Norton, 1965
The Sky Is Still Falling. W. W. Norton, 1982
Cole, Franklyn W.: *Introduction to Meteorology.* John Wiley and Sons, 1980
Craig, Richard A.:
The Edge of Space. Doubleday, 1968
Upper Atmosphere: Meteorology and Physics. Academic Press, 1965
Critchfield, Howard J.: *General Climatology.* Prentice-Hall, 1974
Crowther, James G.: *Founders of British Science.* London: Cresset Press, 1960
Dobson, G. M. B.: *Exploring the Atmosphere.* Oxford: Clarendon Press, 1963
Eddy, John A.: *A New Sun: The Solar Results from Skylab.* National Air and Space Administration, 1979
Flohn, Hermann: *Climate and Weather.* Übersetzt von B. V. de G. Walden. McGraw-Hill, 1969
Fortak, Heinz: *Meteorologie.* Reimer Verlag, Berlin 1982
Frisinger, H. Howard: *The History of Meteorology: To 1800.* Science History Publications, 1977
Galilei, Galileo: *Two New Sciences.* Übersetzt von Stillman Drake. University of Wisconsin Press, 1974
Gallant, Roy A.: *Earth's Changing Climate.* Four Winds Press, 1979
Gedzelman, Stanley David: *The Science and Wonders of the Atmosphere.* John Wiley & Sons, 1980
Glaisher, James: *Travels in the Air.* Lippincott, 1871
Gnudi, Cesare, et al.: *Jacopo Della Quercia e la Facciata di San Petronio a Bologna.* Bologna: *Centro par la Conservazione delle Sculture all' Aperto,* 1981
Greenler, Robert: *Rainbows, Halos and Glories.* Cambridge University Press, 1980
Gribbin, John:
Forecasts, Famines and Freezes. Walker and Company, 1976
Future Weather and the Greenhouse Effect. Delacorte Press/Eleanor Friede, 1982
Weather Force: Climate and Its Impact on Our World. Putnam, 1979
Heuer, Kenneth: *Rainbows, Halos and Other Wonders.* Dodd, Mead, 1976
Howard, Luke: *Seven Lectures on Meteorology.* London: Harvey and Darton, 1843
Ihde, Aaron J.: *The Development of Modern Chemistry.* Harper & Row, 1964
International Cloud Atlas. Bd. 1. Genf: World Meteorological Organization, 1956
Jones, Claire, Gadler, Steve J., und Engstrom, Paul H.: *Pollution: The Air We Breathe.* Lerner Publications Company, 1971
Kals, W. S.: *The Riddle of the Winds.* Doubleday, 1977
Kay, John: *A Series of Original Portraits and Caricature Etchings.* Adam and Charles Black, 1877
Keeton, William T.: *Biological Science.* W. W. Norton, 1967
Kellogg, William W., und Schware, Robert: *Climate Change and Society: Consequences of Increasing Atmospheric Carbon Dioxide.* Westview Press, 1981
Kirk, Ruth: *Snow.* William Morrow, 1978

Lamb, H. H.: *Climate: Present, Past and Future*, Bd. 1. London: Methuen & Co., Ltd., 1972
Liljequist, Gösta H., und Cehak, Konrad: *Allgemeine Meteorologie*. Vieweg, Braunschweig 1979
Lorenz, Edward N.: *The Nature and Theory of the General Circulation of the Atmosphere*. Genf: World Meteorological Organization, 1967
Macorini, Edgardo, Hrsg.: *Strummenti Scientifici del Museo di Storia della Scienza di Firenze*. Florenz: Arnoldo Mondadori, 1968
Middleton, W. E. Knowles:
A History of the Theories of Rain and Other Forms of Precipitation. Franklin Watts, 1966
Invention of the Meteorological Instruments. John Hopkins Press, 1969
Miller, Albert, und Thompson, Jack: *Meteorology*. Charles E. Merrill, 1979
Möller, Fritz: *Einführung in die Meteorologie*. Bd. 1, Wissenschaftsverlag, 1973
Naar, Jon: *The New Wind Power*. Penguin Books, 1982
National Research Council:
Energy and Climate. National Academy of Sciences, 1977
The Upper Atmosphere and Magnetosphere. National Academy of Sciences, 1977
Navarra, John Gabriel: *Atmosphere, Weather and Climate: An Introduction to Meteorology*. W. B. Saunders, 1979
Partington, J. R.: *A Short History of Chemistry*. Harper, 1960
Pilkington, Roger: *The Ways of Air*. Criterion Books, 1962
Ratcliffe, J. A.: *Sun, Earth, and Radio: An Introduction to the Ionosphere and Magnetosphere*. McGraw-Hill, 1970
Reiter, Elmar R.: *Jet Streams*. Doubleday, 1967
Reuter, Heinz: *Die Wissenschaft vom Wetter*. Springer Verlag, Berlin 1968
Reynman, L.: *Wetterbüchlein*. Berlin: A. Asher & Co., 1893
Riehl, Herbert: *Introduction to the Atmosphere*. McGraw-Hill, 1978
Schaefer, Vincent J., und Day, John A.: *A Field Guide to the Atmosphere*. Houghton Mifflin, 1981
Scherhag, Richard, Blüthgen, Joachim, und Lauer, Wilhelm: *Klimatologie*. Westermann Verlag, 1977
Schneider, Stephen H.: *The Genesis Strategy: Climate and Global Survival*. Plenum Press, 1976
Scorer, Richard:
Air Pollution. Pergamon Press, 1968
Clouds of the World: A Complete Color Encyclopedia. Stackpole Books, 1972
Pollution in the Air: Problems, Policies and Priorities. Routledge & Kegan Paul, 1973
Shaw, Sir Napier: *Manual of Meteorology*, Bd. 1, *Meteorology in History*. Cambridge: Cambridge University Press, 1926
Skinner, Brian J., Hrsg.: *Climates, Past and Present*. William Kaufmann, 1981
Sootin, Harry: *The Long Search: Man Learns about the Nature of Air*. W. W. Norton, 1967
Sproull, Wayne T.: *Air Pollution and its Control*. Exposition Press, 1972
Williamson, Samuel J.: *Fundamentals of Air Pollution*. Addison-Wesley Publishing Co., 1973
Young, Louise B.: *Earth's Aura*. Alfred A. Knopf, 1977

Zeitschriften
Akasofu, Syun-Ichi:
"The Aurora." *American Scientist*, Sept./Oktober 1981
"Aurora Borealis: The Amazing Northern Lights." *Alaska Geographic*, Bd. 6, Nr. 2, 1979
Azarin, Beverly: "In the Wake of the Flying Cloud." *Science 81*, März 1981
Baum, Rudy, M.: "Stratospheric Science Undergoing Change." *Chemical and Engineering News*, 13. September 1982
Blench, B. J. R.: "Luke Howard and His Contribution to Meteorology." *Weather*, März 1963
Bonacina, L. C. W.: "An Estimation of the Great London Fog of 5–8 December 1952." *Weather*, November 1953
Carter, Malcolm N.: "Will the Acropolis Someday Be a Copy?" *ART news*, Februar 1978
Chameides, William L., und Davis, Douglas D.: "Chemistry in the Troposphere." *Chemical and Engineering News*, 4. Oktober 1982
Douglas, C. K. M., Stewart, B. A., und K. H.: "London Fog of December 5–8, 1952." *Meteorological Magazine*, März 1953
Fraser, Alistair B.: "To See a Dazzling Festival of Light, Just Raise Your Eyes." *Smithsonian*, Januar 1981
Fraser, Alistair B., und Mach, William H.: "Mirages." *Scientific American*, Januar 1976
Garmon, L., und Simon, C.: "Ozone Depletion: Estimates Halved." *Science News*, Bd. 121
Gorham, Eville: "What to Do about Acid Rain." *Technology Review*, Oktober 1982
Gosnell, Marianna: "Ozone – the Trick Containing It Where We Need It." *Smithsonian*, Juni 1975
Graves, C. K.: "Rain of Troubles." *Science 30*, Juli–August 1980
Gribbin, John: "Monitoring Halcarbons in The Atmosphere." *New Scientist*, 18. Januar 1979
Gwynne, Peter: "Good and Bad News for the U. S. Environment." *New Scientist*, 2. September 1982
Haagen-Smit, A. J.:
"Chemistry and Physiology of Los Angeles Smog." *Industrial and Engineering Chemistry*, Juni 1952
"The Control of Air Pollution in Los Angeles." *Engineering and Science*, Dezember 1954
Hansen, J., et al.: "Climate Impact of Increasing Atmospheric Carbon Dioxide." *Science 213*, 28. August 1981
"Ice Ages Attributed to Orbit Changes." *Science News*, 4. Dezember 1976
Iker, Sam: "The Problem of Nitrous Oxide." *Mosaic*, Januar/Februar 1982
Kellogg, William W., und Schneider, Stephen H.: "Global Air Pollution and Climate Change." *IEEE Transactions on Geoscience Electronis*, Januar 1978
Kidder, Tracy: "A Blemished Sun?" *Science 81*, Juli–August 1981
Kindley, Mark: "For Eye- in-the-Sky Inventors, Kites Can be Much more than Toys." *Smithsonian*, Juni 1982
Kocivar, Ben: "Tornado Turbine Reaps Power from the Wind." *Popular Science*, Januar 1977
LaBastille, Anne: "Acid Rain: How Great a Menace?" *National Geographic*, November 1981
Likens, Gene E., Wright, Richard E., Galloway, James N., und Butler, Thomas J.: "Acid Rain." *Scientific American*, Oktober 1979
Lorenz, Edward N.: "The Circulation of the Atmosphere." *American Scientist*, Dezember 1966
Lynch, David K.: "Atmospheric Halos." *Scientific American*, April 1978
Newell, Reginals E.: "The Global Circulation of Atmospheric Pollutants." *Scientific American*, Januar 1971
Nussenzweig, H. Moyses: "The Theory of the Rainbow." *Scientific American*, April 1977
Oort, Abraham H.: "The Energy Cycle of the Earth." *Scientific American*, September 1970
Orton, Vrest: "Wilson Alwyn Bentley." *Harvard Magazine*, November–Dezember 1981
Parsons, Willard H.: "Volcanoes of Guatemala." *The Explorer*, Bd. 21, Nr. 4, Winter 1979
Pearce, Fred: "The Menace of Acid Rain." *New Scientist*, 12. August 1982
Peterson, Ivars: "To Catch a Cloud." *Science News*, 28. August 1982
Preston, Richard M: "The Life of a Snow Crystal." *Country Journal*, Dezember 1981
Revelle, Roger: "Carbon Dioxide and World Climate." *Scientific American*, August 1982
Soberman, Robert K.: "Noctilucent Clouds." *Scientific American*, Juni 1963
Toon, Owen, und Pollack, James B.: "Atmospheric Aerosols and Climate." *American Scientist*, Mai–Juni 1980
Van Allen, James A.:
"Interplanetary Particles and Fields." *Scientific American*, September 1975
"Radiation Belts around the Earth." *Scientific American*, März 1959
West, Susan: "Acid from Heaven." *Science News*, 2. Februar 1980
Whipple, F. J. W.:
"The High Temperature of the Upper Atmosphere as an Explanation of Zones of Audibility." *Nature*, 10. Februar 1923
"The Propagation of Sound to Great Distances." *Quarterly Journal of the Royal Meteorological Society*, Juli 1935
Wilford, John Noble: "Atop Brutal Mt. Washington Scientists Measure the Nation's Worst Weather." *The New York Times*, 13. Januar 1981
Winkler, Erhard M.: "Decay of Stone Monuments & Buildings: The Role of Acid Rain." *Technology & Conservation*, Frühjahr 1982
Wolkomir, Richard: "Weathermen's Lab Is a Rocky Mountain High." *Smithsonian*, April 1982
Ziemann, Hans Heinrich: "Breathless in Athens." *GEO*, USA, März 1981

Sonstige Veröffentlichungen:
"Acidification Today and Tomorrow." Eine schwedische Studie anläßlich der Stockholmer Konferenz zum Anstieg des Säuregehalts in der Umwelt, veranstaltet 1982 vom Landwirtschaftsministerium.
"Acid Precipitation." National Oceanic and Atmospheric Administration, Current Issue Outline 81–1, Washington, D.C., Februar 1981
"Acid Rain." Department of Fisheries and Oceans, Ottawa, Ontario, 1980
Cheng, Robert J.:
"Emissions from Electric Power Plants and Their Impact on the Environment." Atmospheric Sciences Research Center, State University of New York in Albany, ohne Datumsangabe
"Physical Properties of Atmospheric Particulates." Atmospheric Sciences Research Center, State University of New York at Albany; ebenfalls veröffentlicht in *Light Scattering by Irregularly Shaped Particles*, Donald W. Schuerman, Hrsg., Plenum Publishing, 1980
Eddy, John: "Climate and the Changing Sun." *1979 Yearbook of Science and the Future*, Encyclopedia Britannica, 1978
Environmental Protection Agency:
"Cleaning the Air: EPA's Program for Air Pollution Control." Juni 1979
"Controlling Particulate Emissions for Coal-Fired Boilers, Juni 1979
"National Accomplishments in Pollution Control: 1970–1980. Some Case Histories." Dezember 1980
"Trends in the Quality of the Nation's Air – A Report to the People." Oktober 1980
"Fact Sheet on Acid Rain." Kanadische Botschaft, Washington, D.C., ohne Datumsangabe
"The Global 2000 Report to the Present: Entering the Twentyfirst Century." Ein Bericht vom Council on Environmental Quality und dem Department of State, Washington, D.C., ohne Datumsangabe
Nonfarmale, Ottorino: "A Method of Consolidation and Restoration of Decayed Sandstones." *The Conservation of Stone*, Protokoll des Internationalen Symposiums, Bologna, 19.–21. Juni 1975, Bologna: Centro Conservazione Sculture all'Aperto
Panofsky, Hans A.: "Threats of the Ozone Layer." Referat anläßlich des Jahrestreffens der American Association for the Advancement of Science, Washington, D.C., 6. Januar 1982

Rowland, F. Sherwood: "Stratospheric Ozone: Earth's Fragile Shield." *1979 Yearbook of Science and the Future,* Encyclopedia Britannica, 1978
Schefter, James L.: "Capturing Energy from the Wind." National Aeronautics and Space Administration, NASA SP–455, Washington, D.C., 1982
Teisserenc de Bort, L., und Rotch, L.: "Exposé Technique de l'Étude de l'Atmosphère Marine par Sondages Aériens." *Travaux Scientifiques de l'Observatoire de Trappes,* Bd. 4, 1909
Torraca, Giorgio: "Treatment of Stone in Monuments: A Review of Principles and Processes." *The Conservation of Stone.* Protokoll des Internationalen Symposiums, Bologna, 19.–21. Juni 1975, Bologna: Centro Conservazione Sculture all'Aperto

QUELLENNACHWEIS DER ABBILDUNGEN

Die Nachweise für Abbildungen von links nach rechts sind durch Semikolons, für solche von oben nach unten durch Gedankenstriche getrennt.

Einband: © Wilhelm Schmidt von Masterfile. 6,7 : Loren A. McIntyre. 8,9: James A. Sugar von Black Star. 10, 11: © 1977 Lee Snyder/Geographical Institute /University of Alaska. 12, 13: Dr. Alistair B. Fraser. 14: Dr. Tagasi Oguti, Tokio. 17: The Bettmann Archive. 19: Enrico Genovese, Mondadori, Mailand: 20: Franca Principe, Istituto e Museo di Storia della Scienza, Florenz, ausgenommen Mitte, Enrico Genovese, Mondadori, Mailand. 21: Franca Principe, Istituto di Storia della Scienza, Florenz, ausgenommen oben rechts, Enrico Genovese, Mondadori, Mailand (2). 24, 25: Mary Evans Picture Library, London. 26: Library of Congress. 27: m. frdl. Gen. der National Portrait Gallery, London – Library of Congress. 28: Library of Congress. 29: Archives Tallandier, Privatsammlung, Paris. 31: m. frdl. Gen. der Chemischen Institute der Universität Heidelberg, aufgenommen von Erwin Böhm, Mainz – Skizze von Kathy Rebeiz – aus: Gesammelte Abhandlungen von Robert Bunsen, Bd. 2, Leipzig 1904, m. frdl. Gen. des Deutschen Museums München, aufgenommen von Erwin Böhm, Mainz. 32: Mary Evans Picture Library, London. 33: Skizze von Greg Harlin. 34, 35: © 1982 Jim Brandenburg. 36, 37: © 1982 Myrleen Ferguson; Russ Kinne von Photo Researchers – Bill Deane – Paul Drummond von Bryan and Cherry Alexander, Arundel, Sussex, England. 38, 39: Prof. Richard Scorer, London; Shiro Shirahata, Tokio – © Dr. Alistair B. Fraser (2). 40, 41: Tom Pantages (4) – Specola Vaticana, Citta' del Vaticano, Rom (4). 42: NASA. 47: Brown University Library – Deutsches Museum München. 48, 49: Aus *Travels in the Air* von James Glaisher, 1871. 51: Su Gooders von Ardea, London – Skizze von Carol Schwartz. 54: C. G. Robins, m. frdl. Gen. der Meteorological Office Library, Bracknell, Berkshire, England. 56: NASA – Skizze von Greg Harlin. 58, 59: Skizze von Carol Schwartz. 60, 61: NASA; Skizze von Greg Harlin. 62, 63: Skizze von Lloyd K. Townsend. 64, 65: Tabelle von Walter Hilmers; Skizze von Lloyd K. Townsend. 66: *The Miami Herald.* 68: Library of Congress. 70, 71: Jean Dufour, Avignon. 73: m. frdl. Gen. der Royal Society, London – m. frdl. Gen. der Royal Institution, aufgenommen von Derek Bayes, London. 77: Enertech Corp.; Robert W. Madden. 78, 79: NASA, kl. Photo Ronald Holle. 80: Reinhard Eisele, Augsburg, Bundesrepublik Deutschland. 82: Skizze von I'Ann Blanchette. 84, 85: Skizze von Rob Wood. 86: Skizze von Greg Harlin. 88, 89: © 1982 Thomas Braise, kl. Photo. © Georg Gerster von Photo Researchers; kl. Photo, NASA. 90, 91: Greg Davis, Tokio, kl. Photo, © Eiji Miyasawa von Black Star. 92. m. m. frdl. Genehmigung Dr. Okitsugu Furuya, Tetra Tech, Inc., aufgenommen von Ken Veeder – Craig Kavafes/Grumman Aerospace. 93: Craig Kavafes/ Grumman Aerospace. 94: © 1982 Gary Ladd. 96: Reproduktion m. der frdl. Erlaubnis der Royal Meteorological Society, Bracknell, Berkshire, England, aufgenommen von Derek Bayes. 97: Science Museum, London, Reproduktion m. der frdl. Erlaubnis der Royal Meteorological Society, Bracknell, Berkshire, England. 99: Skizze von Rob Wood. 100: The Mansell Collection, London. 101: Skizze von Frederic F. Bigio von B – C Graphics. 103: © Bill Brooks von Masterfile; © 1976 Henry Lansford. 104: Nachdruck m. frdl. Gen. von *The Boston Globe* – NOAA. 106, 107: © Peter Kresan, kl. Photo, Skizze von I'Ann Blanchette. 108: Skizze von I'Ann Blanchette – Ronald Holle. 110: Foto Schapowalow/Ligges, Hamburg. 111: © 1981 Michael Philip Manheim von Photo Researchers. 113: © Peter Kresan. 114: David Falconer. 115–117: © Peter Kresan. 118: Skizze von Greg Harlin. 120, 121: R. K. Pilsbury von Bruce Coleman, Ltd., Middlesex, England. 122, 123: R. K. Pilsbury von Bruce Coleman, Ltd., Middlesex, England – Marvullo von The Image Bank – R. K. Pilsbury von der Natural History Picture Agency, London; Kelly Redmond. 124: Loren A. McIntyre – Dr. James W. A. Fullmer. 125: D. Lepper von The Image Bank. 126, 127: Stephen J. Krasemann/DRK Photo. 128: Francis A. Schiermeier. 131: Roger J. Cheng, State University of New York, Albany. 132: William Buell. 134: BBC Hulton Picture Library, London. 137: Skizze von I'Ann Blanchette; George C. Atamian/Talcott Mountain Science Center – Catherine Azema von Pitch, Paris. 138: © Freeman Patterson von Masterfile. 139: Skizze von Frederic F. Bigio von B – C Graphics. 141: © Jerry Young, London, 142, 143: Skizze von Lloyd K. Townsend. 145: © Ted Spiegel von Black Star. 146: Skizze von I'Ann Blanchette. 147: © 1980 Roger J. Cheng, State University of New York, Albany. 148, 149: Wilfried Bauer, Hamburg. 150, 151: Wilfried Bauer, Hamburg; Giorgio Lotti, Mailand (2). 152, 153: Giorgio Lotti, Mailand – Ernesta Vergani, Treviso, Italien (2); Antonio Guerra, Villani e Figli, Bologna. 154: Wayne Scorce/Visions. 156: Peter Kresan, m. frdl. Gen. des University of Arizona Laboratory of Tree-Ring Research. 157: Tiefseebohrobjekt/Scripps Institution of Oceanography. 158: Museum of London. 159: Photo Flammarion, Paris; Photo Madeleine Leroy-Ladurie, Paris. 162: Paul Chesley/ASPEN. 163: The National Center for Atmospheric Research, gefördert von der National Science Foundation, ausgenommen unten links, Paul Chesley/ASPEN. 164: Skizze von Kathy Rebeiz. 165: Diagramm von Walter Hilmers. 166, 167: NASA, 168: American Science and Engineering Inc., m. frdl. Gen. des Harvard College Observatory. 170, 171: Daniele Pellegrini, Mailand.

REGISTER

Kursiv gesetzte Seitenzahlen verweisen auf eine Abbildung zum betreffenden Stichwort.

O

P

R

S

T

U

V

W

X

Z

Reprosatz: Alfred Utesch GmbH, Hamburg
Druck und Einband: Jarrolds and Sons, England